图书在版编目（CIP）数据

青岛里院：一种城市基因的发现 / 聂惠哲著 .
上海：同济大学出版社，2025.1.
ISBN 978-7-5765-1419-3
I. TU241.5
中国国家版本馆 CIP 数据核字第 202426XW04 号

青岛里院：一种城市基因的发现

著　　作　聂惠哲
出版策划　《民间影像》
封面航拍　仁甲看见
责任编辑　陈立群（clq8384@126.com）
封面设计　陈益平
电脑制作　朱丹天
责任校对　徐逢乔

出版发行　同济大学出版社 www.tongjipress.com.cn
（地址：上海市四平路 1239 号　邮编：200092　电话：021-65985622）
经　　销　全国各地新华书店
印　　刷　上海锦良印刷厂有限公司
成品规格　170mm × 213mm　272 面
字　　数　228 000
版　　次　2025 年 1 月第 1 版
印　　次　2025 年 1 月第 1 次印刷
书　　号　ISBN 978-7-5765-1419-3
定　　价　88.00 元

青岛里院

——一种城市基因的发现

青岛市档案馆 编
聂惠哲 著

同济大学出版社·上海

前言：从档案发现里院

里院是青岛特有的建筑类型，是过去青岛中下层市民最普遍的住居形式，也是青岛城市历史文化的重要载体，具有多学科、深层次和跨文化的研究价值。作为中国近现代城市空间结构及社区构成的独特单元，青岛里院其形成、变迁的背景和过程都很特殊，对研究世界及东亚地区的近现代城市化发展，具有不可替代的人文及科学价值。里院是青岛中心城区难得的大规模存量空间资源，里院街区是青岛城市旅游和文化的重要载体，是青岛历史文化名城的有机组成部分，在世界范围内具有跨文化的唯一性。结合历史城区保护更新，深入开展“里院研究”，不仅有利于保护活化历史文化遗产，延续城市文脉，并对完善社会空间规划和城市综合治理等，也有一定的现实意义。

长期以来，里院历史一直是青岛历史研究中的薄弱点。其主要原因是里院档案数量太多，仅青岛市档案馆馆藏中与里院相关档案初步估计即有约 4 万卷 / 件 / 册，这些档案散存于 30 余个全宗，一直未做系统梳理与研究。2022 年，青岛市启动城市更新与城市建设三年攻坚行动，历史城区保护更新成为该行动的“一号工程”，历史城区为数众多的里院则成为修缮保护的重中之重。为给修缮保护提供历史资料参考和学术研究支撑，青岛市档案馆组织大量人力进行相关里院档案的排查。不过，同“浩如烟海”的里院档案相比，目前已完成的排查工作只是冰山一角。

早在2023年初，青岛市档案馆即酝酿推出一部相对较全面，又兼具可读性的里院读本。但在进行策划时，所有人都意识到写这样一本书难度非常大。于是策划案一改再改，书名也一改再改。许是好事多磨，2024年初，这本书的编纂出版正式提上日程。2024年4月27日，“青岛中山路近代建筑群”和“青岛里院早期建筑群”入选“第九批中国20世纪建筑遗产”名录。同时，“里院档案整理与研究”课题入选国家重点档案保护与开发项目。这个时间点，恰恰是本书开始策划的时间点。2024年6月，“青岛里院档案”成功入选“第四批山东省珍贵档案文献遗产名录”。这个时间点，恰恰是本书开始动笔的时间点。2024年8月底，笔者按照工作安排，填写“青岛里院档案”的《中国档案文献遗产名

中山路及周边历史城区（航拍：仁甲看见）

录》预申报书。此时，本书的撰稿已接近尾声。2024 年 11 月，本书即将付梓之际，得知“青岛里院档案”已推荐至国家层面申报“档案文献遗产”。感觉这本书的策划与撰稿过程也是青岛里院和里院档案越来越受人关注的过程。

里院是青岛时代印迹的忠实记录者、经历者和见证者。“青岛里院档案”是记录里院文化的重要载体，在赓续城市文脉、呈现城市文化底蕴和城市个性方面，具有不可替代的作用。对青岛市档案馆馆藏约 4 万卷 / 件 / 册里院档案进行系统研究是一项旷日持久的大工程，目前的研究尚处于起步阶段。本书旨在通过对档案为主的史料专业而深入浅出的解读，让读者对青岛里院有一个较为全面深入的认识，让青岛历史城区在一定程度上“建筑可阅读、街区可漫步、城市可记忆”。受限于时间与能力，本书仅从 5 个方面，对青岛里院进行初步梳理，涉及档案全宗近 20 个，相关档案上千件。为了各篇文章能相对独立，不同的文章中可能会有少量内容重复。同时，内容有紧密关联的文章，也会予以说明。

由于水平所限，本书难免有疏漏和错讹之处，敬请批评指正。

聂惠哲

2024 年 11 月

目　录

青岛里院面面观 ………… 13
青岛里院杂谈 ………… 14
“里院”名称的出现 ………… 27
青岛里院的命名 ………… 32
大鲍岛，最后的里院聚集区 ………… 43

里院的管理 ………… 59
青岛历史上第一次里院调查 ………… 60
李肇元笔下的里院调查 ………… 69
1933 年的青岛改善杂院委员会 ………… 85
里院清道夫，曾经的标配 ………… 106

青岛里院的自治组织 ………… 115
里院自治：从杂院愿警到里院整理会 ………… 116
最先成立的第二区里院整理会 ………… 125
管辖范围最大的第一区里院整理会 ………… 137
区长亲自挂帅的第三区里院整理会 ………… 147

绕不开的里院人物……157
逊清遗老与青岛里院……158
民国失意政客的里院印记……164
民国文人的里院情结……170
设计里院的中外建筑师……179
青岛里院的经租人……186

里院个案一览……197
积厚里二三事……198
分分合合三兴里……209
故事多多同兴里……218
广兴里，青岛现存最大里院……245

附　录……255
青岛市公安局管理私有各里院清洁简则……256
青岛市市第×区里院整理会章程……258
里院公共遵守条规……264

参考文献……267
后　记……269

青岛里院面面观

青岛里院杂谈

里院之于青岛，正如四合院之于北京、里弄之于上海，它是青岛特有的建筑类型。什么是里院，里院为什么会出现在青岛，里院有怎样的发展过程，与里院相关的人有哪些？

1. 寻根溯源

虽然里院已经出现了120多年，里院一词也出现了近百年，但很长时间里，学术界并未形成一个公认的里院定义。2022年，青岛市历史城区保护更新指挥部曾提出了一个较官方的定义：青岛里院是19世纪末至20世纪70年代在青岛形成的、主要由中国人建设并使用、具有中外建筑文化融合特点的合院式集合住宅。里院一般为商住两用建筑，临街一层多为店铺，二至三层用来居住，沿地块、地形周边布局，多采用错层手法形成院落，院内每层设置外廊和楼梯联通。这是一个主要从建筑学角度来做的定义，虽然并不能涵盖里院的历史人文特点，但多多少少会让人们对里院的样子和时代背景有一个感性认知。

里院出现在青岛，有其特定历史原因。工业革命以来，随着工业化和城市化的到来，传统居住形式难以满足不断增长的城市居民居住需求，高密度的集合住宅应时而生。中国近代率先开始工业化和城市化的沿海沿江开埠城市，都有新型住宅和居住区出现，而且在规划设计时，不约而同努力探索与中国传统居住形式

黄岛路、四方路、芝罘路、博山路一带历史街区（航拍：仁甲看见）

的融合。青岛里院既有上世纪欧洲集合式住宅的特点，也有中国传统合院建筑的风格，是与胶东地区传统民居相结合的城市集合式住宅，它的出现适应了青岛当时中下层民众的居住需求。

里院究竟何时出现，由何人首创？这曾经是青岛文史界多年探寻的课题。根据目前掌握的资料，里院这一建筑形态的最早描述源于德国人阿尔弗莱德·希姆森。对于希姆森，在本书《绕不开的里院人物》一辑中会有较为详细的介绍，在此不予赘述。

这里需要交代一些历史背景。青岛古称胶澳，意为胶州湾及其周边。鸦片战争后，胶州湾的战略地位日渐引起中外有识之士的关注。1891 年，清廷明发上谕在胶澳设防，青岛由此被纳入国家海防体系。但好景不长，1897 年 11 月 14 日，德国借口“巨野教案”发动“胶州湾事件”，侵占胶澳地区。1898 年 3 月 6 日，中德两国签订《胶澳租借条约》，德国强租胶州湾99年，青岛由此进入德国租借时期，并成为开埠城市。希姆森就是在青岛开埠不久的1898年来到青岛，主要从事民用建筑的开发和运营。

德租胶澳后，通过详细的测量调查，对城市功能区划分、街区布局等进行了周密的规划设计，青岛由此成为中国近代以来按照规划建设发展起来的少数现代化城市之一。在德国人为青岛作的第一版城市规划图（1898）中，胶澳总督府在原大鲍岛村位置上规划了中国人城（也称华人区），位于欧人区（也称青岛区）北部。1900年6月，胶澳总督颁布《德属之境分为内外两界章程》，将行政区划分为内外两界，内界为市区，名为青岛；外界为乡区，名为李村。内界的青岛又分为9区，即青岛、大鲍岛、小泥洼、孟家沟、小鲍岛、杨家村、台东镇、扫帚滩、会前等处。其中，大鲍岛区即华人区，属当时青岛市区内的中心区域。出乎德占当局意料，大鲍岛区发展异常迅速，远远快于欧人区。

希姆森就是在建设大鲍岛的过程中，提出了将中国南方华洋折衷的建筑形式移植到北方的想法。他在回忆录中曾这样介绍：为大鲍岛中国城的华人房屋，我设想了一种特殊的建筑形式。沿着完整的方形街坊四周，是临街店铺和楼上

大鲍岛俯瞰（1905）

希姆森一号院的中央庭院

的住间，街坊中间留下一个大的内院供交通之用，也可以成为儿童游戏的场所。每套房屋在内院一侧还用一层高的墙围出一个私人的小院，院子里面是厨房和厕所。希姆森的这一自述，是目前能查到的对里院的最初设想和关于里院形态的最早描述。

为了实践这一设想，希姆森在大鲍岛买了一方形地块，在其临街的四面建造了商店和住房，并且在中间留了一块空地，用作过道和儿童游戏场。每一幢房子底层都有一间商铺，商铺之上有一间居室。房子后面的高墙将每一家隔开，每家院子里有一个简易厨房，所有庭院的末端是一个很大的公共院子。这一院子被后人称为希姆森一号院。

希姆森的建筑构想很快得到了中国人的认可。不久之后，中国人便开始模仿这一后来被称为里院的建筑形式并将其演变出不同的建筑结构。需要指出的是，希姆森所描述和设计的只是里院的一种类型。与希姆森设计的模式不同，中国人设计的里院每个院子一般只有一处厕所。另外，大多数里院的房屋之间并无高墙隔开，而是每层通过设置外廊和楼梯联通。

2. 发展历程

需求决定供给，生活方式决定建筑形式。东西方民居建筑形式上的差异是因各自的生活方式不同造成，而里院则是因青岛居民当时的生活需要而产生。事实上，里院就是一种融合了中式四合院和西方商住式公寓、自成一格的建筑样式。作为过去青岛中下层居民的主要居住与生活场所，里院的形成完全契合青岛的历史，其产生和发展的决定性因素源于商业发展考虑和占青岛市人口最广大的中下层市民的生存需求。

大鲍岛片区是青岛里院建设的原点，德租时期里院的建设主要集中在该区域。此后，里院的建设伴随着青岛的城市化，逐步扩展到大鲍岛以外地区。不过，大鲍岛地区的里院类型最为丰富，几乎青岛所有的里院样式和空间格局都能在这里找到范例，而且还可以发现其他地区没有的独特类型。

1914年11月，日本取代德国占领青岛，青岛进入第一次日占时期。这一时期，青岛城区建成面积大幅度增加，至少扩大了1倍。日德青岛之战前，德国当局规划的大鲍岛及其以南市区建设已基本完成。日占青岛后，为安置大量涌入的日侨，制定了三期城市扩张规划，谋划将青岛的城市中心逐渐北移至大港附近区域。第一期在今市场一、二、三路和聊城路、临清路一带辟商业中心区，称“新市街”；第二期建设台东镇工商业市街和台西镇住宅区，在若鹤山(今贮水山)以北，沿台东镇街道一带设立工场地；第三期填埋大港防波堤内侧浅滩，作为将来市街扩张用地。至1922年底归还青岛前夕，一二期工程基本完工，第三期未及实施。第一次日占结束前，在青日侨达2万余人，占当时城市总人口的1/8，形成聊城路、

劈柴院（2009）

馆陶路、堂邑路、辽宁路等日侨集中居住区。这一时期里院为大鲍岛商圈贡献了独特的商业样本。尤其是劈柴院、广兴里等里院市场给大鲍岛注入了更多市井元素和草根情结。贩夫走卒等社会底层人员，即便花钱不多，也可以在劈柴院或广兴里享受到类似今天的购物、餐饮、娱乐一条龙服务。该时期也是青岛里院建设的高峰期，如 1919 年前后，“海关后”街区（大鲍岛区西侧胶州湾后海港口区域）的所有道路已经形成且里院建筑密集。

1922 年底，北京政府从日本人手中收回青岛，里院建设仍在继续。需要解释的是，随着城区规模大幅度扩张，这一时期很多劳工群体聚集到了地域广阔的新兴开发区域四方、沧口等地，逐渐在曾经的城市外界形成新的贫民居住区，即老的城市内界的存量人口不用再承受更大的居住压力。但是，由于里院这种建筑形式的需求基础仍然存在，所以，市内各区域仍在不断见缝插针建设里院。就分布趋势而言，里院这种建筑类型，在这一时期末已扩展到包括台西镇、“海关后”、辽宁路、台东镇在内的所有区域。

1929年4月，南京国民政府接管青岛，在台西镇建设了后人津津乐道的“八大公馆”（实为八处贫民大院）。这本该是里院发展的又一个高峰期，但“八大公馆”多为平房区域，其中里院建筑并不多。不过，1930年代中前期，随着很多里院的新建、翻建，青岛出现了很多新样式的里院。1935年后，里院建设基本停滞。所以，青岛里院的大体规模就是形成于上世纪二三十年代。在城市建筑总量上，当年的里院几乎占据了青岛城区的半壁江山。根据1935年《青岛市公安局[①]各区分所所辖境内杂院一览表》，当年青岛市区内里院建筑共有600余处。

1949年后，里院建设仍在继续，一直延续到70年代，但规模逐渐减少。就笔者掌握的信息，截至2023年3月，青岛市区范围内里院建筑共有370处，主要分布于市南区和市北区。其中，市南有164处、市北有206处。横跨市南、市北两区的大鲍岛区域现存里院建筑187个。其中，市南区102个，市北区85个。近年来，随着旧城改造速度加快，很多年久失修的里院已被拆除。留下的里院，很多也已不再具有居住功能。比如修缮后的劈柴院和广兴里，已成为外地人来青岛旅游的打卡地，即现代的人们可以同民国时期的人一样，在这里实现购物、餐饮、娱乐一条龙服务。

总之，里院在青岛的演进过程，犹如一幅全景画卷，清晰记录了青岛平民住宅的发展与变化历程，也记录了青岛的城市化进程。

① 青岛民国时期的公安警察机构，在德租时期为胶澳租界巡捕房（又称巡捕局），第一次日占时期先后为日本守备军司令部宪兵队和民政署警察部，北京政府时期为胶澳商埠警察厅，南京国民政府第一次治理时期为青岛市公安局，第二次日占时期为青岛特别市警察局，南京国民政府第二次治理时期为青岛市警察局。所以本书中不同时期会有不同表述。

3. 人物关系

里院是一个小社会，其中涉及人物纷繁复杂。就笔者几年来梳理里院档案所形成的认知，按照与里院的社会关系，里院人物可分几类：里院业主、里院服务者、里院使用者、里院管理者和设计者等。

（1）里院业主

作为围合式建筑，每个里院都有很多间房屋。即便较小的里院，里面也会住上好几户人家及几家商户。青岛现存最大里院广兴里，其院中甚至可以站立1300余人。可能有人要问，过去一个里院住着不同的人家，那一个里院是否有很多业主。一般情况下，一个里院只有一个业主。当然，也有一个里院为多个业主共有，这种情况下，这些业主并不具体分割里院内的房屋，极少有业主明确里院内不同房屋的权属。德租青岛时期，大鲍岛地区的地块被有计划出售给私人搞建设，这些业主建起里院后，往往不自住，而对外出租赚取租金。随着青岛城区飞速发展，青岛移民数量越来越大，这使得平民住宅长期处于供不应求状态。所以，赚取里院租金这一较为稳定的赚钱方式，被越来越多来青岛的富商，乃至来青岛当寓公的逊清遗老和北洋失意政客采用。里院业主往往非富即贵，在青岛坐拥多处里院的业主比比皆是。比如号称刘半城的青岛首富刘子山，在上世纪30年代就有约20个里院。不过，一个里院往往经历几任业主。尤其是德租时期建设的里院，至上世纪二三十年代，很多已经易主。日本人涌入青岛后，也加入了里院业主的行列。由于青岛历史上曾经存在过600多个里院，加之时代变迁造成业主频繁更替，里院业主的总体数量应该很大。这些业主，按身份可分为政界、商界、文化界等；按所属时代可分为晚清、民国、新中国成立初期；按国籍则可分为中国人、德国人、日本人、韩国人等。本书的《绕不开的里院人物》一辑中将选取部分里院业主予以介绍。

（2）服务者——经租人及杂役等

就目前掌握的史料看，很少有业主亲自打理自家里院，往往由经租人代为打理。经租人是经收房租人的简称，顾名思义，就是经由业主委托、负责有关房租收缴事宜的人。经租人是跟里院租户打交道最多的人，公安局、社会局、财政局、工务局和法院等机构关于里院的各种事务，也往往需要与他们沟通联系。经租人是研究里院的重要线索，很多通过业主搞不清楚的史实，往往可以通过经租人找到线索。本书将有专门文章介绍里院经租人。

除了经租人，里院还会有杂役来负责卫生清洁或者其他杂务。杂役在档案中，有时被称为院丁、扫院人等。在很长一段时期内，这些人都是每一个里院的"标配"，详细情况可参看本书中《里院清道夫，曾经的标配》一文。

（3）里院租户

里院多为商住两用，一般临街一层商用，其他房间供居住用，也有多层为商用的情况。相比于业主，里院的租户可谓数量庞大且身份庞杂。根据 1931 年的里院调查，租户身份有政府职员、商贩、苦力、妓女等。视人口多寡和财力情况，既有一户人家承租一间及多间屋子的，也有多人、多户合租一间屋子的情形。以经商为目的租房的商户，可根据经营规模，或只在一层承租个临街房间，开个小商铺；或承租多个及多层房间，开大商铺、大饭店和较大的私人医院等。有的商户还会承租院内空地或临时搭建的房屋，以便就近解决仓储、加工、销售等多项需求。也有商户会同时承租几间纯居住用的屋子，以满足自家和临时工的居住。保守估计，曾经租用里院经商的商户约有上万家，而纯住户则有十多万之多。里院租户的信息，多隐藏在房租官司档案中，发掘较为困难。里院商户的信息，则在档案中大量存在。就目前的研究看，里院商户是研究里院历史的重要内容，其存在对于了解老青岛的工商业状况，尤其是每一个街区的业态分布具有重要意义。

（4）里院管理者——市政官员

里院是老青岛中下层居民的主要居住与生活场所，对里院的管理一直是各相关政府部门的重要工作内容。青岛市档案馆馆藏档案中有大量上世纪 20 ～ 40 年代治理里院的文件，尤其是南京国民政府第一次治理青岛时期，曾多次开展大规模的里院调查，并有多个部门联合开展里院“改善”工作，相关内容可参看本书《里院的管理》一辑。与里院管理相关的政府官员分散在社会局、公安局、工务局、财政局、卫生局、民政局、教育局、地政局等部门，其中有些人在青岛历史上发挥过重要作用。

（5）里院设计者——建筑师

青岛原为小渔村，1897 年开埠后，才始有现代化建筑，亦陆续有各国建筑师来到青岛。青岛 600 余处里院中几乎没有一个是重样的，这源于每个里院都是建筑师个性的体现。20 世纪上半叶，众多里院的初建、翻建和改建，给以中国建筑师为主的各国建筑师提供了广阔“试验场”。本书将有专文对部分里院建筑师予以介绍。

4. 独特之处

青岛是移民城市，笔者即属于 2002 年来青岛工作的新移民。这二十多年来，笔者曾无数次从里院门前经过，但在真正开始研究里院之前，笔者甚至从未意识到这些建筑是院子。估计这样的经历，也是很多“新青岛人”和外地游客的经历。

行文至此，笔者突然想到了一句话：里院之所以叫里院，是因为只有进入院子里，你才会发现它是一个院子。事实的确如此——当你处于青岛任一里院院外时，你能看到的往往只是里院临街的那些商户。即便你走进这些商户，你也不会意识到自己已经进入一座里院。只有真正走进院内，你才会发现这个院子跟你在其他城市见过的院子非常不同。那么，里院有哪些不一样的地方呢？

（1）里院为多层围合建筑

青岛的里院大多为两三层，也有四层乃至五层的里院，而其他城市的院落往往为一层，这使得里院从外面看起来，每一面都更像一座楼房。不同的是，里院是围合建筑，即整个院子在平面上是一个闭环，院内各户联通是通过每层设置外廊和楼梯来实现，而不像楼房那样只在每个单元内设置楼梯，且各单元往往并不联通。

（2）里院占地面积比较大

在青岛，占地数百平米的里院比比皆是。德租时期，三江会馆（三江里）由于场地大，是在青岛的中国人集会活动的场所，其院内的大戏楼飞檐斗拱，被称为“琴港第一戏楼”，是青岛最早的中国人戏院。目前已对外开放的大鲍岛一带的很多里院，都有足够空间在院中开辟剧场和说书场之类表演场地。青岛现存最大里院广兴里，其院内甚至能同时站立 1300 余人。里院之大，是其他城市的合

德租时的三江会馆（左）

院建筑不多见的。也许正是因为院子比较大，所以很难从院外窥其全貌。此外，因为里院是围合式建筑，所以每个里院都自带天井，但与其他地区不同的是，里院的天井比较大，这个大天井是院内所有居民共有。如今的里院天井给人一种空旷之感，而在原住民未搬离之前，几乎每个里院的天井上空都满是凌乱的电线和晾衣绳。

（3）里院住户比较多

里院住户少则几户、十几户，多则几十户，甚至上百户。里院与现在的封闭小区有些相似，不过，封闭小区内人与人之间往往是陌生人，而里院处于一种对

大多数青岛里院改造前院内天井都满布着电线和晾衣绳

外近乎封闭，对内几乎完全开放状态。在原住民搬离里院之前，同一里院的人家像一家人一样在一起生活，共用一个水龙头，共用一个厕所。里院长大的孩子，是里院里的几家人一起喂大的，同一个里院长大的孩子如同兄弟姐妹。这个人口高度聚集的院子，具有典型的“熟人社会”特征。

（4）大多数里院兼具商住两用功能

青岛里院虽然形状各异，但有一个共同点，就是至少一边临街且临街房屋往往为商用。相比之下，其他城市的院落多数只具备居住功能。青岛里院众多，一边临街的里院居多，如胶州路上的积厚里，只有北侧临街。也有为数不少两边临街的里院，如海泊路与济宁路交叉路口的同兴里，西侧及南侧皆临街。三边临街里院较少，如由高密路、博山路、胶州路半围合的三兴里，为南侧、东侧、北侧临街。四面临街的里院以广兴里为代表，不过，这样的里院数量最少。本书《里院个案一览》一辑中将对上述 4 个里院予以详细介绍。

关于里院，还有很多需要解释的东西，比如“里院”这种说法何时出现？每个里院是怎样命名的？青岛还有哪些里院？这些问题将另文予以介绍。

“里院”名称的出现

“里院”名称何时出现？1927年9月22日，《大青岛报》刊登有《不洁里院多被惩罚》的报道。这是目前为止，从青岛市档案馆馆藏发现的最早出现“里院”一词的记载。这篇报道的大致意思是：胶澳商埠警察厅此前因发现很多地方有霍乱疫情，为了预防传播起见，特命令卫生事务所清查每个里院。后据警察厅和卫生事务所派员联合调查，情形不容乐观，因为市区内多数里院卫生状况较差。有鉴于此，警察厅对不够清洁的里院予以惩罚，以达到儆示效果，罚金数目十元、八元不等。

这里需要交代一些历史背景。青岛开埠之后，历经德租日据，至1922年底，才由北京政府收回。青岛回归后，成立了胶澳商埠，所以这一时期的市政部门皆冠以“胶澳商埠”的前缀。胶澳商埠时期从1922年12月至1929年4月，其中1926年7月，上海、香港等处发生虎疫（全名虎列拉，即霍乱），传播甚广，青岛为水陆通衢，

不潔里院多被懲罰

警廳長前以各處發現虎疫 為預防傳播起見 特令衛生事務所派員挨里清查 以免有所不潔里院易於傳染 乃近據該管警官及衛生所派員呈稱 所有市內各大院清潔者皆不多見 是以各院多受罰金示儆數則十元八元不等云 （留）

1927年《大青岛报》刊登“不洁里院多被惩罚”的报道

所以亦受牵连。据记载，当年在船舶及火车乘客中检验出霍乱染疫者 304 人，治愈 137 人，死亡 167 人。如此触目惊心的数字，自然让青岛市政当局在此后也不敢放松对霍乱的防治。所以，1927 年出现的胶澳商埠警察厅联合卫生事务所检查里院之举，也就不足为奇了。

笔者根据相关线索找到了 1927 年 8 月 29 日胶澳商埠警察厅的一份会议记录。根据该记录，9 月份联合卫生事务所对里院进行的清查是由警察厅的卫生科提议的，但是记录中白纸黑字写的提议是“检查各杂院清洁”，而到了《大青岛报》的报道中，标题却直接将杂院改成了里院。可见，当时“里院”和“杂院”叫法通用。重新审视 1927 年 9 月 22 日《大青岛报》这篇短短不足百字的报道，会发现其中不仅出现了里院一词，同时也出现了“里”和“院”这两种说法，比如按里清查、不洁里院、各大院等。由此可见，该小编想当然认为每个里院可以简称为院或里，想当然认为自己这么写读者是看得懂的。换言之，里院是全称，里或院是简称。

毋庸置疑，单个里院院名的出现一定早于“里院”这个词。因为只有出现了很多“连名带姓”的里院，才会有概括这种住居形式的“里院”一词出现。这里的“姓”或者是“里”或者是“院”，这里的“名”是具体的“里”或“院”的名称。如积厚里，名为积厚，姓为里。再如鸿瑞和院，名为鸿瑞和，姓为院。那么，最早命名的里院是什么？

与《不洁里院多被惩罚》同一版面还有一则关于厚德西里的信息，可见当时已有该里且该里院已被命名。青岛市档案馆馆藏同年档案中还出现有平康三里、永乐里、安康里等里院名。那么，还有没有更早出现的里院院名？答案是肯定的。青岛市档案馆现有馆藏中，里院名称出现最早的年份为 1923 年。档案显示 1923 年曾有多人申请改造位于海泊路的广兴里房舍。广兴里由易州路、高密路、博山路和海泊路合围而成，是近乎标准的长方形里院。但其并非一开始即形成合围，而是先建了博山路一侧临街房屋，至德租末期的1914年才最终形成合围。广兴里是青岛现存最大里院，合围之前，肯定不会有广兴里这个名字。合围之后该里院的院名何时出现尚无从发现，现在能确认，至少1923年该里院已命名。只是，除了广兴里还未查到其他在1923年已确定名字的里院。鉴于青岛在1914年11月至1922年12月，为第一次日占时期，而这一时期很多日文档案尚未全文翻译整理，所以不排除有些里院档案，包括里院名，潜藏在日文档案里。

重新回到本文开头提出的问题——"里院"名称何时出现？1922年出版的《青岛概要》中，将青岛房屋分为三种：华洋折衷式、德国式、日本式。其中，青岛区（约位于今中山路南段及其东西两侧）和别墅区（约位于今汇泉湾西侧及金口路一带）均为德国式，日本第一次占领青岛期间开辟的新市街（今市场路一带）等处为和洋折衷式，大鲍岛区为华洋折衷式。1922年，青岛已经至少建有100处里院，但翻遍全书，也未发现里院一词，可见当时或者还没有这种说法，或者这种说法还未被公认，又或者是很多里院还没有名字。

青岛市档案馆馆藏1924年的档案中，出现的里院名称明显增加了很多，如珠江里、北华城里、顺和里、汇德里、泰兴里等。其中，顺和里位于台西镇观城路，汇德里位于台西镇云南路。这也印证了当时里院已发展到了这些区域。同时证明，该时期很多里院的院名已经确认。

那么，叫法不同的"里"和"院"到底有何不同？就目前掌握史料看，"里"和"院"似乎并无明确区分标准。政府公文中，也常常先提及某某里，然后再称之为该院，即公文中"里"和"院"是通用的。1930年代，青岛曾有多次针对里院的统计，当时各里院仍被统称为杂院。1933年6月，青岛市工务局"关于督促各杂院安设及修换自来水管的呈"中有这样一句话：

本局饬令自来水厂派员分往各里院详查具报，去后，兹据报称：遵查各杂院已设自来水管现在尚敷应用者52处，原有水管年久锈塞破坏，须加以修理……

在这句话中，同时出现杂院和里院。这样的例子，档案里比比皆是。如1934年7月16日，青岛市市区第一区里院整理会第一次执监联席会议，在关于讨论事项的记录中有这样的记载：“规定共摊会费以里院为单位，主管官厅认为杂院……应分摊会费。”

事实上，“里院”和“杂院”的通用叫法延续了很久。1965年，青岛曾对里院进行过一次调查，其中有的里院甚至同时有“里”和“院”两种叫法。如大名路118号的德合院也叫德合里，潍县路19号的姚记院又名太兴里，东阿路7号的安和里又名大黑院。

改革开放后，人们更多称里院为大杂院。而且还有这样一个非常普遍的现象：民众知“杂院”者众，知“里院”者少。即老百姓平素交流更多只称大杂院，甚至很多人都不知道自己居住的地方是里院，更不清楚所居住里院的名字。1988年11月1日《青岛日报》曾刊登题为《大杂院的变迁》一文，文章作者自称居住在平度路19号，院内拥挤时有30余住户。根据1988年的统计，平度路19号

大杂院的变迁

赵忠堉

我家住在平度路19号大杂院。这里地处市中心，交通、生活比较方便，因此，住得特别拥挤。一个院住三十几户人家，每家十几个平方。你在家里说话，他在院里听得清清楚楚。十年来，这里悄悄地发生着变化。

睡吊铺的少了。十年前，这个院多数家庭有一个供孩子们睡觉的吊铺。睡吊铺最难过的是夏天。院子小，住户多，不透风，晚上热得难以入睡。有的家有男孩和女孩，还要在吊铺上挂个帘子，实在是无可奈何。这几年不同了，几个特别拥挤的家庭搬走了，住上了套二、套三房子。搬进来的大都是新婚夫妇。睡吊铺的已经很少了。

烧液化气的多了。十年前，这个院没有烧液化气的。烧水做饭大都用“大锅头”，做饭时点上一把火，鼓风机一开，满院是烟。你家呛我家，我家呛你家，互不埋怨，为了吃饭嘛！谁家能烧蜂窝煤和煤油炉子就很先进了。这几年几乎家家都用上了液化气。这些气大都是各单位为职工搞的，价格虽然高一点，但又干净，又省事，实在是太方便了。

高档家具多了。十年前谁家做了个大衣橱，都去看看，觉得新鲜。心想，过年咱找人也做一个。多数家庭都是一张铺（床都很少），一张桌子，几个旧凳子。一到星期天都端着木盆到马路沿上洗衣裳（院子小，都在院里洗摆不开）。这几年，许多家庭安上了上下水，用上了洗衣机。星期天，人们一边用洗衣机洗着衣服，一边听着收录机，高兴时扭上一阵迪斯科，真是不亦乐乎。

十年的改革，使人们的物质生活发生了很大的变化，但是更大的还是精神生活的变化。这几年人们已经摆脱了长期以来精神上的束缚、压抑，心情舒畅了。

心情最舒畅的应数李延熙大爷一家了。李大爷今年69岁，“文革”时期，受到迫害，遣返回乡。现在变了。从1985年开始，李大爷先后担任和被选为居委会主任、区人民代表、最佳市民、青岛市台属代表。去年，他家祖孙三代参加的家庭音乐会获青岛市家庭文艺特别奖，他还参加过青岛市老年运动会，3000米长跑获第6名。今年9月14日是他岳母93岁生日，正当四世同堂为老人祝寿时，在台湾的内弟打来贺电，“祝家母寿比南山。”李大爷的7个孩子，分别组成了7个家庭，有7台彩电，6台冰箱。2个孩子入党，2个孩子当了厂长和经理。现在李大爷的愉悦心情是无法用语言来表达的。

个体户不被人另眼看待了。我国有个传统，士农工商，商是第4。这个传统正在受到冲击。院里有个“个体户”，前几年人们还有点另眼看待，“哼，不就是个做小买卖的。”这几年，一看，人家在四方路市场摆了个摊，每天叫喊着“全国最便宜的衣服”，小买卖很兴隆。家里用的是电饭锅，比一般家庭吃得好。又听说攒了钱准备买好房子，邻居们都羡慕。

想一想过去，看一看如今。改革才十年，就发生了如此变化，不能不叫人振奋。我想不用再过十年，一幢幢高楼大厦将取代“大杂院”。

难忘十年 29

1988年11月1日《青岛日报》刊登的《大杂院的变迁》

为振余里。1965年统计中，该里院居住有36户人家。而《大杂院的变迁》一文中并未提及振余里，而是用平度路19号来描述居住地点。可见，作者很可能并不知道所住里院的名字。这一情况并不少见。在青岛市最新一轮老城区改造中，很多里院的名字都是通过档案挖掘出来，而非由里院居民提供，而且尚有为数众多的里院名称尚未发现。笔者在2023年底，曾做过关于同兴里的讲座，当时很多到场住户说，在该里院住了这么多年，终于知道自己住在什么“里”了。

既然“里院”和“杂院”通用了这么久，甚至很多人都不清楚“里院”是什么，那么，“里院”一词又从何而来？“里院”究竟何时叫响？笔者在此想大胆猜测一下。“里院”和“杂院”在青岛通用了很久，这的确是不争的事实。但杂院全国各地都有，这种叫法无法突出青岛特有杂院的独特之处，所以有必要用一个词来概括这种青岛仅有的特色民居形式。既然青岛这一特有杂院大多以“里”来命名，所以“里院”这种叫法就自然而然应运而生并约定俗成。

事实上，“里”的叫法全国很多地方都有，比如北京、上海、大连、济南等地，都有某某里，甚至有些城市也有类似里院的建筑形式。但这种建筑形式大量出现和普遍存在的城市，只有青岛。在上世纪很长时间里，里院一直是青岛市区最普遍存在的住居形式。

总结一下，“里院”一词至少1927年已经出现；这种叫法在上世纪三四十年代较为普遍；1949年后，这种叫法渐渐减少，甚至一度悄无声息。上世纪末和本世纪初，“里院”一词再度被提起。随着青岛市城市更新与城市建设三年攻坚行动将历史城区保护更新列为“一号工程”，并将里院的更新列为该工程的重中之重，“里院”一词愈发被人们关注。

青岛里院的命名

随着青岛历史城区中越来越多整饬一新的里院对广大市民和游人开放，很多人在窜里逛院的过程中发现这些里院都有各自的名字，而且每个里院的名字都很好听，或者有很好的寓意，或者一看就有所出典。青岛里院数量众多，是否每个里院都是业主煞费苦心命名的?

虽然笔者已经翻阅了上万件里院档案，但并未发现任何一件档案中，白纸黑字写下了某里院的命名原因。事实上，笔者甚至无从知晓，每个里院是先盖房子后命名，还是先起名字后盖房。就目前已经翻阅过的档案来看，每个里院的最早业主在购买里院建设地块时，档案中并无里院名称。而且，即便是某里院建成后，也很难在档案中看到其名称。一般情况下，里院往往都以具体的门牌号出现在档案中。有关里院的房地过户图中，也往往只出现业主名字，而不会出现具体的里院名称。能看到里院名字的档案，主要是各类调查数据，但这些数据的档案题名往往是某某一览表或某某登记表，由于档案题名中并不会出现具体的里院名，除非发现相关档案，我们甚至无从知道某些里院的名称。此外，还有大量有关房租官司的诉讼档案也会出现里院名，但这些档案往往以诉讼双方名字来命名，即档案本身的题名中往往没有具体的里院名。这也是单个里院的历史不易被发现的原因。大多数情况下，我们只能碰上什么里院档案就研究什么里院，而很难想研究某个里院就能找到跟这个里院相关的档案。这也意味着，我们很难判断每个里院是何时命名、因何命名，而只能根据已掌握的史料和背景知识进行符合逻辑的推导或尽可能合理的猜测。目前看来，关于里院命名至少有如下几种可能。

1. 院名出自古代典籍，多为祝颂之词，一般有较好的寓意

这一类里院名并不多。不过，目前青岛老城区已开放里院中，不乏以这种方式命名的，所以给人一种青岛里院名大多很有寓意的印象。这其中，最有名的当属三多里和九如里。

三多里位于海泊路，名字中的“三多”出自《庄子·天地》中的华封三祝，为祝颂多福多寿多子孙之辞。原文为：

尧观乎华，华封人曰：“嘻，圣人。请祝圣人，使圣人寿。”尧曰：“辞。”“使圣人富。”尧曰：“辞。”“使圣人多男子。”尧曰：“辞。”封人曰：“寿、富、多男子，人之所欲也，女独不欲，何邪？”尧曰：“多男子则多惧，富则多事，寿则多辱。是三者非所以养德也，故辞。”

九如里位于四方路，名字中的“九如”为祝寿之词，出自《诗经·小雅·鹿鸣之什·天保》，原文为：

如山如阜，如冈如陵，如川之方至，以莫不增……如月之恒，如日之升。如南山之寿，不骞不崩。如松柏之茂，无不尔或承。

此外，位于芝罘路的云承里，名字中的“云承”出自《楚辞·九章》中的“霰雪纷其无垠兮，云霏霏而承宇”。

位于郓城南路的四维里，名字中的“四维”出自《管子》“礼义廉耻，国之四维，四维不张，国乃灭亡”。

这一类院名中，有些还出自成语。如位于黄岛路的鼎新里，其院名取自成语“革故鼎新”，出自《易经·杂卦传》：“革，去故也；鼎，取新也。”

还有位于胶州路的积厚里，其院名取自成语“厚积薄发”，出处为苏轼《稼说送张琥》中，“博观而约取，厚积而薄发”。

2. 以所在道路命名为主

这样的里院名多以里院所在道路做院名。兹列举 1935 年里院调查表中相关里院说明如下：

里院信息简表一

里院名称	所在道路	门牌号	业主
潍兴里	潍县路	37	赵尔巽
长安里	长安路	16	铃木英年
庆祥里	庆祥路	85	辛肇慈
青海里	青海路	11	刘鸣卿
奉天里	辽宁路①	202	刘鸣卿
奉天东里	辽宁路	126	刘粹甫
人和里	人和路	17	吕耀庭
观城里	观城路	3	邝怡修
威海里	威海路	9	东莱银行
阳明里	阳明路	27	从仲门
金乡里	金乡路	6	房国清
云门里	云门路	21	刘悦臣
汶上里②	汶上路	46	

① 民国时期，辽宁曾称奉天。

② 信息来源为 1948 年《青岛市警察局里院雇佣院丁名册》，册中没有业主名字。

另外，还有以里院所在区域命名的。如1935年第三区里院整理会的统计表中，袁玉显位于德盛路29号的里院名为台东里，而该区所在区域即老百姓口中的台东。

3. 以业主名字命名

这样命名的里院数量较大，给人一种宣示主权之感。如1935年，王居易位于福建路36号里院名为居易里。当然，多数里院只引用业主名字中的一个字来命名，这样的例子非常多。不妨列举1935年相关里院说明：

里院信息简表二

里院名	所在道路	门牌号	业主
元鹤里	长春路	72	姜文鹤
松寿里	桑梓路	44	张金寿
泰兴里	潍县路	19	梁永兴
德成里	石村路	12	李德俊
富润里	振兴路	88	于德润
韫记里	振兴路	43	于韫石
三祥里①	庆祥路	71	李文祥
新成里	青海路	82	王学成
振华里	青海路	70	李振清
庆寿里	泰山路	6	李寿臣
福顺里	锦州路	35	王福盛
福山里	吉林路	25	王福盛

① 路名人名，皆有祥字，此为二祥，不知另一祥是什么。

续 表

里院名	所在道路	门牌号	业主
德声里	锦州路	41	孙声甫
裕信里	威海路	18	王信臣
大富英里	内蒙古路	6	富水友太郎
安善里	费县路	96	宁子善

有趣的是，有的业主似乎不在乎里院名是否已被别处用过，自己照用不误。当然，当年的里院名并不能注册，也没有版权之说，所以自己的院名被别人用了，也不能告侵权。这一点，最典型的当属瑞兴里。

里院信息简表三

里院名	所在道路	门牌号	业主
瑞兴里	郓城北路	33	李瑞卿
瑞兴里	锦州路	47	赵瑞林
瑞兴里	西藏路	20	胡林瑞

当然，业主可能是个人，也可能是组织或商号，所以也不乏以组织或商号命名的。比如三江里，业主为三江会馆，即该里以会馆名字命名。河南路 76 号，业主为福德堂，院名为福德东里。大成路 10 号，业主为安记，院名为安仁里。

可能有人会问，这些以业主名字命名的里院，在业主变化后，会不会改名。笔者尝试着对比了一下 1965 年和 1988 年的统计数据，发现很多里院名还在，并未因业主变化而改名。但的确有一部分原来以业主命名的里院查不到了，只是无法确定是改名了，还是里院本身已经拆除了。

另外，青岛里院的命名还有诸多其他特点。

4. 同名里院何其多

除了前文提到的瑞兴里，青岛还有很多同名里院。如，小阳路和寿张路皆有仁寿里，所以提到这些同名里院必须同时提到路名，否则会产生歧义。1935 年的统计中，这样同名里院的情况很多。

里院信息简表四

里院名	所在道路	门牌号	业主
仁寿里	小阳路	122	杨秀山
仁寿里	寿张路	33	刘明箴
和兴里	东平路	73	王瑞温
和兴里	周村路	65	孙良弼
福顺里	乐陵路	29	松仓末雄
福顺里	博兴路	43	加藤重太郎
人和里	人和路	17	吕耀庭
人和里	中兴路	15	袁祥东
积德里	济宁路	107	程明三
积德里	城武路	43	王组秋
积德里	观城路	14	张凤亭
永泰里	东平路	74	郭焦氏
永泰里	胶州路	108	孙立恩
永泰里	石村路	119	孙立恩

让人有些费解的是，上表中同名的三个永泰里，有两处是同一个业主，即孙立恩将自己位于不同道路的两个里院都命名为永泰里。不过，这样的同名里院至少还位于不同道路，还算好区别。有些同名里院则位于同一条道路，如下表：

里院信息简表五

里院名	所在道路	门牌号	业主
长兴里	青海路	156	张孟敬
长兴里	青海路	164	张孟敬
居溪里	青海路	148	张兆熙
居溪里	青海路	140	张兆熙

根据门牌号来看，上表中的同名里院应该是相邻的。很可能是一个大院子共用一个院名，但院内的确被分为两个院。

在 1965 年的统计中，曾出现过 5 处以“三兴”命名的里院。

里院信息简表六

里院名	所属派出所	地址 / 路名 / 门牌号	备注
三兴里	市北分局大港一路派出所	益都路 137 号	38 户
三兴里	市北分局李村路派出所	博山路 74 号	8 户
三兴南里	市南分局泰安路派出所	郯城路 1 号	80 户
三兴北里	市南分局泰安路派出所	郯城路 3 号	已拆除
三兴里	市南分局观海一路派出所	黄岛路 26 号	36 户

5. 院名也能成系列

在 1935 年的统计中，有大量成系列的里院名。这些里院多为同一业主，多通过加方位或换字的方式，来体现彼此的关联。

里院信息简表七

里院名	所在道路	门牌号	业主
骏业北里	四方路	18	王达山
骏业东里	芝罘路	50	张立堂
云承里	芝罘路	39	杨松伯
云承东里	济宁支路	15	杨松伯
福善里	云南路	3	刘西山
福兴里	云南路	19	刘西山
定安南里	云南路	115	陈崇珍
定安北里	云南路	125	陈崇珍
源兴里	云南路	169	中鲁银行
源兴北里	云南路	145	刘建祀
德昇里	云南路	207	邹石平
德和里	云南路	221	邹石平
德盛里	云南路	60	邹石平
日盛南里	东平路	47	杨本善
日盛北里	东平路	59	杨本善
福顺里	博兴路	43	加藤重太郎
福和里	益都路	122	加藤重太郎
和平东里	邹平路	8	孙君宝
和平西里	邹平路	10	孙君宝
同义里	平定路	18	曹海泉
同礼里	姜沟路	48	曹海泉
三盛里	福建路	47	滕润生
仁盛里	福建路	53	滕润生
积厚里	胶州路	116	杨雨亭①
积厚东里	滨县路	33	杨可全

① 该处填写有误，应为杨玉廷。通过各种档案资料比对和印证，相关史料中出现的杨可全、杨雨亭、杨玉亭和杨玉廷，实为同一人。但其中，杨可全与杨玉廷为正确的名字，杨雨亭和杨玉亭为史料本身有误。

也有因为里院使用性质相同，而院名成系列的。这以平康里系列最为典型。“平康”来自唐长安城坊名，平康坊又称平康里、平康巷，为妓女所居之地。南京国民政府第一次治理青岛时期，青岛有很多声色场所亦以平康命名。1935 年青岛市公安局里院调查统计中以平康命名的妓院有如下几处[①]：

里院信息简表八

里院名	所在道路	门牌号	业主
平康一里	平阴路	20	李周臣
平康二里	金乡路	14	李守魁
平康三里	冠县路	25	李周臣
平康四里	云南路	49	刘开济堂
平康五里	黄岛路	17	张天如
平康东里	四方路	19	谭大武

6. 无名里院日渐少

1935 年里院统计中，有无名院 40 多处，大量无名院的存在无疑给相关工作带来很多麻烦。在第三区里院整理会 1935 年 11 月呈报的全年总结报告（1934 年 7 月至 1935 年 6 月）中，有一项为“奉办事处谕，无名里院应加添名称”。可见，当年政府曾要求各无名里院尽早命名。事实上，1965 年和 1988 年的相关统计中并没有无名的里院，可见很多里院很可能就是在 1935 年左右命名的。

7. 特殊的里院名

在我们的认知里，里院应为业主亲自命名，但不排除有非业主命名，却被认可的里院名。如位于胶州路的谢南章院，这是笔者目前接触到的唯一以人名命名的里院。但谢南章并非该里院业主，而是常年在该院内行医的住户。1931 年社

① 档案显示 1935 年青岛东镇有以“平康里”命名的里院，但该里院并未在当年公安局的里院调查中登记。据档案分析，该里院在第二次日占青岛后，改名为平康六里。

修缮前的黄岛路平康五里

民国时期的平康五里花厅

会局统计中，该里院登记为谢南章院，1935 年公安局统计中，该里院仍登记为谢南章院。但 1934 年里院第二区整理会的委员登记中，该里院登记为无名院。按说各里院整理会的登记信息应该更为准确，因为整理会属于自治组织，对相关信息的掌握要优于市政部门，且各业主本身就是整理会的委员，如果登记不准业主也会提出异议。所以，这不免让人怀疑谢南章院很可能是因为谢南章在该院行医太久，甚至可能是这个里院最大的特色，所以人们便“约定俗成”这么叫了。

类似例子还有位于即墨路的鸿瑞和院。该院并不大，共有房屋 24 间，住有 15 户商人。住户数少于房间数，且住户成分属于中产，相比于那些住户为苦力或多人合住一间房屋的里院，鸿瑞和院属于居住条件比较好的。需要说明的是，鸿瑞和并非该院业主，而是在院内开展经营的商户，其主营为修理脚踏车，兼做洋铁货。1926 年 1 月该商号创设后就一直在该院经营。不知是否因该商户较为知名，或者该院中该商号规模较大，以至于该商号的名字成了该里院的名称。

研究里院院名是一件饶有趣味的事，从中可以发现当年青岛的某些城市特点，也可以感受当年人的某些个性。其实关于里院院名可以聊的还有很多，比如有一些颇为惊艳的里院名，像随遇而安、爱吾庐院、若比邻、郑公乡里。再比如，还有一些怎么都觉得可能有关联的里院名，像同在惠民南路上的聚兴里、公兴里、兴香里和福香里，名字中如此你中有我、我中有你，让人不免怀疑这 4 个里院有什么关系。篇幅所限，当然主要是史料所限，无法展开。

大鲍岛，最后的里院聚集区

里院是老青岛市区内中下层居民的主要居住与生活场所，几乎占据了青岛早期历史城区的半壁江山。在青岛大规模旧城改造过程中，里院遭到了不同程度的拆除。虽然小鲍岛、台西镇、海关后、台东镇等处仍有少量里院留存，但比较集中的里院聚集地只剩下大鲍岛。据统计，大鲍岛区域现存里院建筑 187 个。其中，市南区 102 个，市北区 85 个。2022 年，青岛市启动城市更新与城市建设三年攻坚行动，以大鲍岛为主体的历史城区保护成为攻坚行动“一号工程”。至 2024 年，随着青岛历史城区保护更新工作的推进，大鲍岛区域很多里院已开门纳客。但是，大鲍岛究竟指的是哪片区域，大鲍岛有怎样的功能变迁，为什么青岛人喜欢“上街里”（即逛大鲍岛）？这些事，即便青岛本地人也未必说得清楚。

一、相生相长的大鲍岛区域变迁与里院开发建设

在搞清楚大鲍岛区域之前，有必要先搞清楚什么是“大鲍岛”。事实上，大鲍岛至少有 3 层含义。第一层含义，它是一个岛，关于这一点有很多史料佐证。据《胶澳志・方舆志・岛屿》记载，大鲍岛为胶州湾中一个小岛，位置在今小港北部。1908 年的手绘《青岛全图》上，曾对大鲍岛有标注。第二层含义指原大鲍岛村。目前能看到的大鲍岛村拆除前的描述和照片，都来自德国人。1901 年出版的《山东德邑村镇志》对当时胶澳地区所有村庄都进行了比较系统的记录。

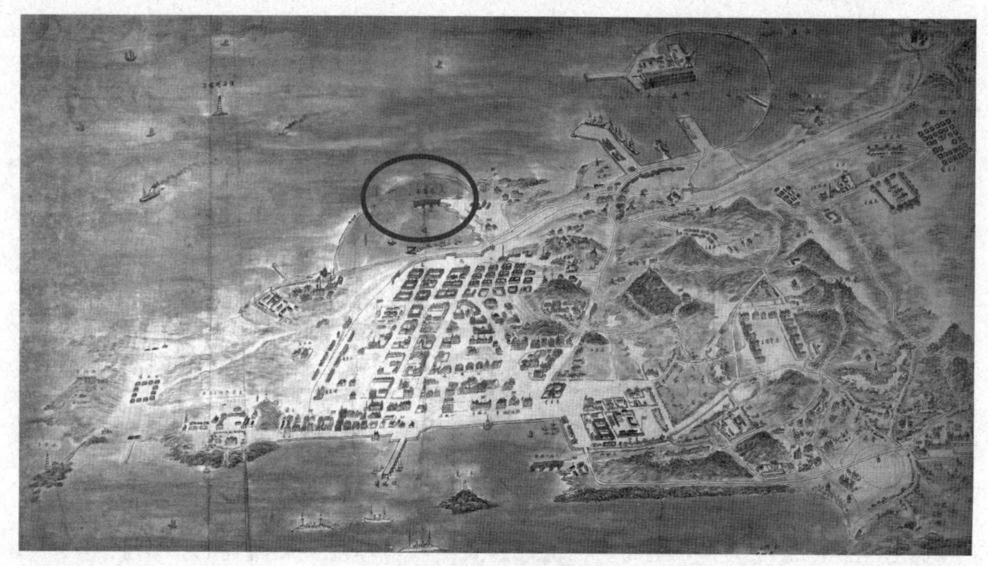

《青岛全图》（1908）

大鲍岛村

书中对青岛开埠前大鲍岛村的描述是，该村位于胶州湾东畔、靠近青岛村北部。第三层含义指青岛开埠后规划建设的大鲍岛区域。本文探讨的大鲍岛，指的是第三层含义。

青岛是中国近代以来按照规划建设发展起来的少数现代城市之一，大鲍岛最初就是被规划出来的一片区域。1898年3月6日，中德签订《胶澳租借条约》，之后不到半年的9月2日，德国国内首次公布了青岛新城的规划。这个规划确定了市区范围，同时进行了功能分区。规划者为了在青岛确保欧洲人优先，同时也为了保证城市公共卫生安全，采取了华洋分治方式，即把市区划分为华人区和欧人区。在这个规划中，德国人在原大鲍岛村位置上规划了中国人城（也称华人区），位于欧人区（也称青岛区）北部。这里的中国人城就是大鲍岛最初的区域范围。在这一规划中，华人区与欧人区之间有一段未规划区域（为农田耕地），形成一段天然隔离带，使两个城区并未直接相连。大鲍岛区域在地图上被标记在山东街（今中山路北段）以东，其范围大致为今中山路、四方路、济宁路和沧口路合围区域。

大鲍岛区域的街道最初设计为网格状，横平竖直，形成规规矩矩的矩形地块。德租时期欧人区和华人区道路命名方式并不相同。欧人区采用重要的德国人名和地名，比如江苏路南段叫俾斯麦大街，广西路叫海因里希亲王街，曲阜路叫柏林大街。大鲍岛区的道路则基本以青岛本地地名和附近县城名称命名，即沧口、李村、海泊、四方等青岛本地地名和即墨、胶州、高密、潍县、博山、芝罘、济宁等山东府州县名称皆被用来命名大鲍岛的道路。需要指出的是，大鲍岛区域的这些道路及路名从德租时期一直沿用至今，也正是从这一点上，我们说大鲍岛区域仍保留有百年前的城市肌理和记忆。

不过，大鲍岛最初的范围存在时间非常短。德国总督府在1899～1900报告年度的《胶澳发展备忘录》[①]中称，“为了进一步扩展的需要，不得不把青岛和大鲍岛之间全部农田耕地用于建房”。大鲍岛村拆除于1900年初，其拆除前后，大鲍岛区迎来了一波购地热潮。就现有史料看，青岛城市建设计划公布后，大鲍岛区域建设活动非常活跃，开发速度大大超过了德国人的预期，初期发展速度远超欧人

① 《胶澳发展备忘录》是德租青岛时期，由胶澳总督府编写的工作报告。自1898年10月起每年出版一册。该报告比较全面、系统地记录了德租青岛时期的各项政策及其实施情况。

区。所以，总督府必须拿出新的用地，供华人建设，被拿出来的新地块就是此前充作隔离带的今四方路与德县路之间区域。这意味着大鲍岛向南扩展了较大面积，其大致范围为今中山路、德县路、安徽路（原崂山路）、济宁路和沧口路合围区域。

在 1900 ～ 1901 报告年度，建筑管理部门批准在青岛和大鲍岛建设的 367

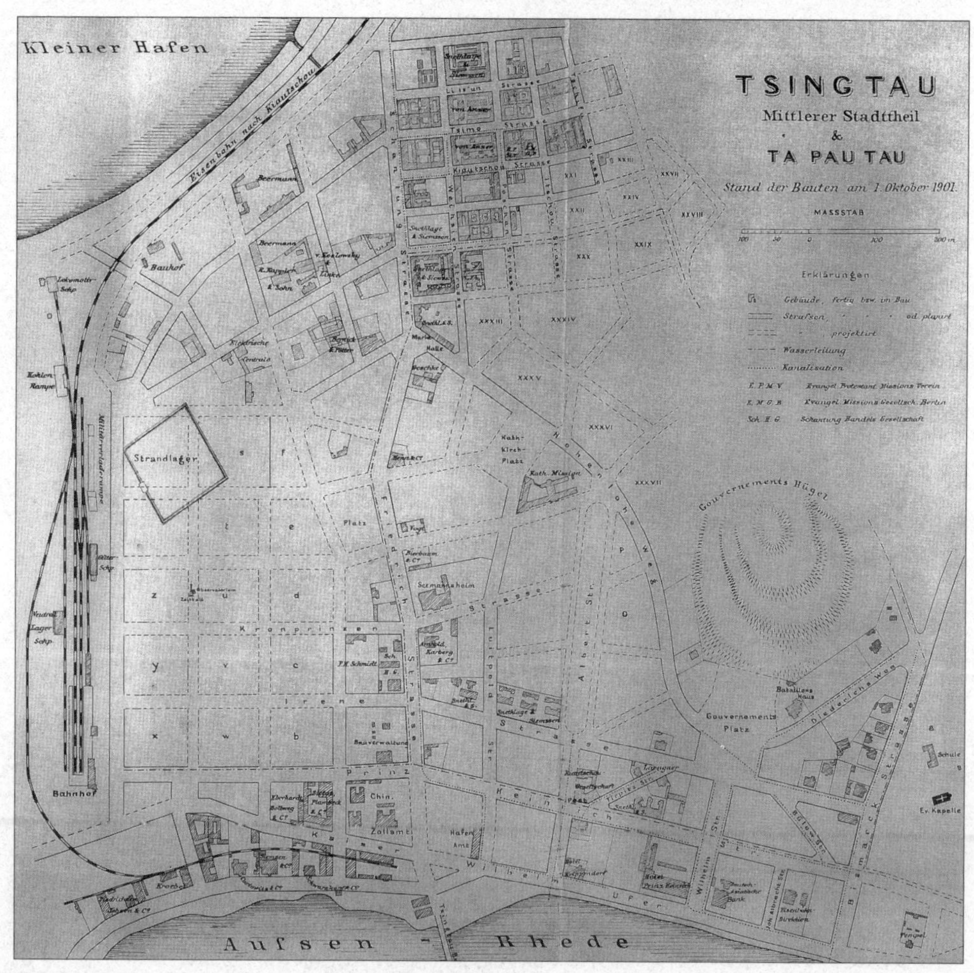

《青岛及大鲍岛街区图》（1901）

幢楼房中，有 234 幢两层商住两用房属于中国业主。这里的商住两用房，多为大鲍岛地区最初的里院或里院组成部分。由此可见，中国人参与了大鲍岛区很大部分的建筑活动。至 1904 年，大鲍岛一带土地几乎全部卖出并盖满了房子。

随着人口不断增加和城市迅速发展，在德租中后期，山东街（中山路北段）

大鲍岛全景，前景是建设中的黄岛路与平度路之间的街坊（1907）

德租时期的中国人城——大鲍岛

以西区域也被划入大鲍岛区，即大鲍岛继续向西大面积扩展。至此，大鲍岛范围变为：西起济南路，北至沧口路，东至济宁路，向西南延伸至安徽路，南至德县路、保定路、大沽路。扩展后的大鲍岛西部很快也处于如火如荼的建设中，至1910年左右，中山路西侧建筑物已鳞次栉比，其中大部分建筑为里院。

至德租末期，大鲍岛东部也得以拓宽，沧口路、济宁路、禹城路、聊城路的围合区域也被纳入大鲍岛。这一区域中很多德租时期的里院现仍保存完好，其中，积厚里、同兴里将在本书中予以专门介绍。由此，历经南扩、西突和东拓，大鲍岛范围变为由济南路、沧口路、聊城路、禹城路、济宁路、安徽路、德县路、保定路、大沽路围合的区域。此后，大鲍岛区域再未扩展，一直延续至今。

大鲍岛区域的几次拓展均发生在德租时期，这一区域里院最初的开发建设也基本发生在德租时期。正是在德租时期，大鲍岛不断拓展给里院提供了源源不断的建设用地，而里院的持续建设又反过来刺激了大鲍岛区域的继续拓展。可见，

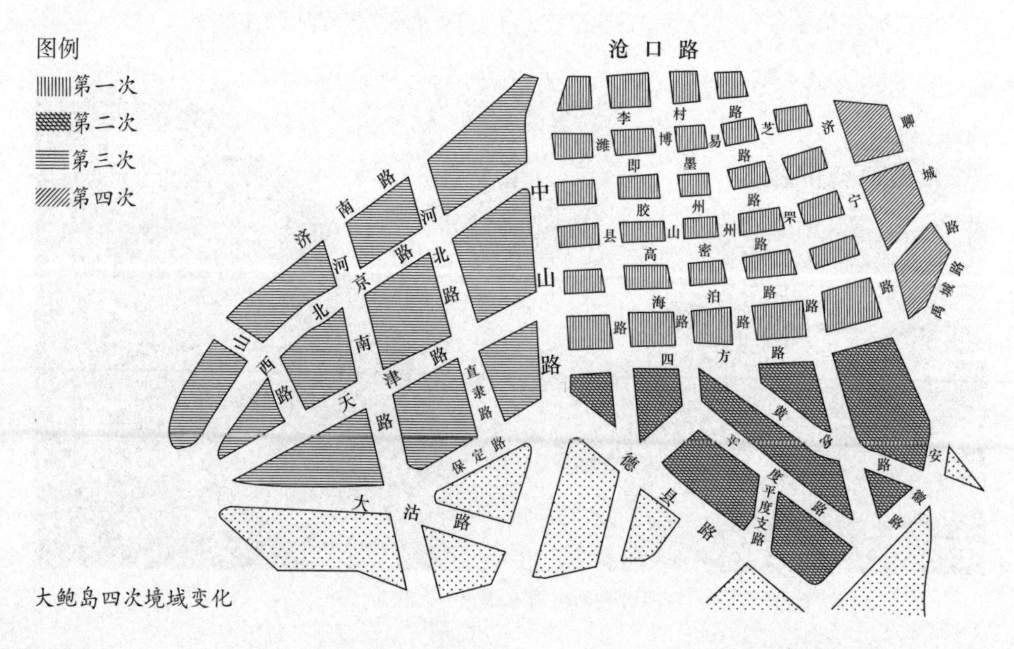

大鲍岛四次境域变化

大鲍岛区域变迁与里院开发建设是相生相长的。作为德租时期的华人区，大鲍岛区域不断拓展的过程，也是华人势力不断扩大的过程。近代青岛是移民城市，大鲍岛区域是中国人尤其是中国商人在青岛的最早落脚地。华商的建筑热情，缘于看好青岛的发展前景，而这一热情又直接推动了青岛经济发展。这些华商及其后人，是青岛最早的移民。从这一意义上，大鲍岛及建设在该区域的里院，在形塑刚刚诞生不久的“青岛人”这个群体的集体性格、观念与意识上，发挥了重要作用。

二、相辅相成的大鲍岛与里院功能变化

德租初期，大鲍岛区的行政区与功能区完全重叠。1900 年 6 月，《德属之境分为内外两界章程》将行政区划分为内外两界，内界为市区，名为青岛；外界为乡区，名为李村。青岛又分为 9 区，即青岛、大鲍岛、小泥洼、孟家沟、小鲍岛、杨家村、台东镇、扫帚滩、会前等。同时，青岛市区按功能划分为：青岛区、鲍岛区、港埠区、别墅区、台东镇和台西镇等 6 个区。这里的功能区与行政区并不一一对应。其中，青岛区功能就是欧人区，港埠区在大小港一带，别墅区在汇泉湾一带。大鲍岛区最初的功能定位是作为较富裕中国商人居住和经商的区域，而较贫穷的中国劳工则被安置在专门建造的“工人区”——台东镇和台西镇。可见，在这一时期，大鲍岛的行政区与功能区范围基本一致。适应德租初期及中期的大鲍岛功能，这一时期里院的功能多为商住两用。按照建筑规范，欧人区建筑层数限三层以下，而中国城的房屋至多建两层，所以这一时期的大鲍岛没有高层里院，多数里院为两层，少数里院甚至只有一层。

1911 年，中国发生了一件大事——辛亥革命。清帝逊位后，前清遗老们将青岛视为躲避革命的“世外桃源”。面对满腹经纶、非富即贵的遗老们，德国人试探性地开放了部分原本禁止华人居住的欧人区。这样一来，曾经持续了 10 多年的华洋分界，被德国人自己打破。既然欧人区已不再是欧人区，那么大鲍岛也

就无所谓华人区，即此时大鲍岛的华人区这一功能已不复存在。遗老们居住到欧人区还带来一大变化，就是原来只存在于大鲍岛区域的里院实现了一次“南下”。比如原军机大臣吴郁生即在宁阳路 1 号、3 号建有安仁南里和安仁北里。颇为讽刺的是，宁阳路是当年遗老的聚居区。遗老们之所以选择这里，是出于安全考虑，因为此处靠近胶澳巡捕房（今市公安局驻地）。由于这些官员身穿华丽衣装，戴着名贵首饰，跟普通老百姓相比，日常生活较奢侈。中国百姓就把这条街叫“赃官巷”，以至于到解放前，很多人只知有“赃官巷”，而不知有宁阳路。此外，随着逊清遗老在内各地移民越来越多涌入青岛，介入产业、商业活动，为满足这些人居住和从事商业活动的需求，大鲍岛区域旧有单层房屋被拆除，很多楼房进行了加建和改建。

第一次日占时期（1914.11 ～ 1922.12），大鲍岛的性质继续发生变化，最明显变化是大鲍岛的行政区性质被彻底剥离，只剩下功能区性质。1922 年的《青岛概要》中有这样的描述：

青岛之街市约可分为数区，为青岛区、别墅区、大鲍岛区、新街区、大码头区、工厂区、东镇西镇各地。……大鲍岛区邻接青岛区之西北，中外杂居之地。中央之山东街，在青岛最为繁盛，与上海之黄浦江畔、济南之西门大街，同占重要之位置。况西临帆船码头，山岭回抱，房屋比栉。如东莱银行之建筑，则区内首屈一指者也。

青島概要　四

(甲)位置　青島在山東半島之西南。與小珠山脈之海西角。及嶗山山脈之南端團島角相對。灣口寬約三里。灣內東西南北均三十六里。水深六米達至十米達。海底全爲砂質構成。故於船隻之航行危險較少。青島街市居灣內之咽喉。計北緯三十六度十分。東經百二十度十七分。距上海三百四十九海里。天津四百八十五海里。烟臺二百三十一海里。香港一千〇五十海里。爲四通八達之商埠。統其地勢論之。均爲山嶺。絕少平地。與日本香港等處相似。

(乙)街市　青島之街市。約可分爲數區。爲青島區、別墅區、大鮑島區、新街區、大碼頭區、工場區、東鎮西鎮各地。青島區爲青島之主部。沿青島灣。凡官衙及公館。羣集於斯。爲純粹之歐州街市。最爲美觀。惟歐戰後。頗形蕭索。別墅區在青島區之東南。風景絕佳。住民鮮少。逼近海岸。空氣清潔。爲純粹之住宅地。公園及海水浴場。均在此處。大鮑島區。鄰接青島區之西北。中外雜居之地。中央之山東街。在青島最爲繁盛。與上海之黃浦江畔。濟南之西門大街。同占重要之位置。况西臨帆船碼頭。山嶺迴抱。房屋比櫛。如東萊銀行之建築。則區內首屈一指者也。新街區。爲從前德人時代之大溝渠。係造磚瓦之地。自日人占領後。闢爲新街市。以所擇街爲中心。如朝鮮正金、三井、太古、取引所、信託、各大公司。比櫛林立。日人之賣笑婦。亦萃此處。大碼頭

1922 年的《青岛概要》中关于大鲍岛的描述

这里有一个词——中外杂居——应

格外引起我们重视，即这一时期的大鲍岛已经从最初的华人区，变成了华洋杂处之地，且是青岛繁盛的商业区。史料记载，这一时期大鲍岛的住宅主要是华洋折衷式的两层建筑，这些建筑大多为里院。

上世纪30年代，被称为青岛的黄金十年，大鲍岛在这一时期可谓出尽风头，不仅传统商业转身升级，现代百货业也方兴未艾。这一时期，很多里院得到了翻建或改造，出现了三层乃至四层的里院。与此同时，具有商住两用功能的里院在大鲍岛发展中，也发挥了重要作用。很多重要商号就开设在里院的临街部分。就商铺位置而言，可视性和可达性越好的位置，商铺价值越高。所以在选择临街商铺的位置时，各里院临街的边和角得到了众商家的青睐。

在青岛老城区，很多街道往往就是某里院临街的某一边，很多岔路口往往就是某里院的一角。就商业价值而言，青岛里院无疑验证了“金角银边草肚皮”这一定律。如号称百年商街的青岛中山路，道路两侧是多个里院临街的一边，中山路与其他路的交叉路口，则是多个里院的一角。

按照围棋术语，这些交叉路口类似围棋盘上的角，往往最有商业价值。而中山路两侧类似围棋盘上的边，属于较有价值。事实上，中山路与天津路交叉路口就是老青岛黄金地带中的黄金地带，岛城鲁菜第一店——春和楼、号称四代人皆在此拍照的天真照相馆、百年老店亨得利钟表眼镜店都坐落于这个路口。过去，中山路可谓老青岛最有商业价值的街道，青岛咖啡饭店、福禄寿大戏院、新盛泰鞋店、盛锡福、震泰洋服、宏仁堂、海滨食品店、国货公司等老字号，以及原交通银行、明华银行等大型金融机构都在此立足。

只是中山路毕竟只有一条，占不到中山路的商家，便退而求其次地占领其他有商业价值的街道。如能在与中山路平行、稍东的潍县路开商号的，也都实力不俗。在老青岛，中山路一度被称为大马路，潍县路则被称为二马路。之所以被称为二马路，就是因其位置也具有非常强的商业竞争力，而潍县路两侧也是里院密布，即潍县路是多个里院的“边”。做生意，位置最重要。这一点，在青岛里院建筑的边与角，被表现得淋漓尽致。

过去，青岛里院的房屋多对外出租。只是，不同位置收取的租金也不尽相同。一般情况下，商用部分租金高于纯居住部分租金。1934～1935年，位于同兴里西南角的中映医院曾与业主打过一场旷日持久的房租官司。该医院一度以租金过高为由拒绝缴纳房租，其对比的就是同一里院二楼以上纯居住用房的租金，这一点被房东驳回，认为医院的门市房租金理应高一些。正可谓“金角银边草肚皮”，里院临街一角位置商用租金往往最高，其次为里院临街边，而院内租金往往最低。如广兴里，过去曾经是老青岛最主要的市场之一，院内商户最多时一度达70余家。这些商户多为小本经营，有些甚至就在院内搭建商住两用小板房。

随着历史城区的保护与开发，很多老里院焕发了新生，有些里院的房屋被再次对外出租。只是，这些被出租的里院房屋只具有商用价值。而在租金定价和商业价值回报率上，“金角银边草肚皮”的定律依然适用。

事实上，在很长一段历史时期内，大鲍岛都是青岛经济最为繁盛之地。但1935年的《青岛施行都市计划方案初稿》，曾对大鲍岛区域日后的发展作出预测。该《计划》认为，台东附近位置居中、交通便利，将发展成为青岛新的市级商业中心。而大鲍岛区域虽商业繁荣，是当时的城市中心区域，却存在很多问题。作为市一级商业区显然是不合理的。这一预言在1990年代初期得到验证。随着1992年之后青岛市政府东迁，青岛的城市商业中心确实如《都市计划》预测的那般，由大鲍岛区域转向台东区域。

如果说过去，里院遍布的大鲍岛同时兼具青岛经济中心和青岛中下层市民居住地的功能，那么1949年后，随着青岛里院的商用功能逐渐弱化，居住功能逐步强化，大鲍岛的商用功能也相应弱化，居住功能相应强化。直到改革开放后，大鲍岛及其里院的商用功能才再次被激发出来，众多里院也再次恢复了曾经的商

德租时期的潍县路

德租时期山东大马路（今中山路北段）

住两用功能。

近年来，随着越来越多原住民搬离大鲍岛，大鲍岛的居住功能日渐弱化，商业功能则日渐强化。在最新一轮城市更新中，翻建后的里院皆不再具有居住功能，而改为纯商业用途。与此同时，大鲍岛实现了由“居民区”到“历史街区”的转变，在商业区功能外，新增了文化休闲旅游等功能。

需要指出的是，在青岛历史上的城市化过程中，里院通过不断完善自身空间结构及配套设施、构建多元开放的社会生态和文化场景，适应了经济社会发展和民众的生活需要。在当下的大规模旧城改造和城市更新中，里院亦显示了巨大的韧性、包容性和可持续发展的综合品质。所以，大鲍岛区的功能变化与里院自身的功能变化相辅相成。我们有理由相信，作为青岛里院最后聚集地的大鲍岛，其功能仍在变化中，因为大鲍岛的价值就在于其变化。也许有一天，大鲍岛会再次恢复曾经的商住两用功能，亦未可知。

三、爱恨交织的大鲍岛与里院烟火气

2024 年 9 月 22 日，笔者曾到青岛良友书坊参加了德国人类学家德明礼（Phillipp Demgenski）的新书发布会沙龙。其新书名曰 *Seeking a Future for the Past:Space,Power,and Heritage in a Chinese City*，是其 12 年大鲍岛观察的在地见闻与研究成果。德明礼自 2012 年秋天起，曾租住在黄岛路 65 号二楼一间面向市场的房间，黄岛路的烟火气给其留下深刻印象。事实上，青岛人对大鲍岛最深的感受也是烟火气。

对于大鲍岛，青岛人有另一个称呼——老街里。青岛有一首广为流传的民谣:“一二一，上街里，买书包，买铅笔，到了学校考第一”。事实上，“街里”这一叫法并非青岛独有，很多城市都有被叫作“街里”的地方。但“上街里”对老青岛人似乎是一种执念，即便家门口就能买到或者吃到的东西，还是要舍近求远跑去街里一趟，就好像上街里买的书包和铅笔才是正宗的，上街里吃到的东西才对味。关于青岛老街里，还有这样一种说法，即青岛的“街里”中的“里”字指的就是里院。只是这一点，我们无从验证。

民国时期的青岛，有一段广为流传的顺口溜：“头戴盛锡福，脚踏新盛泰，身穿谦祥益，手戴亨得利，看戏上中和，洗澡天德堂，吃饭春和楼，看病宏仁堂。”顺口溜中所提到的这些老字号，无一例外都位于大鲍岛。用今天的话说，当年的大鲍岛给青岛人提供的就是一种全方位一站式餐饮购物体验。这样的体验对居住在大鲍岛的人而言，无疑是一种极大便利，即足不出大鲍岛，所有消费需求便都可得到解决。不过，在享受这种便利的同时，也要承受大鲍岛日复一日的喧嚣热闹所带来的各种不便。这一状况，从民国时期一直延续到本世纪20年代。而这一点在改革开放后建立的即墨路小商品市场上，体现尤为明显。

即墨路是位于大鲍岛北部一条并不长的老街，其两侧里院遍布。改革开放后，

1980年代的即墨路小商品市场

青岛市人民政府批准在市内建立17个农副产品市场，即墨路市场也在其中。由于地理位置原因，即墨路市场很快成为17个市场中最负盛名的一个。1984年，即墨路小商品市场已经闻名全国，相关报道甚至在美国和加拿大的中文电视机构播放。随着人们对小商品需求的不断发展，即墨路市场逐渐扩大到周边的李村路、潍县路、易州路、博山路等处。“买小商品到即墨路”一度是青岛人约定俗成的广告语。可以想象，即墨路市场最兴旺的时候，居住在周边的住户购物何其方便。但有便利，就有不便利。1986年，该市场日流动人数已近20万人，由于市场营业时间较长，甚至开辟有夜市，其嘈杂程度可想而知。更有甚者，由于该市场并无公厕，给入市交易的双方都带来极大不便。曾有日本客人找厕所时，误在一居民的厨房小便，影响极为不好。

1997年，即墨路小商品市场响应政府号召“退路进室”，搬到了聊城路，

十余年前的黄岛路及周边

离开了大鲍岛区域，但大鲍岛的喧嚣热闹仍在。其中，尤以博山路、四方路、易州路、黄岛路一带最具烟火气。胖姐烧烤、马家拉面、苟不理包子等，成为无数人的美食记忆，这里也见证了岛城烧烤 30 年的辉煌。青岛城市学院建筑学院副教授邓夏，是前文提到的良友书店沙龙的对话嘉宾，她从 2012 年起曾走访过大鲍岛地区上百个里院，对大鲍岛南部的黄岛路，她最深的印象是——黄岛路不见路。即这里从早到晚只能看到红的棚子和蓝的棚子，各种叫卖声此起彼伏。这也是很多青岛人对大鲍岛烟火气最深的印象。

毋庸置疑，大鲍岛及其里院皆具有烟火气，但两者又是不一样的烟火。因为

黄岛路上的街头商业

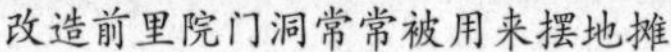
改造前里院门洞常常被用来摆地摊

里院一家亲

作为里院的住户，除了要接受前文所说的这种不方便与方便并存的状况，还要在充分享受丰富公共资源的同时，承受私密性较差的弊端。

大鲍岛的里院，与青岛其他区域的里院一样，都是典型的熟人社会。这些里院在某些地方类似现在的封闭小区，但不同的是，里院只对外封闭，对内则几乎处于全开放状态。在这个典型的人口高度聚集的空间里，大家彼此相互"熟悉"，即这个环境内部没有陌生人。近年来，很多外地人会把里院理解为青岛的贫民窟，惊讶于青岛这样"钟秀而洋派"的城市最重要的地方居然会有这样的存在。殊不知这是青岛固有的文化。在青岛，不乏在一个里院中居住了近半个世纪的老人，这些老人早已习惯了里院的居住环境，尤其是邻里关系。随着新一轮老城区的保护与开发，很多里院人离开了曾经的住所，但这些人还会"常回家看看"，因为这些人的血液中流淌着里院人的基因，这些人的记忆中留存着人们津津乐道的"大院温情"。这样的熟人社会在如今的中国城市中，几乎已经绝迹。

人间烟火气，最抚凡人心。虽然私密性较差，虽然大鲍岛很吵，但居住在这里的里院人对其仍难以割舍。也正是这些介于开放与私密之间的院落，共同促成了大鲍岛地域容纳多样性的特质。明白了这一点，也就明白了大鲍岛与里院为何能这样爱恨交织共存了100多年。

里院的管理

青岛历史上第一次里院调查

1929 年 4 月～ 1938 年 1 月，在青岛历史上，属于南京国民政府第一次治理时期。这一时期的青岛，由行政院直辖，是其历史上行政地位最高的时期。由于远离战火，社会环境相对稳定，经济得以迅速发展。与此同时，青岛也迎来了大量移民涌入。人口的急剧增长导致青岛出现了住房短缺、住宅环境恶劣、房租高涨等一系列问题。市政当局为解决“住”的问题做了积极的努力，如制定总的房地制度、建立比较完备的住宅法律管理体系、改善居住条件、建设平民大院、规范租赁市场和租赁行为、增设房地纠纷调解机构等。其中，不乏与里院相关的措施，如改善里院居住环境、平抑里院房租等。为顺利开展这些工作，需对有关情况摸底，所以在 1930 ～ 1931 年，有关部门联合对青岛市区内的里院进行了大范围调查。这是青岛有史以来对里院进行的第一次普查，调查所形成的统计数据成为我们现在研究里院的重要史料。

此次里院调查是以杂院调查的名义开展的，这里的杂院指“凡同一大门出入住居五家以上”的院子。调查正式开始于1930年5月，由社会局主导，公安局配合。调查的最初目的是平准房租，不过此事须从 1929 年 8 月说起。

1929 年 4 月，南京国民政府从北京政府手中接收青岛。当时青岛的房租收取情况令人担忧，不仅房租日涨，而且有房东让租户预缴半年至一年房租[①]、押租或小租茶水费及开门费[②]、二房东从中渔利等陋规。这些现象对市民生计影响极大。有鉴于此，青岛特别市政府[③]于8月28日给市财政局下令，要求废除这些陋规。10月9日，市政府要求财政局、公安局、社会局会商办理平准房租一事。10月24日，社会局邀请有关机关、团体派代表齐聚该局讨论组织办法，决定组织成立房租评价委员会，以便商讨出能均衡房主、租户利益并解免纠纷的办法。

一切似乎进展得颇为顺利。10月29日上午10时，房租评价委员会宣布成立。根据稍后制定的《青岛特别市房租评价委员会组织条例草案》（简称《条例》），除前述机关团体外，该组织又增加了学联会和妇整会。其中，社会局派2人，其他各机关和组织各派1人。《条例》规定该组织设立有总务股、调查股、登记股和评定股，一切规划得也算有模有样。从《条例》可以看出该组织不乏美好愿景，如第十一条曾乐观估计用2个月时间完成全市评定房租工作。

房租评价委员会至少召开了6次会议。1929年11月5日上午召开第一次会议。市指委会、土地局、公安局、财政局、工整会、工务局、总商会、社会局皆派人出席。会议公推社会局的楼际霄为临时主席，并对组织条例、计划大纲等予以讨论和修正。

1929年11月14日上午召开第二次会议，讨论了有关办公地点、经费等问题。房租评价委员会想正常运作，资金必不可少。按照《条例》第十条的预想，这笔费用本拟用房租登记手续费来充当，如果登记费不足，再由社会局呈请市政府补贴。11月15日，该组织提出，为了尽快开始办公，建议由财政局和社会局各筹垫200元，同时希望尽快指定一个办公地点。11月18日，社会局函复房租评价

① 当时国内很多省市已废除这一房租收取方式。

② 类似现在房屋中介收取的好处费、回扣。

③ 南京国民政府接收青岛后，在青岛设特别市。1930年9月15日起，青岛特别市改名青岛市。

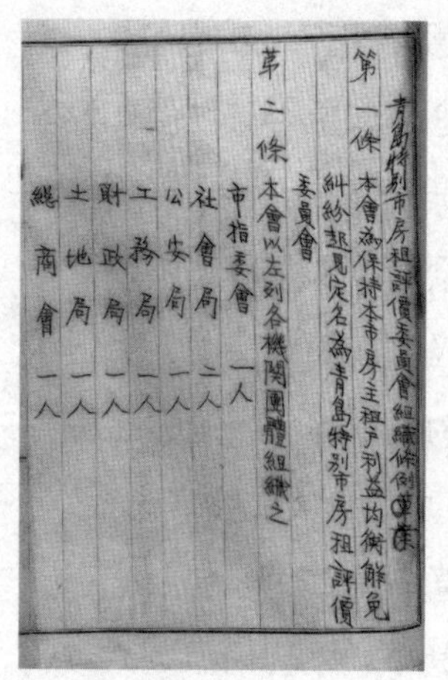
青島特別市房租評價委員會組織條例草案

第一條 本會為保持本市房主租户利益均衡解免糾紛起見定名為青島特別市房租評價委員會

第二條 本會以左列各機關團體組織之

市指委會 一人
社會局 二人
公安局 一人
工務局 一人
財政局 一人
土地局 一人
總商會 一人

青岛特别市房租评价委员会组织条例草案（1929）

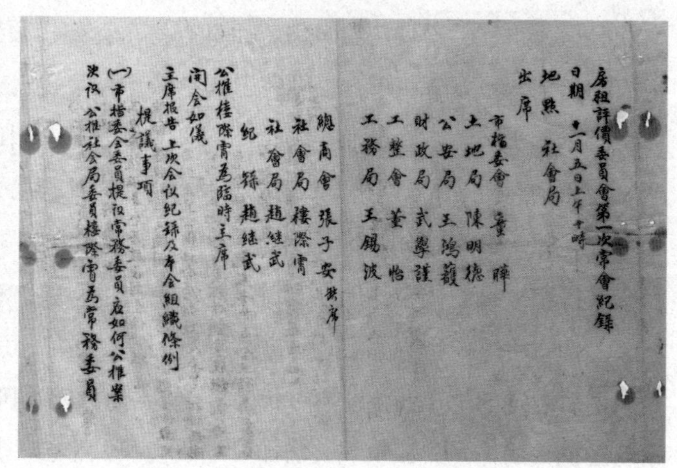
房租評價委員會第一次常會紀錄

日期 十一月五日上午十時
地點 社會局
出席
市指委會 童睟
土地局 陳明德
公安局 王鴻藻
財政局 武學謹
工整會 姜怡
工務局 王錫波
總商會 張子安 缺席
社會局 樓際霄
社會局 趙繼武
紀錄 趙繼武
公推樓際霄為臨時主席
開會如儀
主席報告上次會議紀錄及本會組織條例
提議事項
(一)市指委會委員提議常務委員應如何公推案
決議 公推社會局委員樓際霄為常務委員

房租评价委员会第一次常会纪录（1929）

委员会，表示垫拨开办费及指拨官产办公地点均难照办。由此，这两件事陷入僵局，这也为房租评价委员会的未来走向埋下伏笔。

11 月 19 日上午，房租评价委员会召开第三次会议，此次会议通过了建议市府建筑平民房屋廉价出租的提案，可谓善莫大焉。要知道修建平民院之举，日后一直是南京国民政府最为青岛老百姓津津乐道的政绩。据 1934 年青岛市筹建平民住所委员会公布的《青岛市平民住所一览表》，当时建设的平民院全部位于台西，共有 14 个平民院 3223 间房间。平民住所建成后廉价租给贫民居住，公建者每间月租金 1 元，带厨房者每月租金 1 元 5 角。需要说明的是，随着此后里院调查的完结，青岛曾开展了大规模的里院修缮。因为修缮而不得不迁移的租户，很多就暂住新建的平民院。

11 月 26 日，房租评价委员会召开第四次会议，继续讨论经费和办公地点。时隔半个多月，12 月 12 日，房租评价委员会召开第五次会议，讨论了该组织的办事细则。同时，确定暂时借用齐燕会馆办公，经费则先由社会局垫付。12 月 17 日，房租评价委员会召开第六次会议，审议了该组织的办事细则。

此后，该组织似乎消失了一样，接连几个月再无任何动静。其再次被提及已是三个月后。1930 年 3 月 24 日，市政府在给社会局的第四一三号令中，直言不讳地表达了对房租评价委员会的不满，指出其“设立已久、未见成绩”。同时对下一步工作进行了安排，提出先从整理土地入手，至于调查杂院工作则由社会局和公安局会同办理。

市政府的不满情有可原，因为在房租评价委员会成立之后，青岛市仍一直处于“人口日增，侨居者众，现有房屋供不应求，因之房价继长增高”的状况。查阅 1929 ～ 1930 年青岛地方法院卷宗，发现竟有近 600 卷 / 件房租案。1930 年代的青岛，不乏旷日持久的房租官司，本书将选取典型房租案另文加以详述。可以想见，这么多的房租案，一定会让青岛市政府的官员头疼不已。现在看来，房租评价委员会没有成效，许是“龙多靠、龙少涝”的缘故。也许具体执行单位越少，此事越容易推进。4 月份，社会局和公安局商量杂院调查工作时，再度提及了房租评价委员会。此后，该组织再次没了踪影，而调查杂院工作却在只有社会局和公安局参与的情况下，进入了实质性操作阶段。

1930 年 4 月 22 日，公安局致函社会局，提出调查杂院应由社会局派专人负责，公安局派人配合。4 月 30 日，社会局致函公安局，表示将派第二科办事员李肇元负责调查杂院工作，请公安局告知各分驻所户籍警随时协助。从目前掌握的档案看，此次杂院调查工作全程由李肇元负责，其本人对该调查工作可谓居厥功至伟。其在调查过程中形成的诸多汇报，给我们提供了非常有价值的、第一手里院史料。有关该人的调查工作将在《李肇元笔下的里院调查》一文中予以详述。

5 月 13 日，公安局再次致函社会局，表示已安排第一分局户籍巡官杨振声、第二分局吴云志、第三分局白云亭配合调查，届时李肇元可与这些人联系。1930 年 5 月 15 日至 6 月 14 日，杂院调查首先在公安第一分局界内进行。1930 年 12

月1日至1931年1月8日，调查继续在公安第二、三分局界内进行。所有调查情况，俱如实填写到房租评价委员会事先制定好的调查表中。统计表设计得比较全面，几乎涵盖了各杂院的基础信息。不妨摘录部分表格内容如下：

青岛市社会局调查杂院统计表（摘录）

院名	所在地址路名	门牌号	业主姓名	经租姓名	房屋间数	居住户数	平均每月每间租金	合记租金	备考
华桥里	黄岛路	5	吕月塘	吕麦山	71	59	3.5	248.5	住户多以拉车赶车及其他劳动为生
安康里	黄岛路	10	邢云亭	元兴成	42	78	4.5	189	同上
和平里	黄岛路	39	高志臣	协盛号	25	38	4.8	120	住户多系商贩
德兴里	黄岛路	23	张葆棠	张凤岚	35	31	7.3	255.5	院内全系下等妓女
同祥里	福建路	11	刘仁山	冯承轩	24	17	3.7	88.8	住户多在商界或机关中服务
广仁里	福建路	46	王敬修	本人	44	20	5.2	228.8	住户多在商界服务
三江里	济宁路	77	三江会馆	本馆	31	23	5.5	170.5	住户多各机关职员
珠江里	济宁路	86	广东会馆	本馆	44	30	6.8	299.2	同上
维新里	四方路	73	丁兆惠	本人	28	33	5.5	154	住户多系商人
平和里	四方路	77	张云山	赵筠亭	26	32	3.5	91	住户多系劳动者
安庆里	芝罘路	92	宫世云	鹿子纲	73	95	3.6	262.8	同上

此后，该项工作再次没了动静。1931年6月18日，《大青岛报》本市新闻版块第一条即为《房租评价实现期之再讯》。文中提到：关于房租评价一事，曾迭志各报，惟迄今年余，未见实行。兹据最近调查，市府现令社会局赶将杂院租价，分类统计，限月内完成。俟完成后，即召集房租评价委员会，筹商实施办法，

以期施行评估，而安民生计。实现之期，当在七月初旬。

看罢此新闻，笔者有点忍俊不禁，原来房租评价委员会还在啊！感觉隐姓埋名了一年多之久。该条新闻可谓言辞犀利，直言房租评价一事，拖而不决。这应该在很大程度上代表了民间对此事的态度。而且，全部杂院调查早在 1 月份即已完成，却迟迟没有下一步行动，这一点着实令人费解。

不过现在看来，此条新闻预言的“实现之期，当在七月初旬”有点过于乐观。事实上，直到 8 月份，关于杂院的调查报告与统计表才由社会局、公安局共同呈报给市政府。令人玩味的是，相关工作是通过加班加点赶制出来的。根据档案，社会局办事员李肇元在提报了一个非常具有可行性的《调查杂院报告书》后，接到“赶办调查杂院统计”的任务。于是，从 1931 年 7 月 30 日下午 6 时半开始，李肇元一直处于赶制统计表的状态。虽然 8 月 2 日是星期日，李肇元也并未休息，终于在 8 月 3 日，提交了一份涵盖 391 处杂院的《青岛市社会局调查杂院统计表》。

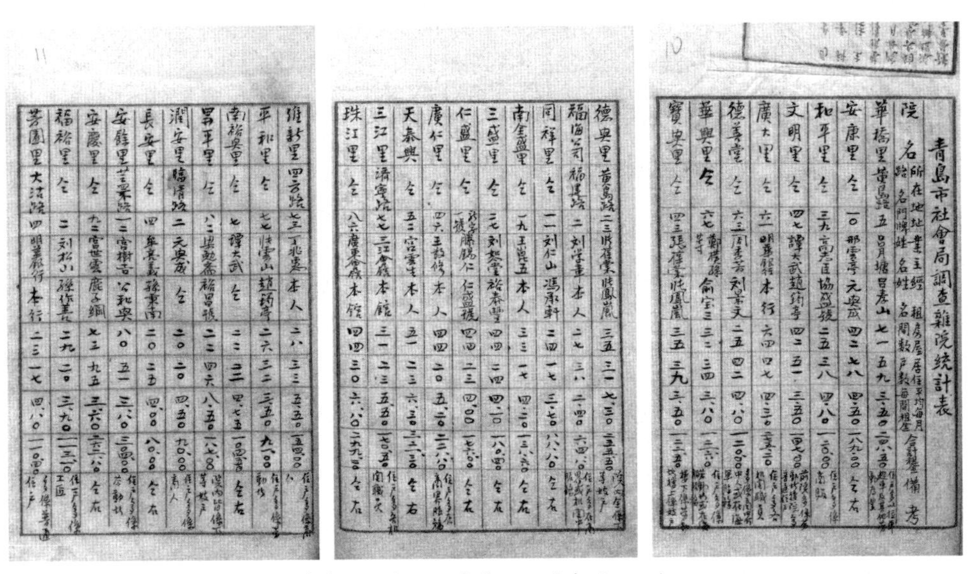
青島市社會局調查雜院統計表

青岛市社会局调查杂院统计表（1931）

在当年没有计算机的情况下，全靠双手誊抄来汇总完成这样一份统计表，其难度可想而知。

虽然李肇元加班加点忙活，但市政府直到8月19日才收到有关全市杂院的调查报告与统计表。10月3日，市政府据此给社会局下令，令中提到“所呈报告书各节对于整理杂院清洁一案关系甚多”，希望“择要转给公安局办理”。10月21日，社会局致函公安局。公函绝对遵守了市政府的训令，原《调查杂院报告书》被大大“择要”为一页宣传材料，名曰《院内宜保持清洁》。不妨照录如下：居室为人生精神安慰之所。下层阶级不知注意清洁，致破旧杂院中，污秽异常。查劳动者之收入既不足谋其健全生活，更以其所从事职业易酿疾病。倘居室再不扫除清洁，则其本身健康将无由保障。夫清洁与否，乃勤惰问题，无关于贫富。故室内污秽应严罚住户；院中污秽应罚房主；以为所用扫院人不当者，戒该项罚金，即充作该院购置清洁物品之用。有关里院清洁的情况，可参看本书的《里院清道夫，曾经的标配》一文。

本是为了“平准房租”开展的杂院调查工作，怎么到最后成了只有“整理杂院清洁”的作用？事实并非如此。档案显示，1930～1931年的杂院调查落下帷幕后，青岛市政府开展了包括杂院清洁在内的一系列举措。相关情况，可参看本书《1933年的青岛改善杂院委员会》一文。

现在看来，1930～1931年的杂院调查仍有不少缺憾。如缺少人们希望了解的每个里院的建筑时间、建筑师及改建情况，也缺少人们更想了解的每个里院业主的社会身份及履历。万事开头难，有了这次杂院调查，并因之有了之后的杂院改善及里院整理，后续的里院情况统计表可谓纷繁复杂，其内容不仅包括前文统计表中的内容，还包括里院的房式、层数、楼梯数及位置、走廊和通路情形、减租情况、增设楼梯及消防器材情况、拆除板房情况、安设垃圾箱、安装晾衣绳情况等。总之，相关统计越来越全，也越来越细。尤其是，随着各区成立了自治组织——里院整理会，且各里院业主纷纷成为会员后，相关会员名册也是各整理会给市政当局的必报项目。此外，还有诸如院丁登记、各区里院整理会形成的各种会议记录中出现的相关里院资料，也给我们提供了大量第一手的里院档案资料。关于各区里院整理会的情况，可参看本书的《青岛里院的自治组织》一辑。

眼见为实，耳听为虚。1930 ～ 1931 年的杂院统计及之后的相关统计中，杂院所在道路、门牌号及房间数这些肉眼可见的信息，基本是准确的，但其他信息可能会有不同程度错误。尤其在调查业主和经租人的相关信息时，由于当年并不看“房产证”或“身份证”，往往是听到什么就记录什么，所以难免会有错讹。单单业主这一项，笔者已发现了很多错误。有些被登记的业主并非真正业主，而是业主属下、亲戚或经租人。如济宁路同兴里 1935 年业主为刘寰球和刘田蓝玉，但登记为刘星海。有些业主的名字只是按照发音被登记，如济宁路洪德里 1931 年业主为李涵清，却被登记为李汉卿，这给今天的相关研究工作带来很大困扰。另，民国时期很多人都既有名、又有字号，如果登记业主时，有时用名，有时用字号，也会造成很多误会。如杨可全字玉廷，即杨可全与杨玉廷本为同一人。但

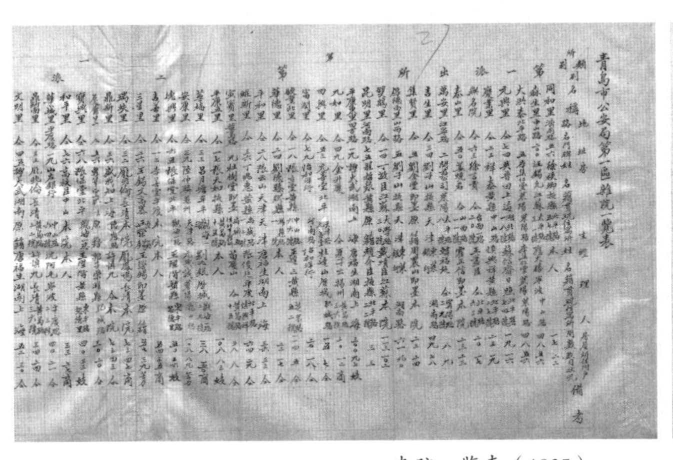
青島市公安局第一區雜院一覽表

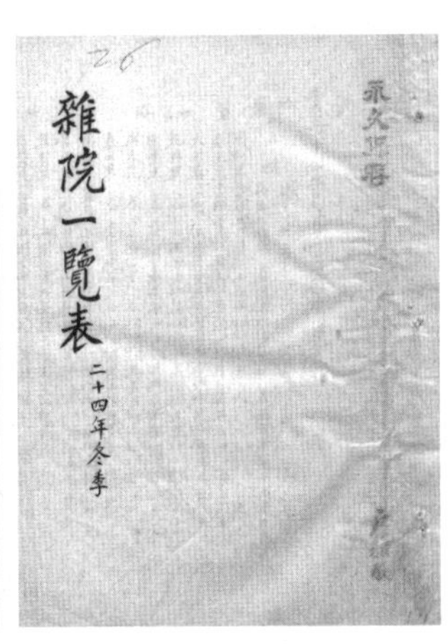
雜院一覽表

二十四年冬季

杂院一览表（1935）

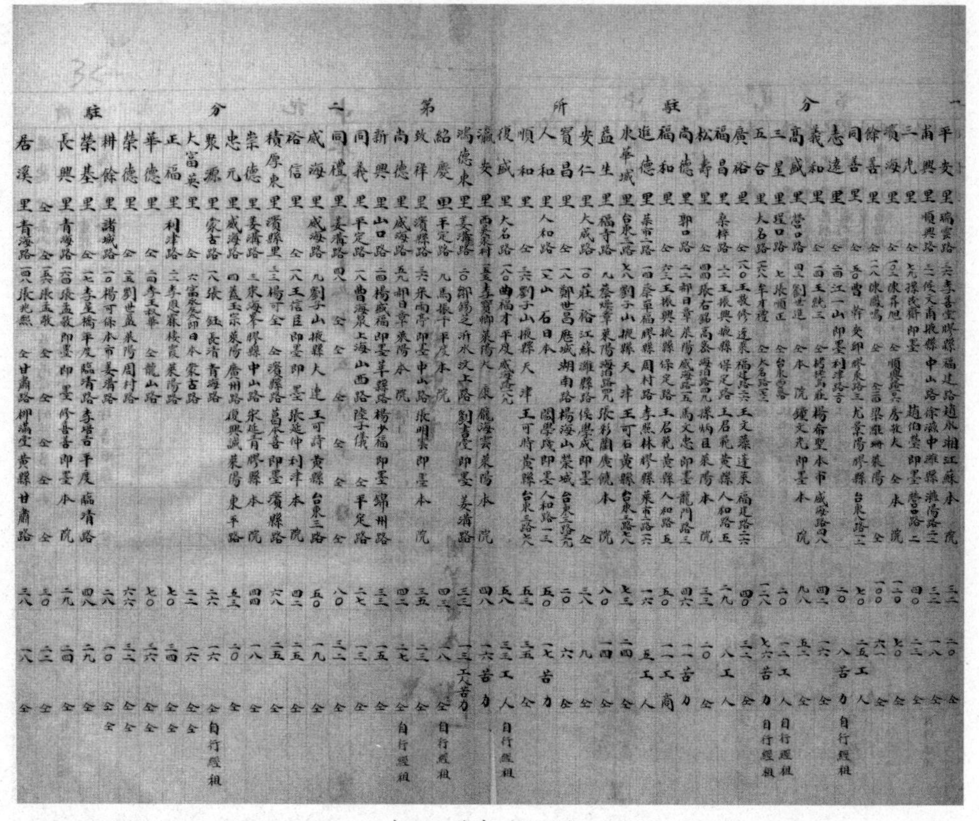

杂院一览表（1937）

在 1935 年里院调查统计中，位于胶州路的积厚里业主被登记为杨雨亭（应为杨玉廷），位于滨县路 33 号的积厚东里业主被登记为杨可全。由于杨可全与杨玉廷出现在同一个表中，且为不同里院业主，所以极易让人误以为这是两个人。由于里院众多，笔者尚未完成全部排查，但确已排查出很多统计错误。

总之，虽然这些统计数据会给我们提供一些提示或线索，但并不能保证其完全准确，所以我们在利用这些统计数据做研究时，须谨慎使用，只能将其作为一种参考。

李肇元笔下的里院调查

南京国民政府第一次治理青岛时期（1929.4 ～ 1938.1）曾开展了多次里院调查，其中，第一次里院调查的统计数据汇总于1931年。笔者就是在研究这次里院调查档案时，看到了李肇元的名字，并顺藤摸瓜发现了他从1930年5月至1931年1月开展的里院调查工作。在半年多时间里，他曾两次集中调查了近400个里院。正是通过他的调查，社会局得以向市政府呈报第一次里院调查的统计表和调查报告。值得称道的是，但凡有调查任务，李肇元都会提交一份报告，详述具体的调查行程及所调查里院情况。通读他的“里院调查日志”，感觉自己仿若读了一部别样的里院报告文学。

李肇元，何许人也？档案显示从1930年3月到1937年7月，他一直是社会局办事员。从时间看，他是社会局最早的一批办事员。笔者原本很好奇为什么里院调查这么大的工作量要由他一个人完成。但1937年7月“社会局现任职员表”中的30多名办事员里，只有包括李肇元在内的3人是1930年3月之前到职的。不排除这样一种可能，即当时社会局可选择来做这件事的办事员并不多，若果真如此，整个里院调查工作由李肇元一个人来完成，似乎也说得过去。

在《青岛历史上第一次里院调查》一文中曾提到，当年的里院调查是以杂院调查名义开展的。李肇元进行杂院调查的第一个地区是公安局第一分局第五分驻所，该分驻所管辖的里院位于黄岛路、四方路、济宁路、福建路、禹城路、芝罘

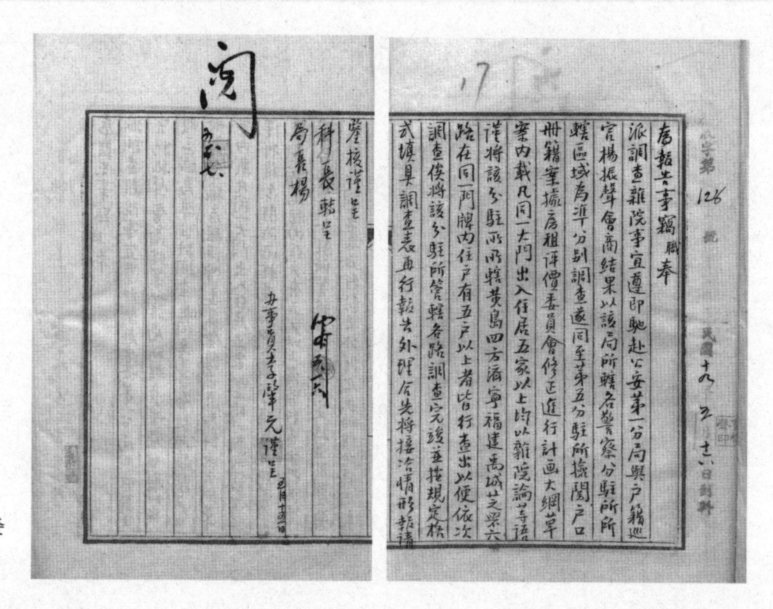

為報告事竊職奉
派調查雜院事宜遵即馳赴公安第一分局與户籍巡
官楊振聲會商結果以該局所轄各警察分駐所所
轄區域為準分别調查遂同至第五分駐所檢閱户口
册籍案據房租評價委員會修正進行計画大綱草
案内載凡同一大門出入住居五家以上均以雜院論等語
謹將該分駐所所轄黄島四方濟寧福建禹城芝罘六
路在同一門牌内住户有五户以上者皆行查出以便依次
調查俟將該分駐所管轄各路調查完竣並按規定格
式填具調查表再行彙告外理合先將接洽情形報請
鑒核謹呈
科長 韓 呈
局長 楊
办事員李肇元謹呈 五月十五日

1930年5月15日李肇元的第一份调查报告

路等6条道路上。这一带基本是今大鲍岛的核心区域。根据李肇元的调查汇报，对该分驻所里院的调查时间是1930年5月15日至21日，户籍巡官杨振声陪同他查阅了户口册籍并对各里院进行了调查。每个里院的情况都被如实登记到《青岛市社会局调查杂院统计表》。该表的具体格式，可参见《青岛历史上第一次里院调查》，在此不再详述。

在完成了第五分驻所杂院调查后，李肇元于5月24日向社会局提报了一份“撮要陈请”。与统计表中登记的情况相比，李肇元对各里院的“撮要陈请”无疑更有价值。

根据该报告，第五分驻所管辖的杂院，住户普遍每户占房一间，占三间者甚少。院内住户多者七八十户，少者十余户。院内卫生环境很差，空气酸臭，令人作呕。由于青岛房租特别昂贵，住房在一间以上者多属中等人家，普通月租约在五六元上下；以劳力为生的人家，都是数家合租一间房，再以纸壁将屋子间隔成多个部分，每家月租 1 元多就够了。黄岛路、芝罘路一带，有数处贫民合租楼底的黑洞，各家只是以床为单位，生活条件极差，妻子儿女饮食起居在角落里，破衣败絮到处乱放，极尽人世地狱之苦。

另外，还有一种苦力店，由一人包租三四间房，室中再高架木板隔断，租给来青岛的单身劳工，每人月租约三五角不等。总体看来，凡居民占房在一间以上者，房租都占用了其大部分生活费，幸亏杂院内并无预缴、押租、小租等陋规，否则租客将无力支付。其中，有包租 3 间以上的，均系多年房客，是在以前房租较低时租下的，为减轻本人一二元的房租负担，有的人会转租出去一两间。

杂院的房主，多在上海或原籍，少数在青岛，都有自己的住所，并不住在杂院。所以，诸如建筑费用、土地租税这些情况，都无从调查。房主委托的代管人、扫院人等，听到有调查人员要来，都唯恐避之不及。

李肇元通过房客，找到了几个代管人。有了解情况的代管人声称：统计杂院全年的租金，除去代管人等的种种开支、每季地租及修缮费等，全年利息也不过是原房值的 10% ～ 20%。若以投资论，取息并不算高。而且，有的房客无力缴纳房租，拖欠数月后搬走了事，这样的事每年都不少，这对房主也是一大笔损失。所以，近数月来房主纷纷要求加租，都因为公安局等的劝诫才暂时没有增加。

这是一份极具画面感的报告，通过报告，当年的里院状况栩栩如生呈现在我们面前。作为一个调查人员，李肇元是称职的，因为他能够站在中立的立场，表达一种客观的态度。一方面，他看到了租户居住环境的恶劣；另一方面，他也意识到了业主的不易。同时，他非常善于思考问题，有分析能力。在这份报告中，他认识到并提出：青岛市的房租之所以高居不下，且有继续上涨的态势，根本原因在于供求关系。在供不应求的前提下，仅仅靠降低房租的方式，并不能解决底层居民的居住需求。可见，虽然仅仅调查了一个分驻所的辖区，李肇元对青岛里院当时存在的问题已有较为深刻和系统的认识。

管中窥豹，可见一斑。李肇元的这份报告也让我们看到了以下几点：

① 调查工作阻力重重。调查人员基本见不到业主，甚至代管人、扫院都避之不见。所以，很多事情无从了解。

② 里院的居住环境普遍较为恶劣。用现在的话说，里院居民的生活质量非常低。所以，在解决租金问题的同时，更应设法改善底层民众的居住条件，以提升他们的生活质量。

③ 因为公安局等的劝诫，里院业主们短期内不会加租，但这不是长久之计。

可见，平准租金一事绝非易事，且此事牵一发而动全身。至少调查里院过后，改善里院居住环境这件事，政府就不能再置之不顾。

几天后的5月30日，李肇元继续调查位于西镇东平路、观城路和石村路的杂院。有道是一回生二回熟，整个调查只用了一天，且调查后的第二天，他便提交了调查报告。可见，无论是调查效率还是写报告的速度都大大提升。

根据这份报告，位于东平路、观城路的杂院，比市内的房屋要整洁，住户也不是很杂乱，房租也比市内低三分之一。石村路因西镇人口增加，附近有西广市场，一下子繁荣起来，以至于各杂院的房主纷纷申请加租。但，该处杂院破旧，住户多系劳动者，加租自然很困难，所以很多杂院并未实施。这里需要解释一下，报告中涉及区域位于台西镇，这里从德租时起，就被纳入青岛市区，最初为劳工居住区，此后居住者一直以底层民众为主。虽然台西一直属于青岛市区，但当年青岛人的观念里，只有包括大鲍岛在内的中山路周边较繁华地带才属于“市内”。

该报告提到，东平路德余里的业主林蔚堂自阴历年起就主动减轻房租，每间降1–2元。这让笔者顿时对这位业主产生了兴趣。只是在青岛市档案馆检索系统中查询德余里和林蔚堂，竟查不出任何史料。遗憾之余，不得不感慨，如果没有李肇元的记录，我们就不会知道当年还有这样一位青岛好房东。

报告中还提到，石村路的德成里，房屋大部已刷新，住房房租一间已增至五六元以上至七元以下。李肇元设法找到房主，问他为什么房租与市内一样贵。房主称，此次刷新房屋所费不少，而且他并不愿意现有住户继续居住，所以想通过加租的方式赶走原租客。其现有住户多属中下资产阶层，根本无力缴纳高昂房租。最后，经李肇元劝说，该房主同意稍减房租。看到这里，不得不说，李肇元绝对是一个认真负责的办事员。本来社会局只是派他调查杂院，而这样的调查，认真与否，全凭良心。如果他只是走过场，估计也不会被问责。但他不仅认真调查，还费劲巴力找寻业主，并主动做业主工作，劝说其不要涨房租。这样的敬业态度，令人称道。完成这一报告后，李肇元便进入了10余天近乎“日调查”及“日报告”的节奏。

这样的调查节奏，其忙碌程度即便透过档案都有点让人喘不上气。这样形成的调查报告，无疑给我们提供了更大的信息量。为明晰起见，索性整理说明如下，其中“调查报告主要内容”为原文摘录。

调查时间：1930年6月2日

调查地点：第一分局第八分驻所所辖南村路、云南路一带

提交调查报告时间：1930年6月4日

调查报告主要内容：

本日所调查数处杂院住户多系劳动者。院址广大，同一院内又包括数小院。房屋皆多年失修，楼板薄而且朽，行其上，摇动几折，一旦中断，人有漏至楼下或伤腿之虞。且院中央多建平房三四间为男厕所，因扫除不力，致大小便由内溢出。加以院内住户众多，三二十户或五十余户，聚居层楼上下。缘业劳动者素不讲究清洁，秽土菜根任意倾置，臭气自楼下至达楼上。关于楼板一项，嘱咐房客通知房主速择要更换，以防危险。清洁一项，当经会同当地警察饬令扫院者负责清理。当地警察已声言若再如故，将严重处罚。再，该杂院等住户多系贫民，自

无力租大间房屋。房主因用木板隔做五六部，每部面积内可容一床及一人周转之地。月租洋 3 元或 2.5 元不等。房屋即便出租且可多得租金而租赁者亦不觉甚贵。

调查时间：1930 年 6 月 3 日

调查地点：第一分局第八分驻所所辖云南路一带

提交调查报告时间：1930 年 6 月 4 日

调查报告主要内容：

本日所调查数处杂院，房屋多破旧，住户亦多劳动者。仅庆善里一处，房屋整洁，住户皆系普通人家。据该院房客等声称，本院房租原不甚昂，房主名郭善堂。自经本院住户李少章包租后，屡次增租，籍（确为原文）以谋利，故房租日昂。当时未能将李少章寻得，以明真相。仅由李之妻子声叙该院由彼包租属实，至每月包租洋若干及其他情节一概不知。

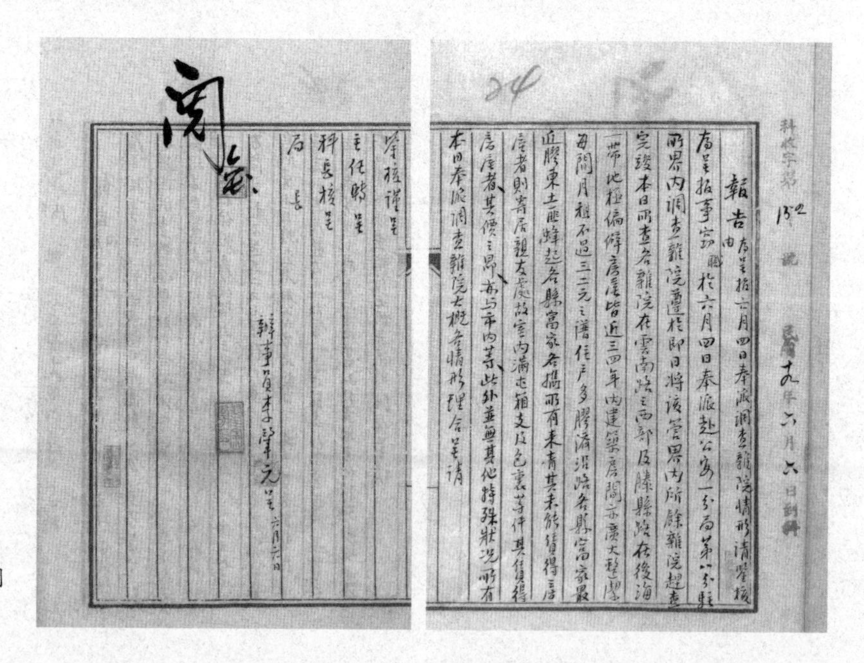

24

科收字第152號 民國十九年六月六日到科

報告

由 為呈報六月四日奉派調查雜院情形請鑒核

為呈報事竊巡官於六月四日奉派赴公安一分局第八分駐所界內調查雜院查遵於即日將該管界內所餘雜院趕查完竣本日所查各雜院在雲南路之西部及滕縣路在後海一帶地極偏僻房屋皆近三四年內建築房間亦廣大整潔每間月租不過三二元之譜住戶多膠濟沿路各縣富家最近膠東土匪蜂起各縣富家各攜所有來青其未能賃得房屋者則寄居親友處故室內滿屯箱支及包裹等件其賃得房屋者其價之昂亦與市內等此外並無其他特殊狀況所有本日奉派調查雜院大概各情形理合呈請

鑒核謹呈

主任股 呈

科長核呈

局長

辦事員李肇元呈 六月四日

1930 年 6 月 4 日李肇元调查杂院报告

调查时间：1930年6月4日

调查地点：第一分局第八分驻所所辖云南路之西部、藤县路。

调查报告提交时间：1930年6月6日

调查报告主要内容：

在后海一带，地极偏僻。房屋皆近三四年内建筑，房间亦广大整洁，每间月租不过三二元之谱。住户多胶济沿路各县富家，最近胶东土匪蜂起，各县富家各携所有来青，其未能租赁得房屋者，则寄居亲友处。故室内满屯箱支及包裹等件。其赁得房屋者，其价之昂亦与市内等。此外，并无其他特殊状况。

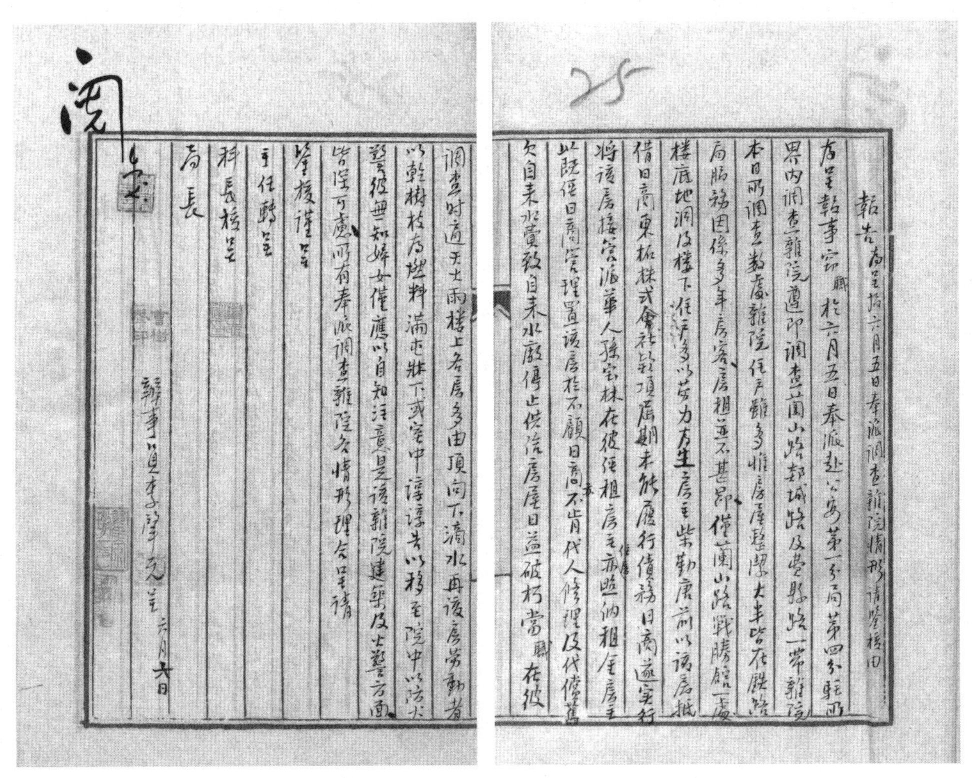

報告 為呈報六月五日奉派調查雜院情形請鑒核由

為呈報事竊職於六月五日奉派赴公安第一分局第四分駐所界內調查雜院遵即調查蘭山路郯城路及黃縣路一帶雜院本日所調查數處雜院住戶雖多惟房屋整潔大半皆在院落房始禍因係多年房客房租並不甚昂僅蘭山路戰勝館一處樓底地洞及樓下住戶[illegible]以勞力為生房主[illegible]前以該房抵借日商東拓株式會社[illegible]項屆期未能履行債務日商遂實行將該房接管派華人孫寶林在彼征租房主亦照納租金房主此既係日商管理置該房於不顧日商不肯代人修理及代償舊欠自來水費致自來水廠停止供給房屋日益破朽當職在彼調查時適天大雨樓上各房多由頂向下滴水再該房客勤者以乾樹枝為燃料滿屯牀下或室中[illegible]以移至院中以防火警彼無知婦女僅應以自知注意是該雜院建築及火警方面皆堪可慮所有奉派調查雜院各情形理合呈請

鑒核謹呈

主任[illegible]

科長[illegible]

局長

辦事員李肇元呈 六月六日

1930年6月5日李肇元调查杂院报告

调查时间：1930 年 6 月 5 日

调查地点：

第一分局第四分驻所所辖兰山路、郯城路、费县路一带。

调查报告提交时间：1930 年 6 月 6 日

调查报告主要内容：

本日所调查数处杂院，住户虽多，惟房屋整洁，大半皆在铁路局服务，因系多年房客，房租并不甚昂。仅兰山路战胜馆一处楼底地洞及楼下住户多以劳力为生，房主柴勤唐前以该房抵借日商东拓株式会社，款项届期，未能履行债务，日商遂实行将该房接管，派华人孙宝林在彼经租。房主住房亦照纳租。房主以既经日商管理，置该房屋于不顾。日商亦不肯代人修理及代偿旧欠自来水费。致自来水厂停止供给。房屋日益破朽。职在彼调查时，适逢大雨，楼上房屋多由顶向下滴水。再，该房劳动者以干树枝为燃料，满屯床下或室中。谆谆告以移至院中，以防火灾。彼无知妇女仅应以自知注意。是该杂院建筑及火警方面皆深可虑。

调查时间：1930 年 6 月 6 日

调查地点：第一分局第四分驻所所辖费县路、观城路一带。

调查报告提交时间：1930 年 6 月 10 日

调查报告主要内容：

这些地方临近青岛车站，住户多系铁路局人员。内有费县路瑞丰里一处，年来数易房主，每易一次房主，即增加一次房租。故房客感加租之苦最深。闻知系本局会同公安局调查房租，均群集楼上，各历叙近数月加租情形。内有一户加租最甚，共租房 4 间，当最初谭姓房主时，月租 16 元，迄今已增至 28 元。本月尚要求数家加租。房主不住本院，未能询其所以要求加租原因。仅据房客片面陈述如此。

调查时间：1930年6月7日

调查地点：第一分局第四分驻所所辖朝城路、东平路、单县路、广州路一带。

调查报告提交时间：1930年6月10日

调查报告主要内容：

这一带住户多系铁路局职员，院内清洁，房间亦宽大。因均系普通住户，并无其他特殊状况。

调查时间：1930年6月9日

调查地点：第一分局第三分驻所所辖汶上路一带。

调查报告提交时间：1930年6月10日

调查报告主要内容：

本日报告，仅择将有特殊情形者条分缕析如下：

1. 祥云里。房主马云青前担保信生泰欠山左银行债务，届期未能清偿。该房现由地方法院执行扣押。

2. 种德里。住户多以劳力为生，但院内清洁，内有数户系新由外县避乱来青。室内并无床铺，仅设席于楼板上。中有一蓄发辫者，该分驻所巡官询其知否蓄发不便，彼谓深知，当由警察代其剪去。

3. 魁文里。房主杨文卿，由纪益堂刘启章二人包租，共计洋240元。房屋约90间，因有包租关系，故该院之房租较昂。

4. 珍德里。房主刘本珍，系铁路局包租专供。该局下级职员及工匠居住一律不收房租。

调查时间：1930年6月10日

调查地点：第一分局第三分驻所所辖汶上路、寿张路一带。

调查报告提交时间：1930年6月11日

调查报告主要内容：

所有杂院俱房屋整洁、住户均有相当职业。内仅有寿张路菜市场一处住户纯系贫民，该处杂院虽名为菜市场，仅有小菜摊数家，实为一大杂院。房主系北平路东泰商号铺东，由薛云贵在彼经营管理。院址广大，前门在寿张路、后门在费县路。此外，尚有二门，计住户82家。有平房160余间、楼房6间。院内四周所建平房与普通平房无异，不过稍形低狭。院中平房多以板筑，外略涂以泥或石灰，上覆以铅板，互相衔接，行列犹如街市。其中房客自建者不少，每月仅缴纳地皮租，所纳之多寡，无一定标准。折衷占房一间之面积纳租约四五角。院内极不清洁，室内墙壁多由炊烟熏黑，燃余灰烬堆积地上。见职等前往，乃急加扫除。住户均以车夫、工人、匠人、收破烂等为业。彼等虽贫但房主尚要求加租，经职将其经管人寻得，问其以破旧草创之房，每间仍为2元或2.5元，已属昂贵，何故复欲加租，彼无理由以对。职告以房主所难不过收入不丰，当退。与极贫之人、终日劳动仅求温饱者相较，所难孰甚？令其转告房主，非特不能加租，凡住户极贫，而房租昂贵者，宜酌情为减租，并带同经租人向要求加租住户当面彼此言明。凡本月要求加租，尚未实行缴纳者，一律取消。该院贫民故莫不称颂感激之至。

调查时间：1930年6月11日

调查地点：第一分局第三分驻所所辖云南路一带

调查报告提交时间：1930年6月14日

调查报告主要内容：

这一带房屋俱皆整洁，租价尚不昂贵。内有道乡里一处，房主关景贤住于本院。以所余地皮之一部租与泰昌酱园，占地约五六分，建板房三间，外以板墙为界，作腌菜之所。年纳地皮租150元。该院房租较别处稍微昂贵一些，失其平衡，此三数家房租昂者群起非议。为给主客双方排忧解难，调解纠纷起见，乃以该路各院调查表中，揆其房间情形相同之房价为标准，予以相较，讨论结果，房主亦承认昂贵。但内有数家因系早年房客，房租尚较他处低廉，故房主声言如新房客以该房租为昂，则房主亦应增加旧房客之房租，方为持平之道。乃劝以主客结合均有前缘，以互相体谅为宜。总之，房客所缴纳房金虽属最低廉者，莫不呼昂，房主则觉其廉，心理上极端抵触。是以当职调查时，除遇房主加重极贫住户担负外，普通皆双方劝解，以免因调查而引起主客间无谓的纠纷。

调查时间：1930年6月12日

调查地点：第一分局第三分驻所所辖西藏路、费县路一带。

调查报告提交时间：1930年6月14日

调查报告主要内容：

这一带为后海一带，系近三四年内新建房屋，故无破旧者。该二路虽附近台西镇小学，但杂院内私塾甚多。学生多者二三十人，少者十余人。房租大多数皆由教师担任，各处学费自1元至1.5元不等。近月来，胶东不靖，乡间之中等资产者每数家会赁房一间，仅将妇女送青避居所携物件甚简。彼等知识闭塞，见职等前往调查，多欲引避，当晓以仅查房租，不必警疑，然终闭口不肯出言，不得已乃由警士遍询其邻人。遇有知者，则为代答。因此等住户众多，故本日调查殊费时间。

调查时间：1930年6月13日

调查地点：第一分局第三分驻所所辖费县路一带。

调查报告提交时间：1930年6月17日

调查报告主要内容：

本日所调查杂院内，有一处名为安善里，房主宁子善，由冯子亭包租。楼上下约有房五十间，计月租洋90元。因包租价不昂，每间房价均在2–2.5元之间。又有新明里一处，房主刘子山。房客多系早年住户，拖欠房租者甚多。以职调查之经验，凡住刘子山之房者，多不肯轻于迁移。内有若干住户，考其家庭状况收入并不见丰，然居住整洁房屋间数甚多，拖欠房租数年者，亦不少。房主资产雄厚，既不能深索。房客拖欠日久，心目中几以不付房租原则。此亦本市杂院中之特殊现象。

调查时间：1930年6月14日

调查地点：第一分局第三分驻所所辖郓城路、城武路、滋阳路、邹县路、嘉祥路等。

调查报告提交时间：1930年6月17日

调查报告主要内容：

这一带附近为无线电台，地极偏僻，住户多系贫民，院内极不清洁。其中，有特殊情形者二：

1. 嘉祥路西海楼。房主王书堂，前院由黄仁顺包租，计楼上9间楼下8间，平房14间，年租洋600元。后院由战鸿福包租，计三层楼9间、二层楼29间、楼下29间，年租洋1200元。

2. 邹县路北华城里。房主辛成善，以该房抵借东拓株式会社，款项汇与楼作保。想系届期未能归还，现由保人代收房租。

至1930年6月14日，所有公安第一分局界内杂院调查完毕。可以看到，李肇元几乎是一种马不停蹄的工作状态，每天既要调查，还要写报告。其工作强度之大，让人叹服。同时，李肇元从来都不是只关注房租，他更关注杂院本身的居住条件，对于存在的安全隐患，他更是各种嘱咐。他的报告，能让人感受到那种发自内心的、对底层民众的关心，还有那种遏制不住的各种操心。

经历了一个多月的忙碌，李肇元的杂院调查突然安静了近半年时间，再次重提此事已是 11 月底，而再次开始调查则是 12 月 1 日。这一阶段的调查范围为公安局第二、三分局所辖各杂院。这一次调查持续了一个多月，其调查节奏仍然近乎“日调查”。篇幅所限，仅列表说明调查时间及地点，此处略去调查报告。

里院调查简表

调查时间	调查地点
1930 年 12 月 1 日	东阿路、阳谷路、吴淞路、福建路等
1930 年 12 月 2 日	福建路、临清路、聊城路、胶州路等
1930 年 12 月 3 日	胶州路、济宁路
1930 年 12 月 4 日	济宁路、禹城路、芝罘路
1930 年 12 月 5 日	芝罘路、海泊路、高密路、即墨路、李村路
1930 年 12 月 6 日	海泊路、高密路等
1930 年 12 月 8 日	高密路、胶州路、即墨路
1930 年 12 月 9 日	即墨路、李村路、沧口路、易州路
1930 年 12 月 11 日	易州路、博山路
1930 年 12 月 13 日	博山路、潍县路、吴淞路、临清路、邱县路
1930 年 12 月 15 日	邱县路、金乡路等
1930 年 12 月 16 日	长安路、惠民路、金乡路、平阴路等
1930 年 12 月 17 日	平阴路、甘肃路、武定路
1930 年 12 月 19 日	甘肃路、宁波路、上海路等
1930 年 12 月 20 日	陵县路、馆陶路等

续表

调查时间	调查地点
1930年12月22日	上海路、长山路等
1930年12月23日	商河路、青城路、高苑路等
1930年12月24日	铁山路、桓台路、淄川路、周村路等
1930年12月25日	周村路、乐陵路、辽宁路、章丘路、桓台路、博兴路等
1930年12月26日	邹平路、乐陵路、热河路、阳信路等
1930年12月27日	周村路、临淄路等
1931年1月5日	青海路、博兴路、益都路等
1931年1月6日	益都路、锦州路、蒲台路等
1931年1月7日	辽宁路、流亭路、蒲台路、大港一路、泰山路、乐陵路等
1931年1月8日	莘县路、莘县路二段、小港一路

至此，李肇元的调查工作全部结束。其中，除最后一天调查的杂院为公安局三分局所辖，其他时间所调查的杂院皆为二分局管辖。因三分局所辖市区仅大港、小港沿海一带，所以1931年1月8日一天即可调查完毕。值得一提的是，1930年12月3日调查胶州路福音村，该院房主为美国人，中文名高文照。听闻李肇元调查时询及房租，竟出面阻挠，声言该院所收房租系备传教之用，此事李肇元等无权调查。对此，李肇元可谓不卑不亢，回答说所有杂院都应接受调查，岂能因高文照系外人而不查。这一态度，令该美国人辞塞而退。

1931年1月9日，李肇元趁热打铁提交了剩余杂院的调查报告。与此相呼应，1月11日，青岛市公安局第二区公安分局就有关情况给余晋龢局长打了一个总结性报告。报告中称：社会局于1930年12月1日派该局第二科办事员李肇元调查各大杂院居民生活情况，希望公安局能配合调查。为此，公安局派专办户籍的巡官佟硕庭会同李肇元逐日开展调查。每至一处，各派出所警长也都会予以引领及协助。整个调查工作从 1930 年 12 月 1 日至 1931 年 1 月 7 日，整整 30 余天。根据调查结果，各杂院住户以苦力、小商贩及推车夫为最多。其次为中产商人，再次为各局所少数职员。房价分为上中下三等，上等住宅每月每间约需洋 10 元；中等住宅六七元；下等住宅三四元。

李肇元无疑是 1930 ～ 1931 年对青岛里院最了解的人。在完成全部调查后，他于 1931 年 8 月加班加点写了一篇《调查杂院报告书》，并形成了一份长达 40 页、涵盖了 391 处杂院的《青岛社会局调查杂院统计表》。这份几乎凭李肇元一己之

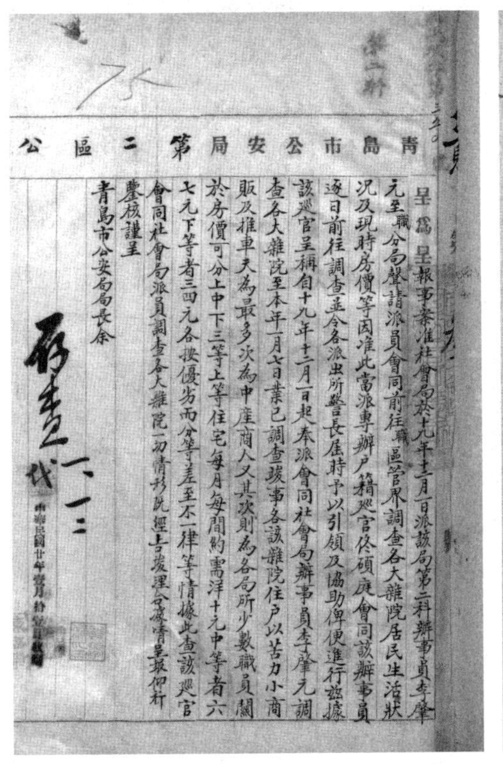
青島市公安局第二區公

呈為呈報事案准社會局於十九年十二月一日派該局第二科辦事員李肇元至職分局聲請派員會同前往職區管界調查各大雜院居民生活狀況及現時房價等因准此當派專辦戶籍巡官佟碩庭會同該辦事員逐日前往調查並令各派出所警長屆時予以引領及協助俾便進行茲據該巡官呈稱自十九年十二月一日起本派會同社會局辦事員李肇元調查各大雜院至本年一月七日業已調查竣事各該雜院住戶以苦力小商販及推車夫為最多次為中產商人又其次則為各局所少數職員關於房價可分上中下三等上等住宅每月每間約需洋十元中等者六七元下等者三四元各按優劣而分等差至不一律等情據此查該巡官會同社會局派員調查各大雜院一切情形既經竣事理合據情呈報仰祈

鑒核謹呈

青島市公安局局長余

中華民國廿年壹月

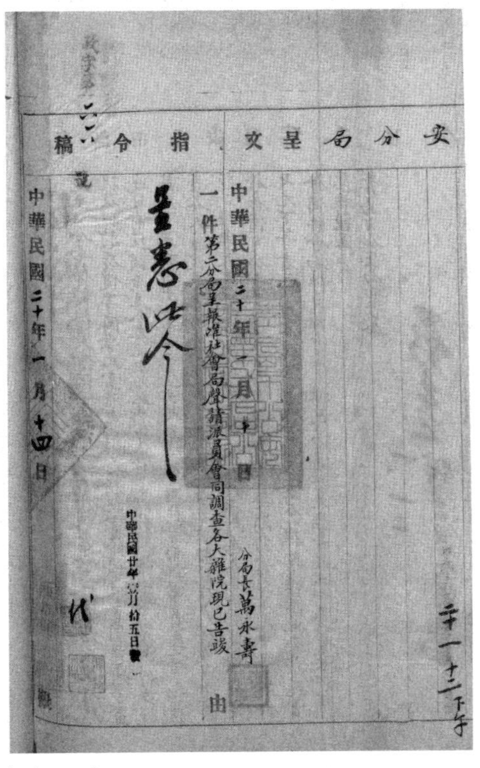
安分局呈文 指令稿

中華民國二十年一月十四日

一件第二分局呈報准社會局派員會同調查各大雜院現已告竣由

分局長萬永壽

呈悉此令

中華民國廿年壹月拾五日

调查完竣报告（1931）

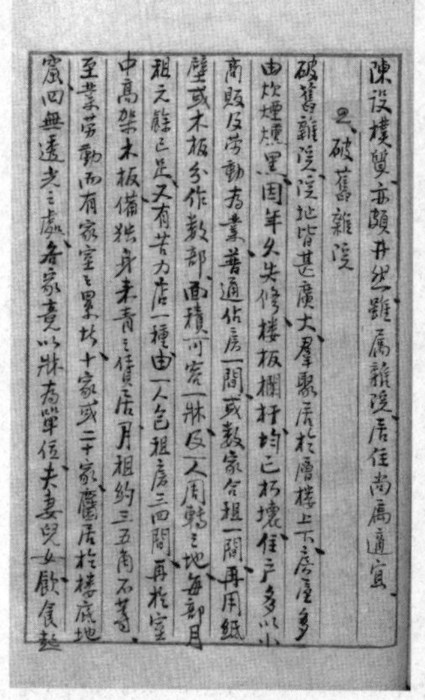
陳設樸質亦頗井然雖屬雜院居住尚屬適宜
2、破舊雜院
破舊雜院院地皆甚廣大群聚居於層樓上下房屋多
由炊煙燻黑因年久失修樓板欄杆均已朽壞住戶多以小
商販及勞動為業普通佔房一間或數家合租一間再用紙
壁或木板分作數部兩積可容一牀及人周轉之地每部月
租之錢已足又有苦力房一種由一人包租房三四間再租於室
中高架木板備獨身來青之傭居月租約三五角不等
至業苦動而有家室之累者十家或二十家麕居於樓底地
窟四無遮光之處每家竟以牀為單位夫妻兒女飲食起

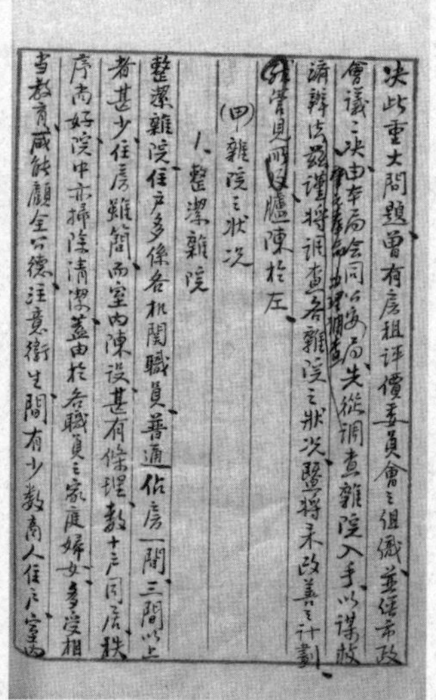
決此重大問題曾有房租評價委員會之組織並呈市政
會議之決由市府公安局會同社會局先從調查雜院入手以謀救
濟辦法兹謹將調查各雜院之狀況暨將來改善之計劃
擇要臚陳於左
(四)雜院之狀況
1、整潔雜院
整潔雜院住戶多係各機關職員普通佔房一間二三間以上
者甚少住房雖簡而室內陳設甚有條理數十戶同居秩
序尚好院中亦掃除清潔蓋由於各職員之家庭婦女多受相
當教育咸能顧全公德注意衛生間有少數商人住之室

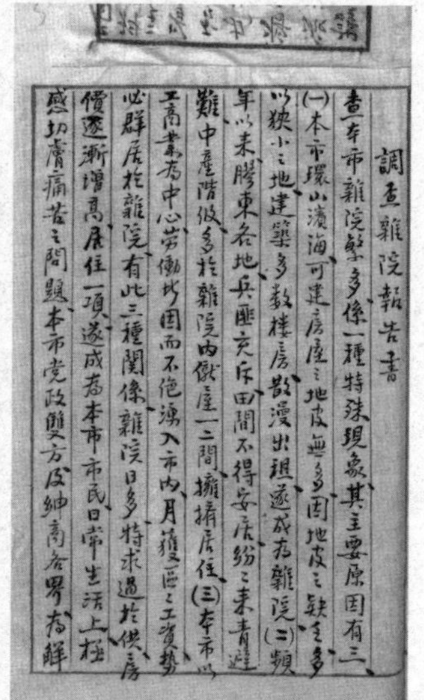
調查雜院報告書
查本市雜院繁多係一種特殊現象其主要原因有三
(一)本市環山濱海可建房屋之地皮無多因地皮之缺乏多
以狹小之地建築多數樓房散漫出租遂成為雜院(二)頻
年以來膠東各地兵匪交乘田間不得安居紛紛來青避
難中產階級多於雜院內僦屋一二間擁擠居住(三)本市以
工商業為中心勞働者因而不絕湧入市內月獲區區之工資勢
必群居於雜院有此三種關係雜院日多特求過於供房
價遂漸增高居住一項遂成為本市市民日常生活上極
感切膚痛苦之問題本市黨政兩方及紳商各界為解

调查杂院报告书（1931）

力完成的统计表，是青岛市第一份里院统计数据。上世纪 30 年代，青岛市有多次里院统计。这些统计工作即便今天的人来做，也是一项大工程。有道是万事开头难，从这个意义上，1931 年公布的里院统计情况给之后的统计打下了坚实的基础。这其中，李肇元功不可没。因为如果没有他的敬业，青岛市的第一次里院调查不会这么圆满。

李肇元的调查日志无疑具有非常高的史学研究价值。因为，如果只看统计表和总体报告，我们无法较为详细地了解每一处里院的具体情况。恰恰是李肇元的调查日志，给我们提供了更有血有肉的里院信息。

1933年的青岛改善杂院委员会

1931年调查杂院报告书呈报青岛市政府后，首先引起重视并着手开始治理的是杂院清洁工作，而其他诸如杂院修缮、减租等事项，由于比较复杂，到1933年才陆续开始实施。为顺利推进相关工作，改善杂院委员会应运而生。就档案来看，该委员会的工作都发生在1933年。

改善杂院委员会开始工作了

改善杂院委员会属于典型的没有建章立制就开始工作的临时机构。以至于笔者查阅了大量档案，也无法确定其最早开展的工作是什么。根据目前查到的档案，最早与其相关的工作，可能是1933年3月31日的整理杂院会议。当天的会议议决了如下4件事：

① 市长于4月1日午后三时于民众教育馆召集各业主训话。

② 由社会局酌情定日期，分别召集各业主详细说明改善办法。

③ 由社会局依据调查杂院实际情况表，就应行改造及修理等部分通知各业主，并将此项通知同时分知工务局、公安局。

④ 为根本整理起见，有愿出资建筑此项杂院者，得由市府拨给地皮，予以相当优待并须遵照规定图样建筑以资应用。其事务分担如下：

财政局划定地皮并定租地优待办法；工务局制定图样及所见；社会局参照财

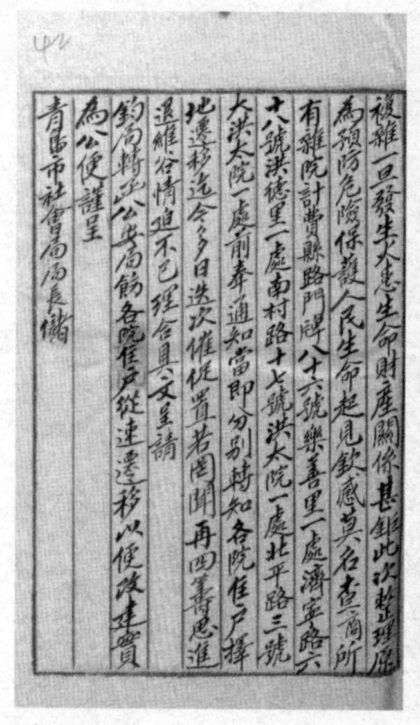

複雜一旦發生大患生命財產關係甚鉅此次整理原
為預防危險保護人民生命起見欽感莫名查商所
有雜院計費縣路門牌八十六號樂善里一處濟寧路六
十八號洪德里一處南村路十七號洪太院一處北平路三號
大洪太院一處前奉通知當即分别轉知各院住戶擇
地遷移迄今多日迭次催促置若罔聞再四籌思進
退維谷情迫不已理合具文呈請
鈞局轉函公安局飭各院住戶從速遷移以便改建實
為公便謹呈
青島市社會局局長儲

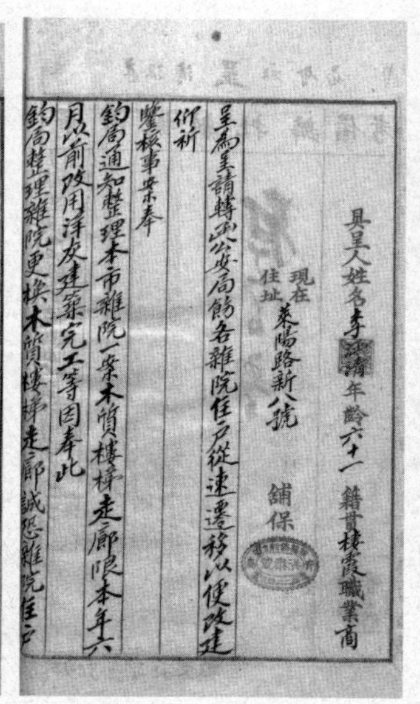

具呈人姓名李涵清 年齡六十一 籍貫棲霞 職業商
現在住址 萊陽路新八號 舖保
呈為懇請轉函公安局飭各雜院住戶從速遷移以便改建
仰祈
鑒核事案奉
鈞局通知整理本市雜院一案木質樓梯走廊限本年六
月以前改用洋灰建築完工等因奉此
鈞局整理雜院更換木質樓梯走廊誠恐雜院住戶

李涵清呈 社會局

事由	擬辦	批辦	備考
呈請轉函公安局飭各院住戶從速遷移以便改建由 附一件			

中華民國廿二年六月二日上九時到

收文社字第3242號

李涵清呈请社会局函（1933）

政局和工务局办法规定，请领建筑一般办法，以便宣示。

由此可见，修缮杂院工作已被正式提上日程。那么具体执行情况如何？只能说，理想很丰满，现实很骨感。1933 年 5 月 26 日，社会局致函工务局，希望工务局将各杂院实施整理情况复函告之。而此时的工务局正忙于给每个杂院量身定做《杂院房屋应行修改部分通知》。那么先收到通知的里院，修改情形如何？答案是差强人意。

1933 年 6 月 4 日，拥有费县路 86 号乐善里、济宁路 68 号洪德里、南村路 17 号洪太院、北平路 3 号大洪太院等多处杂院的商人李涵清，向社会局递交呈请。呈请中说：遵社会局令拟对自己所有的杂院进行改建，并为此多次催促住户迁移，无奈多家房客置若罔闻不肯搬走，所以请社会局转函公安局饬令各住户限期迁出，以便动工。呈请中所称的住户不肯搬迁，是杂院改善面对的第一大难题，也是普遍难题。如四方路升平里原为乐户集居，早在 1933 年 4 月，这些乐户已收到迁移通知。但延至10月，乐户们仍未搬迁，且欠缴半年房租。

住户们不搬迁，社会局等部门又催着杂院改造，一时间业主们苦不堪言，纷纷向社会局提交呈请，请求政府帮忙解决住户搬迁问题。

1933年6月10日，改善杂院会议第一次常会在社会局召开。其讨论事项第一项就是给杂院迁移住户准备临时住所。讨论出的具体提议有两个：

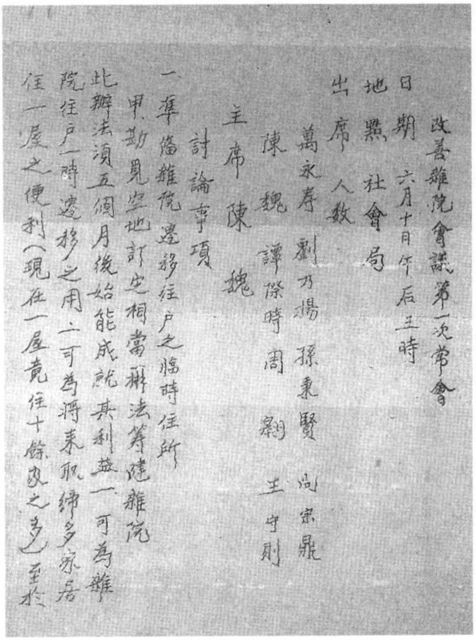
改善雜院會議第一次常會
日期 六月十日午后五時
地點 社會局
出席人數
萬永壽 劉乃揚 孫秉賢 尚宗鼎
陳魏 譚傑時 周劉 王守則
主席 陳魏
討論事項
一 準備雜院遷移住戶之臨時住所
甲 勘覓空地訂定相當辦法籌建雜院
此辦法須五個月後始能成就 其利益一 可為雜
院住戶一時遷移之用 二可為將來取締多家居
住一屋之便利（現在一屋竟住十餘家之多） 至於

改善杂院会议第一次常务会议记录（1933）

① 勘觅空地订定相当办法筹建杂院。此办法须五个月后始能成就。其利益：一可为杂院住户一时迁移之用。二可为将来取缔多家居住一屋之便利（现在一屋竟住十余家之多）。至于官办或商办及其他种之办法，均另订详细计划中。

② 勘觅空地搭盖临时窝铺。现查下等杂院共有百余院，一时迁移不易，故拟另觅地点，准予自搭临时窝铺。待房屋修成后，即行迁入原处。其所搭建临时窝铺，即行取消。惟各住户是否自愿出资搭盖及将来迁回原处有无困难，当须顾虑。

会上还提出，各杂院可分为全体迁移和部分迁移两种办法，具体分方式有：

① 全体迁移者可将各住户迁移于已准备之住所，凡翻造走廊改造之杂院属之。

② 部分迁移者，又可分为两种情况，即院内迁移及院外迁移。前者即迁动于院内之空屋中，或少数人之住户中取暂时的同居。后者为迁移于已准备之住所，此一部分走廊修理之杂院属之。

③ 分次迁移。因杂院住户过多，全体动员为难。拟分别先后迁移。

④ 凡迁出之各住户，俟原房屋修理竣后，仍须迁回原住之屋并可按原价付租。

此外，会议还讨论了杂院修建改善的具体方法。如在走廊楼梯修建方面，提出分两种办法：不堪修理之杂院应改造；堪以修理之杂院应修理。具体方法如下：

① 社会局将所查得之堪以修理、不堪修、无须修理之杂院分别列表，转送工务局审核复查，迅速规定。

② 社会局将查得各杂院区分为上下两等以备规定办法分别进行。

③ 工务局将须修理之走廊设计详细计划，各增加洋灰廊梁、廊柱及廊面、铁板等，绘成图样提交下次会议。

此外，会议还讨论了防火办法。提出各杂院应增添自来水栓和药水消火栓。对于院内交通，也有如下较为具体的建议：

① 添增楼梯。凡一字型之楼，须 3 个楼梯。凡四方形者，须 4 个楼梯。

② 添增大门及太平门。凡能增添太平门之杂院，饬令增添或者拆去其住房一间或两间，充作交通之门。

③ 其屋内所设之楼梯，勘其情形，可不认定为楼梯。

④ 凡杂院内所住木匠铺之木板等件，所设酱园之酱缸，以及住户之大木箱等，皆不得置于院内及廊下，应严重取缔。

一次常会讨论了这么多问题，应该说改善杂院委员会的确看到了改善过程中存在的诸多急需解决的问题，也讨论了很多切实可行的方法。但讨论事项不是议决事项，所以会上讨论的很多事，距离真正实施还有一定距离。

如 1933 年 6 月 14 日，社会局曾收到位于青海路 6 号的青海里业主刘鸣卿的呈请。根据刘鸣卿的说法，社会局曾通知该里院进行拆改，期限为 1933 年 6 月底。刘鸣卿接到通知后，即请工程师设计。但由于各租户不愿迁移，所以拆改工作无法进行。为此，刘鸣卿恳请社会局设法让租户迁移，以免耽误工期。对此，社会局无计可施，6 月 20 日，社会局致函公安局，将刘鸣卿呈请的情况告知，并请公安局协助。估计公安局对此也很头疼，直到8月4日，才函复社会局，表示该院所有住户已于7月31日迁移。

1933年6月16日，改善杂院会议第二次常会召开。档案显示，会议召开前社会局曾对杂院进行过复查，复查结果为全市有杂院496处，这比1931年调查报告中的391处杂院，多出了100余处。这近500处杂院，有209处属于新造或虽不是新造但楼梯走廊较为完好，其余287处则需要进行改善。需要改善的杂院中，有255处需要修理楼梯走廊，有32处需要根本翻造。所有修造工作都急需办理。考虑到住户搬迁和房东经济困难，此次会议制定了如下相应办法：

① 修理杂院内楼梯走廊255院之办法。凡应修理之杂院，第一步先行增加防火材料之楼梯。其应增之楼梯数由工务局分别指定，所有旧楼梯逐步改为防火材料。在修理时，以不妨碍住户交通为准。至于不适用之走廊，随时指定改为防火材料。

② 翻造杂院32处之办法。此项工程比第一项重要，需款既巨。全部住户搬迁，比较繁难。兹决定将全部杂院分段办理，每段办理10院以内之数。在改造前，须详计无处搬迁之住户数，准备搬迁之处是否足敷容纳，计算妥协，即饬动工。第一段办完，再办第二段，每段约以3个月为期。

③ 住户迁移办法。全体迁移者可将各住户迁移于已准备之住所，凡根本改造之杂院属之。一部分迁移者分两种，即院内迁移及院外迁移。前者即迁动于院内之空屋中，或少数人之住户中取暂时的同居。后者为迁移于已准备之住所，此局部修理之走廊属之。凡翻造之杂院房屋竣工后，原租户有优先权。

④ 准备迁移住所。由财政局将前次预定之台东一路10号、14号及四川路15、16号，登州路11号，山阳路1号等处市地先行规划，以便招商及平民领租并请于两星期内规划成就。四川路新建平民住所200间暂时为借用。

应该说，这次会议取得了很多实际成果，尤其是分段办理的方法，是非常明智和可取的。拟翻造杂院有32处，按照每段10院，每段3个月计算，不到一年即可全部翻造完成。另外，还有一点需要说明。即四川路新建平民住所200间，属于当年青岛修建的“平民大院”工程，这项工程在《青岛历史上第一次里院调查》一文中已有说明。先建平民院，再利用这些院子暂时安置里院临时搬迁的租户。青岛市当年这样的做法，的确在顺序上非常“智慧”，也非常有章法。

只是杂院改善可谓千头万绪，如果说此前的杂院调查工作社会局尚可主导，修缮杂院这件事，工务局才最有发言权。1933年6月17日，工务局给市政府递交呈请，请求督促各杂院安设及修换自来水管。根据工务局饬令自来水厂派员对156处里院所做调查，当时青岛市已设自来水管且尚敷应用的杂院有52处；原有水管年久锈塞破坏，须加以修理或更换的杂院12处；其杂院所在之马路上已有配水管，而院内未曾安设水管者83处；杂院所在之马路上尚未设有配水管者共9处。其中，未设配水管的9处，有5处位于金乡路南端、2处位于泗水路北段、2处位于阳谷路，这9处配水管将由工务局负责安装。而杂院所在之马路上已有配水管，而院内未曾安设水管者，或原有水管年久锈塞破坏，须加以修理或更换者，工务局希望市政府能督促各房主分别安装、修理或更换。

行文至此，我们会发现，杂院改善工作已经有多个部门参与，包括社会局、公安局、财政局和工务局都参与其中。这么多部门同时参与进来，这种感觉何其熟悉，似乎跟1929年成立的房租评价委员会有些相似，只是房租评价委员会参与部门更多，还有市指委会、土地局、工整会、总商会等参与。

不过，能有这么多部门参与，无论如何都能让人感受到市政府对杂院改善工作的重视。这一点，在6月21日市政府发给财政局的训令中有了更具体的表现。训令内容是第206次市政会议讨论的与杂院改造的相关决议。具体决议内容如下：

第一，关于根本改造之杂院应分期整理。

第二，制定四川路平民住所200间以为杂院住户临时挪用之处所。

第三，关于走廊楼梯之改造，由关系各局会同随时指导办理记录在案。

这里需交代一个背景，即市政府之所以如此重视此事，缘于收到了杜星北等50余名杂院业主的联名呈请。根据该呈请，这些业主曾因未及时改造杂院，被第二公安分局拘留传讯，并被命令限期兴工。被保释后，这些人联名向市府呈请，呈请内容如下：（杂院）未及时改造，或因经济困难，或因事故稽迟，最难的就是用户不肯迁移。查各杂院住户多为十余户或数十户。虽然迭经劝说各住户迁移，但住户都以寻房困难为由不肯搬迁，业主们也不敢太过催逼，以致无法遵命及时改造杂院。恳请市政府能“专行出示遍贴通衢晓谕各住户作速迁移”，希望这样能让各住户不再观望，各业主也能早日兴工。

看到这里，我们可能会发现一个问题。即市府训令中所说的内容，6月16日改善杂院会议第二次常会已有所议决，且会上议决的方法是可行的。可见，即便是议决事项，其实施还是有一定的时间延迟。只是，在这些方法未真正实施前，杂院搬迁难的问题就一定还会存在。

1933年6月21日，黄岛路47号文明里的经租人曾玉亭，代其业主谭泽闿向社会局递交呈请。呈请内容与前文那些业主如出一辙，即：遵社会局令拟对文明里进行翻修，无奈多家房客不肯搬走，所以请社会局饬令各住户限期迁出，以便动工。

从某种意义上，业主向社会局提交呈请也是一种自保。因为无法在社会局规定时间内完成修缮工作，属于“抗令”。但把难题推给社会局和公安局，将自己置于被帮助的位置，就可以免责。只是一个里院如此还好说，如果所有里院都如此，社会局和他的“难兄难弟”公安局一定会头疼不已，一时间改善杂院委员会似乎陷入了“请佛容易送佛难”的窘境。

不过，改善杂院委员会还是很认真在工作。最明显的是，每隔一周都会召开一次常会，且每次会议都会提出和解决一些实际问题。6月23日，改善杂院会

议第三次常会召开。会上议决如下事项:

甲 防火办法:

① 酌量添设消火栓,由工务局计划办理。

② 安装药水消火栓,视楼房面积之大小,每层以一个至三个为标准。

③ 允设于杂院内饮食铺之厨房及应用炉火之作坊,须照工务局定章,上下皆应用防火材料改造或酌视情形饬令迁移。

乙 整体交通办法:

① 视需要情形,酌量添辟大门及太平门。

② 楼梯设于屋内者,得认为非公用楼梯。

③ 杂院内住户不准堆积易于引火及妨碍交通之物品。

④ 此次整理以后,杂院房屋通路内绝对不准开设店铺或摊商。

随着议决事项越来越多,杂院改善委员的工作开始给人一种越来越有章法的感觉。

1933,热闹的青岛之夏

1933年6月30日,改善杂院会议第四次常会召开。此次会议仍有几个议决事项,具体内容为:

① 会查表照式通过。

② 此项会查杂院计划287处,由公安工务社会三局委员各一人,按公安分局路线在所管局集合出发,每日以午前为准。

③ 会查完毕,即将应修改情形详细通知各业主遵照办理。

这意味着,新一轮杂院调查要开始了。与1930～1931年那次调查不同,此次在社会局和公安局外,增加了工务局。工务局的加盟让调查有了新的内容,这一点从会查杂院概况表的设计就可以充分感受到。且抄录如下:

会查杂院概况表（空表）

里名	房式	层数	楼梯数及位置	应添楼梯数及位置	走廊情形及应改部分	通路情形	应迁户之安插	中上户	下户	其他
	*		*	*	*					

说明一下，表中标注 * 的部分皆以绘图方式登记。也就是说，通过这个会查表，我们就可以非常直观生动地看到被调查里院的形状、楼梯位置、走廊情形等。应该说，这次调查的内容比 1930 ～ 1931 年的调查更为详实丰富了。

1933 年 6 月 30 日，市政府训令社会局，通知该局市政会议已通过了工务局安装配水管所需款项一事，令社会公安两局协助办理相关事宜。从前文 6 月 17 日工务局给市政府递交呈请，请求督促各杂院安设及修换自来水管，到 6 月 30 日市政府通过安装配水管所需款项，只有不到半个月时间，这样的工作效率还是蛮高的。

改善杂院委员会在不停地忙活，就意味着各杂院业主也要跟着忙活。至少，对于各业主而言，杂院改善工作已需要完成增添自来水栓和药水消火栓等消防设备，添增楼梯、大门及太平门等院内交通设施，增添必要的自来水管等事。如果大批杂院同时施工，可以想象，当年的青岛何其热闹。

但是，不了解青岛历史的人很难想象 1933 年夏天的青岛，是怎样一个热闹场面。事实上，如果单纯只谈里院的事，就会错失很多当年的精彩瞬间。因为 1933 年的青岛之夏，发生了很多足以改变和影响青岛“历史进程”的事件。联系这些事件来叙述，可能会让我们更深、更全面地理解当年的里院改善。

1933 年的青岛之夏至少有两件大事值得本文提及，即市长沈鸿烈的辞职风波和第十七届华北运动会。

沈鸿烈原为东北海军渤海舰队司令。1931 年“九一八事变”爆发后，东北沦陷。

经张学良斡旋，沈鸿烈得以带领东北海军栖居青岛。1931年底，东北海军发生兵变，沈鸿烈遇刺，原因是沈鸿烈在舰队司令这个位置上长期大权独揽，引起下属不满。所幸，沈鸿烈得以脱险，并因祸得福，兼任青岛市长。上任后，沈鸿烈可谓踌躇满志且兢兢业业。然而，正当他致力于青岛各项建设时，他所统率的东北海军再次兵变。1933年6月24日，沈鸿烈再度被手下行刺，虽然刺客被及时发现并处决，但在6月26日，事变的其他参与者却驾驶渤海舰队“三大舰”叛逃了。由于东北海军是当时中国最强大的海军，而叛逃的三大舰作为其主力舰，在相当长一段时间内几乎占据整个中国海军的一半实力。所以，三舰叛逃事件对东北海军的打击是致命的，而且这一事件也使沈鸿烈本人颜面扫地。为保住自己的市长位置，沈鸿烈采取了一种以退为进的办法，在第一时间自请辞去渤海舰队司令和青岛市长职务。

对此，蒋介石大喜过望，认为这是吞并东北海军的一个良机，所以老蒋很快接受了沈辞去渤海舰队司令的请求。但对于青岛市长一职，蒋没有立即答复。沈鸿烈看到老蒋真的翻脸，立即采取措施。一方面，组织亲信发动社会各界挽留他；另一方面，他仍以各种借口继续主政青岛。与此相应，青岛社会各界挽留市长沈鸿烈的活动在一段时间内开展得如火如荼。与此同时，青岛的杂院改善，尤其是很多杂院租户的搬迁如火如荼。估计当时青岛人茶余饭后的谈资一定相当丰富多彩。

不过，最大的谈资莫过于7月8日召开的“挽留沈市长市民大会”。据青岛总商会档案记载，当时参加市民大会的民众有十多万人。很多店铺和学校都休业、停课半天，一时间青岛万人空巷。可确认的是，很多里院业主没忘忙里偷闲去参加市民大会，并在会上慷慨激昂发表演说。比如，山西路双鹤里业主丁敬臣作为各团体代表发言，邹县路文兴里业主刘衡三代表教育界发言，广州路存存里业主朱文彬代表同乡会发言。需要补充说明的是，这些人在青岛都具有一定社会地位。

市民大會報告詞稿

諸位先生。諸位代表。本市各團體領袖代表。共同發起。召集各界人士。在此地開市民大會。在未開會以前。由全市一百十三團體發起。擬定發起之團體。一律皆為主席團。同時由全體主席團之中。公推定十個團體。為主席團代表。[illegible]謬蒙各團體公推為主席團代表之一。茲將本日市民大會開會之原因。以及事前發起籌備之經過。代表本主席團。向大家簡單報告。自從　沈市長電請辭職的消息。傳出以後。我們青島各團體。均因為　沈市長。勤政愛民。勵精圖治。為我青島空前未有之賢明市長。況我青島地居要衝。華洋雜處。又兼值茲國難嚴重時期。更萬不肯聽這樣的好長官。潔身高蹈。所以各團體。均紛紛自動的分電中央北平等處。懇准慰留。並曾由各代表躬赴市政府。面謁沈市長。力請顧念地方。打消辭意。連日以來。市政府及各團體。均經先後奉到慰留市長電令。而　沈市長至今仍未肯將辭意打消。各團體代表為集中增加挽留力量。以期必須達到挽留市長目的起見。於是於前兩天內。集議發起籌備。召集市民大會。今天大家一體停業。前來參加。可謂本市自接收以後。十數年來。未有之盛舉。觀於大家參加大會之熱烈。足證我　沈市長數年來。善政及民。公道自在人心。到會諸公。均係明達之士。即請依照秩序。各發高論。以便提請大眾表決。萬一[illegible]所報告的有未詳盡之處。即請各主席團代表。再為詳細申明

市民大会报告词稿

各團体代表丁敬臣君演說

今天是開的青島全市市民大会　來了如此許多的人　都是為挽留沈市長而來的　可惜這個地矣　不能容納全市的人數　沈市長的政績很多　不可勝舉　就現在的人口而論　已有四十餘萬人　比數年前增加甚多　增加的原因　就是因為沈市長勤政愛民　治理的青島地方　夜不閉戶　路不拾遺　對於青島應興應革的事務　處處煞費苦心去办　即是对于以前他人所不屑過向的妓女　沈公也在平康里　給他們組織教育、補習学校　对于商業而言　今年花生米花生油落價　各商賠

各团体代表丁敬臣演说稿

市民大會提議案

一、無論如何非達到挽留沈市長目的不止　市長一切為難之處決由全體市民代為負責　並由各團體領袖負責[illegible]赴各方請願
二、全市市民齊赴　市府當面陳情挽留務請　市長打消辭意　有必要時決由地方民選市長
三、分電中央北平請始終立予慰留
[illegible]
[illegible]

市民大会提议案

鐵路中學校長崔景三演說

諸位同胞，諸位同学，今天開會挽留沈市長，但為甚麼要挽留沈市長，想大家尚說不清楚，譬如小孩都愛其父母，但為甚麼愛呢？小孩們都說不出所以然來，正和我們今天開會挽留沈市長，說不出要為甚麼挽留一樣，小孩不能離開父母而生存，正和我們不能離開沈市長而生活一樣，今天能開偌大的會，來挽留沈市長，的確是沈市長平日的德政來感化的，這並不是偶然的一椿事！
現在全國兵災水災旱災，各處[illegible]無不鬧災，惟青島

铁路中学校长崔景三演说稿

此外，当时青岛有 40 多万人，参加市民大会的民众占了 1/4，大概率上，一定有很多里院的租户也去了大会现场。

而且巧的是，就在市民大会当天，《青岛市改善杂院委员会组织简则》（简称《简则》）经市府修正后得以实施。该简则具体内容如下：

第一条　社会、公安、财政、工务四局为改善杂院进行便利起见，各指定主管人员为委员，组织改善杂院委员会。

第二条　本委员会由社会局于每星期内午后三时开常会一次。遇有最要之件，得开临时会。

第三条　本委员会常会主席由各委员轮流充任，临时会主席随时由各委员推定。

第四条　本委员会对于改善杂院事项，无论根本改造或部分修理，均应按照预定限期督促办理。如有特殊情形，须请示办理者，应报由社会局长会同各关系局，转请核示。

第五条　本委员会应于每周将办理月内前往各杂院实地视察情形报告各关系局长。

第六条　本委员会开会办理记录报告等事，由社会局主管科股兼办。

第七条　本委员会俟改善杂院工作完竣后撤销之。

第八条　本简则自呈奉核准之日施行。

虽然《简则》才正式实施，但改善杂院委员会已经实打实干了好几个月工作，这样务实的态度非常值得称道。而且，青岛出了这么大的事，改善杂院委员会仍在有条不紊推进各项工作。不得不说，这也是沈市长“治理有方”的表现之一，属于他能留任的加分项。当然，最天助沈鸿烈的，当属 1933 年 7 月 12 ～ 15 日在青岛如期举行并圆满成功的第十七届华北运动会。

第十七届华北运动会是在沈鸿烈力主下，才得以在青岛举办。沈鸿烈上任后，深感当时国民体格之衰弱，认为应积极倡导体育运动，而大规模的体育集会无疑极具倡导之功效。因此，在其上任的第二年，在第十六届华北运动会举办的时候，他就积极为青岛申请下届主办权。1933 年初青岛取得主办权后，沈鸿烈立即着手布置青岛第一体育场（今天泰体育馆）的建设，在短短 3 个多月内，体育场高质量地完工了。可以说，没有沈鸿烈就没有青岛第一体育场和第十七届华北运动会。

华北运动会召开很成功，在运动会上，沈鸿烈亦发表了意气风发的讲话，这使得沈鸿烈在民间威望更高了，也增加了其逼蒋表态的资本。7 月 17 日夜，在华北运动会结束后的第二天，沈鸿烈铤而走险，离青赴威海。之后，威海、烟台、潍坊等地区官员和平民，也加入了“挽留沈市长”的行动。蒋介石在各方压力下，最终不得不发来电报，力劝沈鸿烈不要辞职。沈鸿烈亦顺势表态，同意继续当青岛市长。

通过上述介绍，我们可以看到，沈鸿烈辞职风波及第十七届华北运动会发生的时间段，恰恰也是青岛开展杂院改善最忙碌的时间段。由此不难想象，当年青岛怎热闹二字了得。在沈鸿烈之前，青岛的行政长官一直如走马灯般变化。由于沈鸿烈成功地通过这场辞职风波留任，青岛获得了 1922 年收回主权后难得的一个相对较长的稳定发展时期。尤其是没有了舰队司令的头衔，沈鸿烈得以更专心于青岛的规划和建设，使其辞职前的一些施政纲领得以继续，也使包括里院改善在内的青岛各方面的发展都具有了一定的延续性。沈鸿烈在市长任上达 6 年之久，是青岛民国时期任职时间最长的行政长官。客观地看，这对青岛无疑是一件好事。也正是在其任内，青岛的里院管理取得了实质性进展。

1933 年 7 月 22 日，改善杂院会议召开第五次常会。虽然《简则》规定每周开一次常会，但此次会议较上次会议间隔了 20 多天。其原因主要是，随着各项工作的开展，需要开会来讨论和决定的事越来越少了。此次常会议决了如下事项：

① 复查事项。每星期二四六早七时在所管分局集合，自八月一日起调查。

② 复查路线由社会局规定。

③ 复查需用册表器具由各局自备。

④ 杂院住户已呈请变更整理办法者，应加入调查表内，以便随时注意。

⑤ 以后开会时间另定。

跟此前动辄长篇大论的会议记录相比，这次记录可谓简单至极，但又干货满满。那么，这个时候各里院的修缮工作开展得如何了？档案显示，租户搬迁仍是老大难问题。如 1933 年 7 月，冠县路 96 号中业里业主袁钟山曾呈请社会局转函公安局饬令住户搬迁。到这个时候，公安局已无数次面对这样的情形。对此，公安局也多少有些无能为力，由于公安局不能强制租户搬迁，所以很多里院的租户就一拖再拖，中业里的房客就是拖了数月也不搬迁。以至于 1933 年 9 月，袁钟山不得不再次向社会局提交呈请。

这样的情况，改善杂院委员会自然非常清楚。8 月 1 日，该委员会召开临时会，会上做了如下决定：

① 现已在各局呈请修改之杂院由工务社会两局开单定于本星期四起按单提前调查。

② 杂院内住户无须迁移者，先行动工修理，其住户须局部迁移或全部迁移者，应俟筹妥迁移地点再行动工。

③ 每周会查完毕之杂院，即陆续通知房东照办，并将调查结果呈报。上项通知由工务局主稿，会同关系局办理。随时转由公安分所分送。

这次会议的决定可谓一场及时雨，有效避免了里院改善过程中的搬迁难题。8 月 17 日，改善杂院委员会召开第二次临时会。决定：

① 现已在各局呈请修理之杂院住户大部均可毋庸迁移。惟泰兴里、广兴里两处，须另行复查后讨论。

②凡已经查竣各杂院，应有通知办法，为求迅速起见，于查竣后，由社会、公安、工务三局会衔，通知各业主分别修改，并呈市政府备案。

由此看来，杂院修缮工作已经进入逐个里院具体问题具体分析的阶段了。

杂院改善　渐入佳境

接下来的工作，随着复查杂院工作的推进，变得更有针对性。9月7日，改善杂院委员会召开第六次常会。会议议决了多个事项，具体如下：

议决事项：

提案一　此次复查杂院属于第一分局管界者业已完竣，应如何整理通知各住户案。

议决：

一、第一分局管界内者，即全体通知修理。

二、添设楼梯限2个月内呈报工务局，修改楼梯走廊者限3个月呈请工务局修理。

三、全部翻修者暂缓通知，俟全市查竣，再行规定日期分别通知翻修。

提案二　各杂院住户使用铁制烟筒多有不接上管而通于庭内者，应如何改善案。

议决：

由各公安分局就近通知各住户务须装出房檐之外，以防火险。

提案三　广兴里、泰兴里翻修困难，应如何办理案。

议决：

下星期二召集广兴里房东及住户代表到会，商定办法。泰兴里俟后再议。

提案四　整理杂院灰池、厕所、下水道案。

				[illegible]	一	
博興路	流大里	黄濟顯		應添設防火樓梯一座原有樓梯用防火材料改造	三	
南村路	洪泰院	李蓮溪		應添設防火樓梯一座原有木質樓梯一座改用防火材料	二	
	吉慶里	傅炳照		原有木質樓梯應用防火材料改造並將走廊打通	四	
	積慶里	傅炳照		應添設防火樓梯一座原有木質樓梯用防火材料改造	四	
鄒縣路	裕祥里	姜文遠		應於西端裝設防火樓梯	一	
	聚盛里	王希禹		應於西端裝設防火樓梯	三	
	鳳鳴里	劉鳳鳴		應將原有木質樓梯用防火材料改造連路旁便門應堵塞	三	
	慎德北里	王積中		應將原有木質樓梯用防火材料改造	一	
	餘慶里	王立懷（襄）		應於西端出口門防火樓梯原樓梯拆去騰便	三	
滋陽路	九餘里	鮑星台		應將原有木質樓梯用防火材料改造陽台欄杆拆除	二	
	忠仁里	秦鳳山		應將原有木質樓梯用防火材料改造後面通路應用磚砌造以免火險	四	
	永祥里	凌記		應添設防火樓梯一座原有木質樓梯用防火材料改造	一	
	德祥里	王德貴		應添設防火樓梯一座原有木質樓梯用防火材料改造	二	

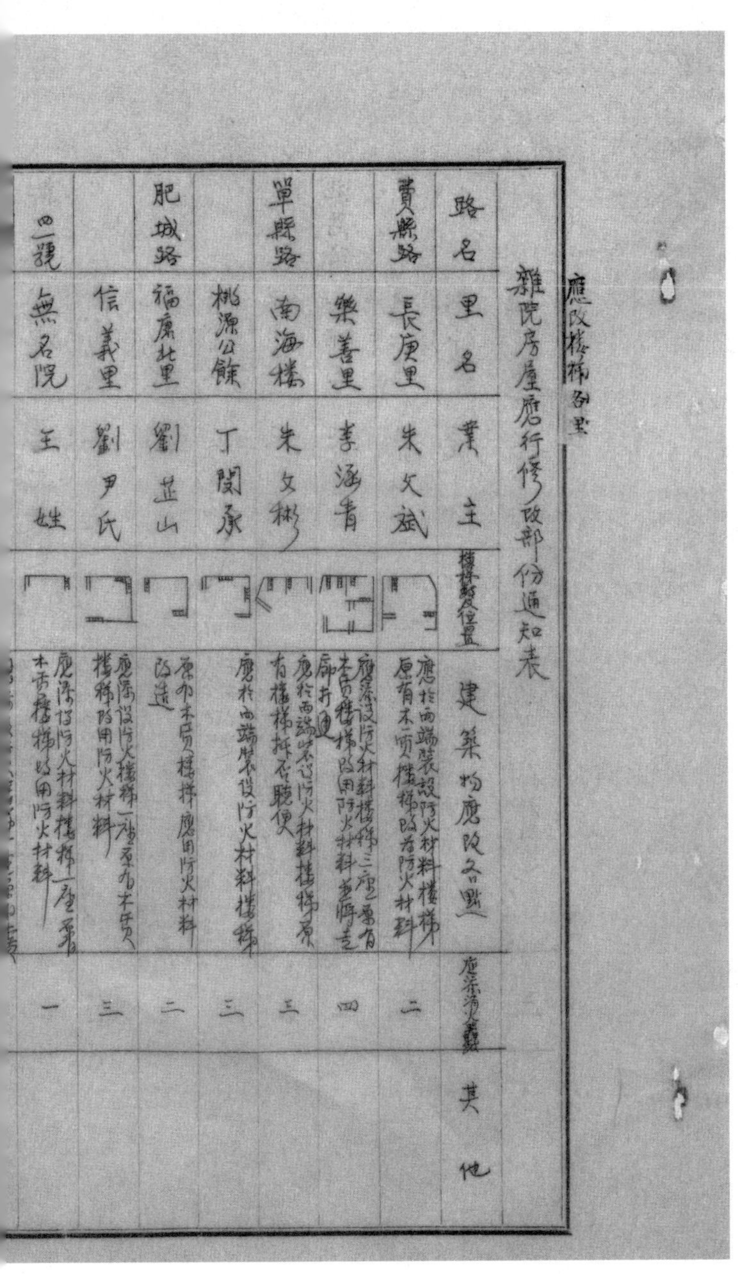
應改樓梯各里

雜院房屋應行修改部份通知表

路名	里名	業主姓名	樓梯數及位置	建築物應改各點	應添消火器數	其他
貴縣路	長庚里	朱文斌	[diagram]	應於西端裝設防火材料樓梯，原有木質樓梯改為防火材料	二	
	樂善里	李涵青	[diagram]	應添設防火材料樓梯三座，並原有木質樓梯改用防火材料，並將走廊打通	四	
單縣路	南海樓	朱文彬	[diagram]	應於西端必須添設防火材料樓梯，原有樓梯拆除聽便	三	
	桃源公館	丁閔康	[diagram]	應於西端添設防火材料樓梯	三	
肥城路	福康北里	劉並山	[diagram]	原有木質樓梯應用防火材料改造	二	
	信義里	劉尹氏	[diagram]	應添設防火樓梯一座，原有木質樓梯改用防火材料	三	
四一號	無名院	王姓	[diagram]	應添設防火材料樓梯一座，原有木質樓梯改用防火材料	一	

杂院房屋应行修改部分通知表（1933）

议决：

一、整理灰池之办法

1. 凡灰池之上盖下门凡破损不全者，应令该院主迅速设置并令该院管理者或者看院之打扫夫负责于施用后，即关闭上盖下门。

2. 凡废弃物不得叠积于池外，应令各院打扫夫负责清洁。

3. 凡每日巡警于巡逻时，前往巡逻范围内之杂院内视察一次并处分一切。

4. 巡警如发现灰池中所积之灰已满，或不堪再积者，速用电话通知清洁队派车拉去。

二、整理厕所之办法

1. 凡破坏须修理者由公安分局转知修理。

2. 由各院打扫夫负责每日打扫两次。

3. 由巡警负责检查。

三、整理下水道清洁

污水沟不准与雨水沟及水落管连接。

各杂院如有以上三项情形，限于修理楼梯走廊时一并修改之。

应该说，此次常会议决了很多非常具体的事项，给人感觉改善杂院工作进展越来越接地气了。

1933年10月27日，工务局致函社会局，函中说第一期通知表已制好，并已缮印通知单148份、卫生事项148份。不妨摘录部分通知单如下：

第一期杂院房屋应行修改部分通知表（摘录）

路名	里名	业主	建筑物应改各点	应添消火器数
江宁路	集贤里	李印堂	应添设防火楼梯一座，原有木质楼梯用防火材料改造。	3
费县路	乐善里	李涵青	应添设防火材料楼梯三座，原有木质楼梯改用防火材料，并将走廊打通。	4
济宁路	天寿里	高学增	应于两端装设防火楼梯直达三层。	4
石村路	德成里	李德俊	原有木质楼梯应用防火材料改造，门洞应打通。	4
易州路	介寿里	赵尔巽	应于两端装设防火楼梯三座，原有楼梯用防火材料改造。	6
河南路	尚义里	宋鹤裕	应将走廊楼梯翻造。	2

需要说明的是，原表中有一栏为“楼梯数与位置”，具体内容以画图呈现，由于难以呈现，所以此处略去。毋庸置疑，这样的表格无疑也是一份难得的里院统计数据，因为表中出现了具体的里院名、业主名、里院所在道路，同时还为我们呈现了每个里院的基本建筑形状与楼梯布局。当然，表中难免也有错误，比如乐善里业主李涵清被登记为李涵青。不过总体说来，工务局的调查工作已经比较到位，通知指出的各杂院下一步需要开展的改善工作也已经非常具体。

1933 年 11 月 9 日，改善杂院委员会召开第七次常会。讨论了如下事项：

① 平康一里拆选花厅改添中央楼梯。三里及升平里因无法增添楼梯，为体恤该班起见，准营业，俟至修业时，不准再开。

② 广兴里改修办法可照房东方面图样办理，其房户对房东之要求因为过于复杂，未便由本委员会处理。

③ 复查全部翻盖之 32 院。即拟下星期内，由会内委员会同出发详查，分别拟定办法，呈准实施。

此后，改善杂院委员会便没了动静。至少青岛市档案馆的馆藏中不再有与其相关的档案，以至于我们无从知晓该委员会是否还存在。

在此文最后，补充几点说明：

一是在杂院改善过程中，出现了很多“特事特办”。比如前文提到的四方路升平里就是典型的特事特办。前文曾提到，由于租户们迟迟不肯搬迁，业主张立堂不得不在半年后的10月份再次求助于社会局，社会局则仍求助于公安局。考虑到升平里内均为三等乐户，“风俗攸关”，公安局建议不要让这些人分散各处，与“良民”杂居。为此，公安局复函社会局，希望能指定一处适宜三等乐户居住的场所。10月23日，社会局召集业主、包工及住户代表三方，进行调解。最终调解成立，住户同意在当月28日前迁走。为顺利搬迁，包工方给升平里每户补贴30元迁移费，由社会局转发。这可是一笔不小的费用，因为按照1931年不变价格，这笔钱已经是半年的房租。档案显示，一共发放给20户，即共补贴600元。让包工方来承担这笔迁移费，的确有些让人意外。

二是改善杂院这件事，房客要经历搬迁之苦，业主也是一肚子苦水。正如洪泰经租处在给房客的搬迁通知中所说，搬迁后一切修理各费损失甚巨，且地税及各项捐款负担亦重。所以，要求各房客在搬迁前务须缴清房租。不过，也有业主为了推进杂院改善进度，主动为租户减免房租。如单县路26号南海楼业主李仲约，考虑到该处住宅门窗墙壁多有朽残，拟与楼梯及楼台一起改建。这样的大工程，必须得迁走所有房客。为了迁移顺利，他自愿让出两个月租金。无独有偶，费县路29号长庚里业主朱文彬也愿让出两个月租金。但迁移工作阻碍甚多，像南海楼，虽然减免了两个月租金，房客还是迟迟不肯迁移。但这件事至少说明，改善杂院这件事单靠官方的力量是不够的，还应充分发挥民众自治的力量。

三是前文提到工务局在1933年10月27日制好《第一期杂院房屋应行修改部分通知表》，并缮印148份通知单，第一期主要涉及公安第一区的杂院。档案显示该项工作后来继续在推进，《杂院房屋修改部分通知表》（第二期）由工务局在 1934 年 5 月制作完成，该通知表的格式与第一期完全一致。第二期主要涉及公安第二、三、四区的 144 处杂院。两期共改善近 300 个杂院，这一数据还是非常可观的。

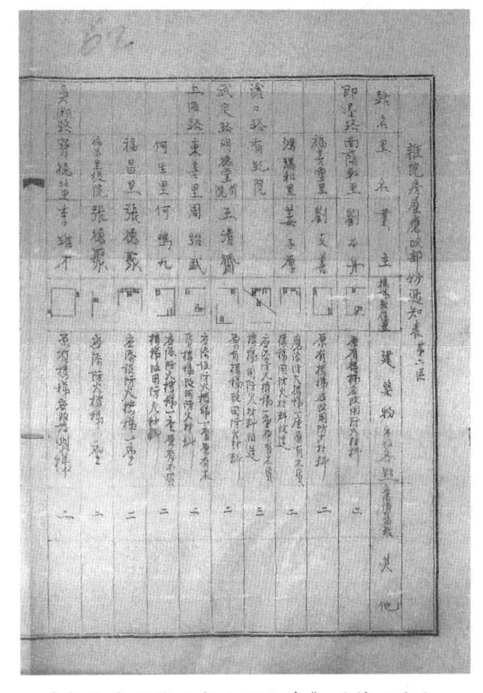

雜院房屋應改部份通知表 第二區

路名	里名	業主	樓梯位置	建築物應改各點	應添樓梯數	其他
即墨路	南陽新里	劉本丹		原有樓梯應改用防火材料	二	
	福善堂里	劉文善		原有樓梯應改用防火材料	二	
	鴻瑞和里	姜子厚		應添防火樓梯一座原有木質樓梯用防火材料改造	二	
滄口路	有紀院			應添防火樓梯一座原有木質樓梯用防火材料改造	三	
武定路	明德堂前院	王清齋		原有樓梯改用防火材料	二	
上海路	東善里	周紹武		應添設防火樓梯一座原有木質樓梯改用防火材料	二	
	何生里	何鳴九		應添防火樓梯一座原有木質樓梯改用防火材料	二	
	福昌里	張德聚		應添設防火樓梯一座	二	
	福昌里後院	張德聚		應添防火樓梯一座	二	
吳淞路	寶德北里	李維才		原有樓梯應改為鐵梯	二	

《杂院房屋修改部分通知表》（第二期）

四是正如第二点所说，革除杂院的种种弊端，仅靠官方力量远远不够，还必须调动社会力量自主管理。青岛市从 1934 年起，陆续成立的各区里院整理会，就是进行里院自治的组织。为对这些组织进行必要指导和管理，1934 年 9 月 14 日青岛市政府第 8155 号指令核准实施《青岛市市第 区里院整理会章程》。1935 年 5 月，青岛市出台了《里院公共遵守条规》，成为全市开展里院自治的共同条规。有关各区里院整理会的工作，可参看本书《青岛里院的自治组织》一辑。

里院清道夫，曾经的标配

今天居住在城市各小区的人，都已习惯了小区物业负责小区内的公共卫生，城市环卫部门每天定点清运走小区的垃圾。然而，早在上世纪 20 ～ 40 年代的青岛，已有类似运作模式。

在本书的《“里院”名称的出现》一文中，曾提到 1927 年八九月间胶澳商埠警察厅联合卫生事务所开展过里院卫生检查工作。当时的检查结果并不乐观，很多里院卫生情况堪忧，被警察厅罚款不同金额。那么，为什么要开展专门针对里院的卫生检查？原因有二：一来里院是当时青岛中下层居民最主要的聚居场所，二来很多里院经过多年私搭乱建已经存在很多卫生隐患。事实上，从上世纪 20 年代起，里院的卫生状况就一直是政府部门关注重点，相关的各种“清洁运动”也一直持续到新中国成立初期。梳理这 20 多年的里院清洁运动，会发现每个里院都曾被要求配备清扫人员。这些人在不同档案中有不同称呼，民国时期的叫法有扫除夫役、院丁、扫院人等，新中国成立初期叫卫生负责人，不妨美其名曰里院清道夫。

在本书《青岛历史上第一次里院调查》一文中曾提到，调查结束后市政当局最先开始的工作就是清洁工作。1931 年 10 月，社会局制发了名为《院内宜保持清洁》的宣传材料。该材料提出“故室内污秽应严罚住户；院中污秽应罚房主；以为所用扫院人不当者，戒该项罚金，即充作该院购置清洁物品之用”。根据这一宣传材料，似乎社会局默认每个里院皆有扫院人，事实的确如此。档案显示，早在 1931 年 4

月，被市政府第2636号指令核准的《青岛市公安局管理私有各里院清洁简则》中已明文规定："凡各私有里院内之清洁事务应由业主或其他代理人负责办理；业主或代理人应视私有里院之长短大小雇佣扫除夫役一名或数名。"不过，雇佣扫除夫役这件事，公安局并不是简单制定一个规定就了事，而是要清楚掌握每一个夫役的情况。在该简则中还规定：业主或代理人雇定扫除夫役后，应将夫役的姓名、年龄、籍贯、住址、受雇年月日、每月工资、扫除之私有里院地址及业主或代理人姓名住址等，报给公安局的清洁队。为此，1931年6月，市公安局曾专门饬令各区办理院丁调查登记。可详见本书附录《青岛市公安局管理私有各里院清洁简则》。

这里需要交代一些背景知识。青岛在德租日据时，公共卫生清扫工作一直由警察系统负责。1922年底，中国从日本手中收回青岛，将青岛辟为胶澳商埠，此后清扫工作改由卫生局负责。1929年4月，南京国民政府从北京政府手中接管青岛。起初清扫工作由卫生事务所负责，1930年3月公安局接管了清洁队。可见，青岛的公共卫生清扫工作一直较为规范。

南京国民政府第一次治理青岛时期，市区公共卫生的清扫工作大多数时候由公安局的清洁队负责。只是没想到清洁队还要掌握私有里院清扫夫役的情况，并对这些夫役进行一些简单管理。说起来，当年清洁队对里院夫役的管理颇为规范，具体管理内容包括：各夫役应接受清洁队视察员及各清洁区管理员的指导及监督；各夫役应佩戴特有标识，以资识别，如果标识遗失，须报明清洁队以便补给；如夫役工作态度不好，还不听取告诫，其清洁区管理员可以随时通知业主或代理人辞退该夫役，并没收其佩戴的标识。当然，辞退原清扫夫役后，须尽快雇佣新夫役，有关情况也仍需尽快到公安局的清洁队登记在册。公安局要求清扫里院的夫役们既要登记信息，又要佩戴标志，可能是考虑到他们要经常进出里院且要在院内各处清扫，这样做无疑可以在一定程度上消除安全隐患，即有维护社会治安方面的目的。佩戴标识这个规定，此后沿用多年。1946年的院丁标识图样显示，

青岛市第一区里院整理会第一段院丁训练期满全体合影（1935.10）

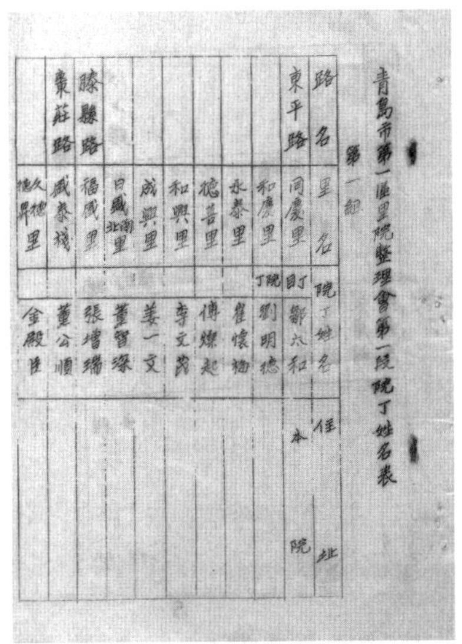

青島市第一區里院整理會第一段院丁姓名表

第一組

路名	里名	院丁姓名	住址
東平路	同慶里	院丁目 鄒六和	本院
	和慶里	院丁 劉明德	
	永泰里	崔懷[illegible]	
	德音里	傅燦起	
	和興里	李文[illegible]	
	成興里	姜一文	
	日盛南北里	董智[illegible]	
	福盛里	張增瑞	
滕縣路	盛泰棧	董公順	
東莊路	久德里	金殿臣	

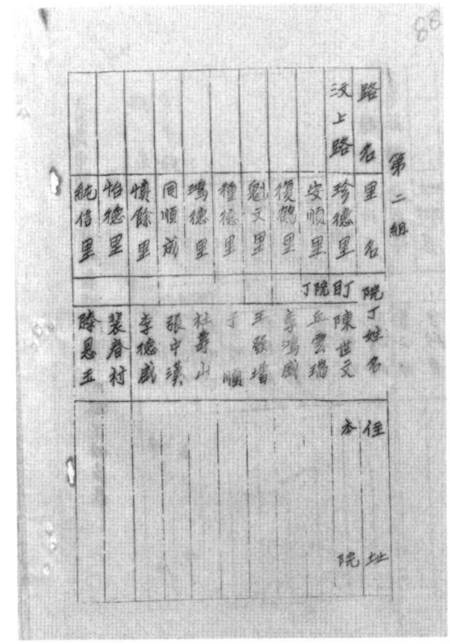

第二組

路名	里名	院丁姓名	住址
汶上路	珍德里	院丁目 陳世文	本院
	安順里	院丁 岳雲瑞	
	復鶴里	李鴻威	
	魁文里	王發增	
	種德里	于順	
	鴻德里	杜壽山	
	同順成	張中漢	
	懷餘里	李德威	
	怡德里	裴春村	
	純信里	滕恩五	

青岛市第一区里院整理会第一段院丁姓名表（节选）

正面为院丁编号，背面印有“清洁队制发”字样。

此外，在里院清洁这件事上，公安局与各里院也算各司其职、分工合理。比如，根据规定里院夫役的具体工作包括：对里院的垃圾污物勤加扫除，并应将所有男女厕所冲洗清洁。业主的责任是给里院配备足够的有盖垃圾箱并雇佣夫役清扫。而清洁队的责任是每天负责清除各里院的垃圾箱和厕所的粪便。需要解释的是，公安局清洁队的队丁每天会对各里院的厕所进行冲刷，冲刷后再有不洁之处，则由各里院夫役负责清洁。

相关监督制度也很规范。1931 年的《青岛市公安局清洁队工作监督简则》规定：“所有各里巷杂院应由各公安分局长逐日派员查看，如院内积有秽物及厕所不洁，或督促院丁认真扫除，或酌情处罚。”根据《污物扫除条例施行细则》，里院住户如果发现居住环境不够清洁，也有权向公安局报告。公安局会根据情况决定是否处罚，及如何处罚。可见，夫役的责任很重。如果业主或代理人不希望因卫生问题被处罚，还是要雇佣一些靠谱的夫役才好。院丁的雇佣虽由各私有里院自己做主，但这更是一个全市性工作。

1934 年初，随着青岛新建杂院日渐增多，很多新杂院并未雇佣院丁，以致院内厕所污秽不堪，院中垃圾无人打扫，甚至每一院丁兼充数杂院。这些情况对公共卫生无疑大有妨碍。为了整理起见，公安局进行了重新登记，将已雇佣院丁、未雇佣院丁分别造册。当然，院丁的管理也是里院自治的组成部分。1934 年，青岛市各区纷纷成立里院整理会，院丁登记及训练亦是各整理会的重要工作之一。

开展院丁训练最早的是第二区里院整理会，1934 年 6 月该整理会的初步计划中，第二项便是训练院丁。该整理会之所以如此重视院丁训练，缘于该会认为“院丁关系里院将来之清洁卫生、户口调查、秩序维持以及户口牌、灭火机之保管，极为重要”。由于该区原有院丁虽经公安局卫生组之严格登记，但实际调查发现，为了搪塞市政部门，顶名虚报者为数不少。另外，很多院丁由住户兼代，这些人仅每天清晨打扫一次，其他时间多外出谋生。这种情况，房东支付的工资多不足，所以多不便追责。还有些里院由老弱残废者充任院丁，因本不能胜任，所以清洁工作几乎无人负责。

为了更好地开展院丁培训工作，该整理会还专门制定了院丁管理规则、院丁训练班简章和院丁服务规则等。1934 年 7 月，第二区里院整理会在临淄路 13 号开办民众学校，并附设院丁训练班。此外，鉴于该区各里院院丁多是虚充，甚至有的里院无人负责清洁，为达到根本治理的目的，第二区里院整理会拟定了专门计划。该计划主张“举办院丁合作、不分彼此，凡里院之大者，必须设院丁一人或二人，小者则联合附近数小院，设院丁一人，由本会加以训练”。只是该计划并未被批准实施。1934 年 11 月，该整理会曾自行招募院丁 10 名，加以训练后，在 12 月 1 日分发各里院，督促协助原有院丁，办理各里院清洁事项，以资补救。可见，第二区里院整理会在院丁事宜上可谓煞费苦心。

与第二区的院丁为随时培训，无毕业期限不同，第一区对院丁进行集中培训。第一区里院整理会组织简章中，有专门条款规定各里院应“训练院丁若干人，分配各里院专办里院清洁事项”。1934 年 10 月 12 日，第一区里院整理会第一次理监事联席会议的讨论事项中，有一项为“成立院丁训练班”。1934 年 12 月 8 日，第一区里院整理会通知各里院业主，定于 12 月 15 日下午分发院丁符号。根据该通知，院丁登记工作已完成，即将开展培训工作。1935 年 10 月，第一区里院整理会召集该区第一段院丁进行训练，并在训练期满后拍了合影。合影共有 4 排，每排 20 余人，粗略算来应有 100 多人。根据第一区第一段院丁姓名表，所有院丁被分为 14 组，每组 8 ～ 10 人。可见，院丁的出勤率比较高，即第一区各里院都较为支持该项训练工作。

第三区里院整理会也非常重视清洁工作及院丁事宜。该整理会在三个整理会中成立最晚，但在 1934 年 9 月 1 日召开该整理会第四次执行委员会会议时，便决定：“先通知各里院院丁来会登记，再由本会制作木牌，填注某里院院丁某某，着令各会员领取，悬挂于明显之处，以资识别，木牌代价由各里院负担。”1934年11月3日，第三区里院整理会通告所有里院：“院丁的职责，将来本会亦有一番训练。”该通告中将里院清洁作为该会最重要的事。指出里院公共卫生全赖公共维持，不能专靠院丁打扫。为此，该会公布了以“里院清洁”为主要内容的“里院住户注意事项”。在1935年11月呈报的全年总结报告（1934年7月至1935年6月）中，工作事项的第一项为调查工作，调查工作的第三项为调查本区各里院添设院丁情形。根据该调查的描述，“本区里院陋小，租户亦少，以房租收入无多，故多无专门负责院丁，院内清洁则津贴院内住户一人代办，既往往生懈。兹为注重院内清洁起见，经本会调查各里院内户口多寡，着其添设院丁，或联合数院添雇一人，正在进行中”。

需要补充说明的是，院丁不仅负责各里院卫生的打扫，还负责各种消毒事宜。如1935年6月，第一区里院整理会考虑到已届夏令，天气渐热，里院住户栉比，极应注重清洁，为维公共卫生，该整理会特从上海购来消毒器材及消毒药品多种，并由卫生院丁两名、职员一名，于6月1日成立消毒组，每日出发工作，分赴各里院厕所、垃圾箱、污水盆等肮脏地带，实行消毒，以期杀灭虫菌，防疫疠于未发。此外，各里院院丁还兼有报警员的责任。如1935年社会局制定的《里院公共遵守条规》第25条规定：院丁应由房东给予铜锣一具，遇有火险等紧急警号，即行鸣锣。总之，院丁更像是里院杂役。

研究里院，离不开研究相关的人，包括业主、经租人、建筑师、租房者等。但此前很长时间，院丁一直被人们忽视。如果不是看到一卷卷院丁登记名册，笔者很难意识到院丁对里院研究的重要意义。事实上，里院研究之所以困难重重，主要缘于档案散存于各个时期、各个全宗。从某种意义上，各种相关里院统计档案往往成为研究某里院的第一线索。现在这个线索中无疑又增加了里院院丁登记信息。

青岛市档案馆馆藏的院丁登记，以1948年《青岛市警察局里院雇佣院丁名册》信息最为丰富。该名册长达44页，记录有近500个里院所在的辖区、路名、门牌号、

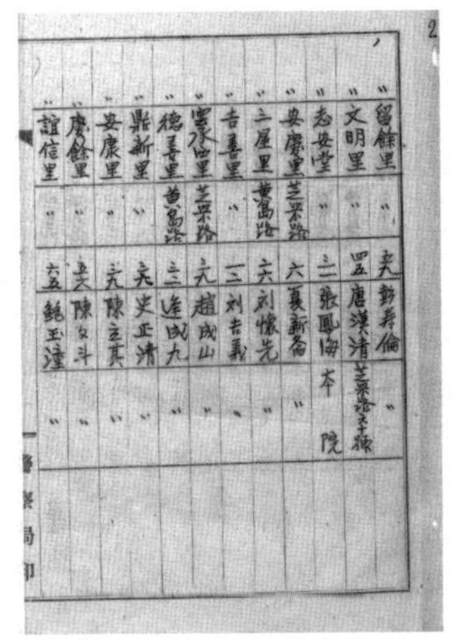
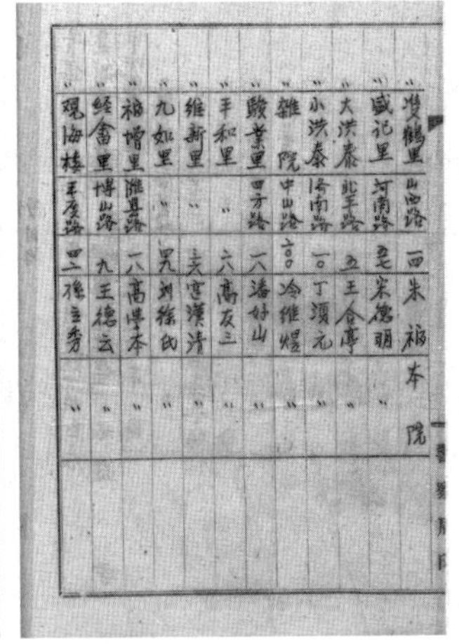
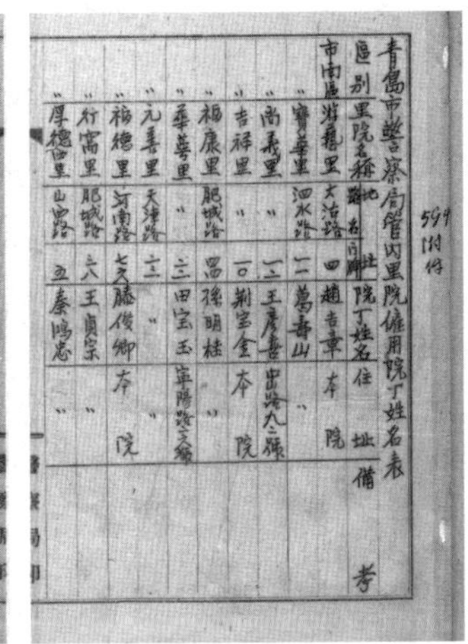

1948 年里院院丁名册

院丁姓名及住处等信息。反复研读这个名册，会发现很多饶有趣味的事。

① 虽然警察局规定，各里院根据大小雇佣一名或多名院丁，但根据这个登记名册，我们会发现每个里院雇佣的院丁都未多于一人，有的院丁还身兼两处或多处里院打扫。这种“院丁合作”模式，正是前文 1934 年第二里院整理会提出的设想，看来这一设想在后来确实得到了实现。或许是出于就近原则，“院丁合作”模式往往是同一条道路上不同里院的合作。如同位于云南路的同胜里和汇德里只有刘书堂一个院丁，同位于汶上路的种德里和汶上里只有于顺一个院丁，同位于滋阳路的南三元里、北三元里、永祥里只有贾玉祥一个院丁。当然也有例外，如华萼里、元善里、双凤里和彬如里等四处里院位于不同道路，但共用田宝玉一个院丁。一个人打扫 4 个里院卫生，感觉真的可以给田宝玉颁发一个院丁劳模称号了。

② 在我们的想象里，清扫卫生这种又脏又累、工资又低的活，一定是苦力才肯做。笔者随机检索了几个院丁，发现其中确实不乏苦力。如骏业里院丁潘好山，在 1944 年市南区总联保办事处关于山东路（今中山路北段）联保第十五保第三甲的登记中，他就居住在四方路 18 号骏业里内，其职业一栏登记为苦力。但也

不乏大量院丁并非苦力，这些人多为里院本身住户或业户。如同兴里的院丁王晋忠，就住在该里，曾在私塾念书至16岁。来青岛后卖过青菜水果，还曾给报馆送报。1941年以后摆摊卖饼子，新中国成立初期仍在李村路摆摊。再如，住在仁和里的丁义泰，是山东大学学生，同时兼任仁和里与瑞泰里的院丁，这个应该可以算作当年的勤工俭学。还有易州路落子院的院丁王成玉，同时也在院内经营福顺永茶楼，档案显示该茶楼为独资，创设于1937年3月3日。即此人主业是经营茶楼，院丁属于兼职。济宁路居安里的院丁王道发，也是该里院业户，是源顺昶号经理，在院里经营茶炉兼卖卷烟，档案显示该商号创设于1929年1月1日。可见，兼职院丁的人身份还是很庞杂的。

③ 还有一个有趣现象，有些院丁就是里院的经租人或管理人。如积厚里的院丁李凤阁，就是积厚里的经租人，其在1940年时就已是该里院经租人。1942年1月28日，李凤阁独资创办了祥丰磨房，地点在积厚里内15号，主要生产杂粮粉，日产量700斤，店里有零工三人。无独有偶，宝华里院丁葛寿山也是该里的经租人，同时也是昌茂祥茶炉的经理。经租人亲自上阵清扫卫生，看来是不想肥水流入外人田。但也不排除另一种可能，即为了应付警察局的登记要求，先报上自己的名字充当院丁，至于真正的院丁到底是谁，只有经租人自己心里清楚。

诚如本文开头所言，今天居住在城市各小区的人，都已经习惯了小区物业负责小区内的公共卫生，城市环卫部门每天定点清运走小区垃圾。但具体谁来打扫小区的公共卫生，这个人姓甚名谁、籍贯哪里、待遇如何，这些似乎只是小区物业需要操心的事，本“不足为外人道也”。所以，上世纪三四十年代青岛里院清道夫的信息居然还要在公安局登记造册，委实让人难以想象。但若非如此，我们也无法获得这么多关于里院的“老信息”。

青岛里院的自治组织

里院自治：从杂院愿警到里院整理会

1929年4月～1938年1月，是南京国民政府第一次治理青岛时期。这个时期，南京政府曾在全国范围内推行地方自治。在青岛市开展城市自治的过程中，各区的里院整理会扮演了重要角色。1934～1937年，青岛的里院改善工作主要由各区里院整理会具体实施，并取得了令人称道的成效。

聊里院自治，绕不开杂院愿警。因为恰恰是设立“杂院愿警”这件事，激发了民间开展里院自治的意愿。虽然杂院愿警最终并未设立，但搞清楚有关情况，对了解里院自治的背景很有必要。

愿警，为请愿警察或请愿巡警的简称，是民国时期特有的一种派驻警察。愿警须由需求单位向警察局或公安局提出申请，说明需要警察驻守或巡视的理由，警察局或公安局将根据实际情况，决定是否派驻愿警执行保护任务。早在上世纪20年代胶澳商埠时期，青岛即出现了愿警，当时曾有水产公会、永裕公司、取引所等向警察厅请求派驻愿警。南京国民政府第一次治理青岛时期制定有较为规范的愿警制度，如1930年的《青岛特别市公安局请愿警察暂行简则》，对愿警的薪资、服装等都有较详细的规定。

杂院愿警，顾名思义，是由杂院业主提出请求派驻到杂院的愿警。这一提法，最初是在1933年11月3日，由刚上任的青岛市第二区联合办事处主任谭际时向市政府提交呈请时提出。

这里需要交代一些背景，以便理解此后将要开展里院自治的各区划分情况，及里院自治组织——各区里院整理会与各区联合办事处的关系。

1929 年 4 月，南京国民政府从北京政府手中接收青岛，起初境域区划并未变化，即市区分为第一区、第二区和台东区。此后，市区重新划分为第一区、第二区、第三区和第四区，这一划分也是公安局进行分区治安管理的辖境范围。1935 年，青岛市政府重划市乡区域并改定名称，市区划为 8 区，即东镇、西镇、大港、小港、海滨、浮山、四方和沧口。

1932 年，青岛为实施自治，将全市划分成 12 个自治区。其中，第一至第四区属于市区，其他属于乡区，但自治区的划分与公安管辖区域划分有所不同。其中，第一自治区为公安第一分局辖境在铁路以西的部分，及第三分局所辖小港西沿一带。第二自治区为公安第一分局辖境在铁路以东部分。第三自治区为公安第二分局辖境全部及第三分局所辖大小港（除小港西沿外）一带。第四自治区为公安第四分局所辖市街部分。

1933 年，青岛市政府“为改进市区平民劳动生计风俗习惯及卫生清洁道路并民众普及教育起见，设立市区联合办事处”。联合办事处仅设于市区。组成人员为社会、工务、教育、公安等局职员，并由市政府指定一名社会局职员为主任。10 月 5 日，《青岛市市区联合办事处规则》颁布实施。根据该规则，联合办事处

《青岛市自治区域全图》局部（1933）

的区域划分与公安管辖区域划分也有所不同。其中，第一区辖区与公安第一分局辖区相同；第二区辖区范围为公安第二分局及第三分局所辖大小港海沿一带；第三区与公安第四分局辖区相同。

可见，青岛市开展杂院改善时，同时存在公安管辖区、自治区辖区、各区联合办事处辖区这三个“辖区”概念。而里院整理会既然是自治组织，其分区自然与青岛市自治区的区划挂钩。具体情况是：第一区里院整理会负责第一、第二两个自治区；第二区里院整理会负责第三自治区；第三区里院整理会负责第四自治区。相比之下，各区里院整理会的辖区，基本与各区联合办事处一致，且联合办事处的“业务”与里院自治的内容也有很多重叠。事实上，各区里院整理会成立后，很多工作也都是与各区联合办事处沟通。

有了前面的背景介绍，我们可知第二区联合办事处所辖范围，为公安第二分局及第三分局所辖大小港海沿一带，基本与第三自治区辖境相同。这一区域涵盖大鲍岛北部及小鲍岛主体区域，目前青岛市历史街区开放的很多里院就位于这一区域。该区域在当年是经济繁荣之地，所以这一区域的里院改善工作对整个青岛市至关重要。

谭际时呈请的主要内容是：杂院多为平民劳动集居之处，下级社会之生计道德等等均为有关。若果整理得法，既于改进平民劳动生活上之工作堪以收一大部分之功效，而于市政进行之裨益亦非浅鲜。……（杂院）整理在工务方面实可得显著之大改，其余整理清洁种种，恐仍属纸上谈兵。且平民劳动集居杂院之内，烟赌私娼以及盗匪等不良分子，即多混入害群之马，莠已乱苗，杂院房屋虽已改观，而败坏风俗道德之事尤以杂院为发源地。整理仍非彻底。本办事处所辖区内现有杂院二百六十四处，为全市杂院之半……为彻底整理杂院，必须责成房东增设愿警。

在谭际时的呈请中，愿警需要指导院内清洁事宜并警告清洁以外的事项，包括解决房租纠纷、消除火灾隐患等。这一建议，市政府认为颇有见地，责令公安局尽快妥善制定有关杂院愿警的管理办法。

对此，公安局动作非常迅速。1933年11月24日，公安局即向市政府上报了《杂

青島市公安局各大雜院請願警察暫行簡則

第一章 總則

第一條 凡本市雜院房屋滿百間者應由[illegible]設置請願警其在百間以下五十間以上自請設置者亦可酌量辦理均應依照左列人數

第二條 雜院請願警名數及餉額暫按左列規定如房屋超過一百五十間以上或與他院相毗連及門戶較多與有其他特殊情形者得酌量情形增加之

一等或二等警 一名 月餉十五元或十四元

三等警 一名 月餉各十三元

第二條 請願警月餉應由各該院房主於每月二十五日以前送局轉發如逾期不送者得催繳之

第三條 願警服裝費每名每年洋三十五元應由請願房主分春夏秋冬各季繳局購置發給其槍枝刀械由局發給

第四條 請願房主對於願警應設備願警駐在所每月所需水電燈火並應由請願房主供給之

第五條 願警駐在所內一切警務本局及該管分局分駐所仍應照章隨時派員稽查

第六條 願警如有因事因病呈請短假情事應隨時報告該管派出所轉報分駐所呈經分局核准後派警代理其假期在三

……

須於一個月以前通知本局核准如本局無缺要補時仍應由請願房主繼續擔任但至多以從核准之日起滿三個月為限

第十二條 各該管分局對於願警得隨時酌量情形呈請調換之

第二章 職務

第十三條 願警由駐在地之該管分局暨分駐所派出所[illegible]隨時考查指揮擔任左列各項事務

一、設崗守衛並隨時巡邏維持院內外附近安寧事項

二、搜查院內藏匿盜匪事項

三、取締賭[illegible]事項

四、查禁聚賭抽頭事項

五、查禁販運售賣或吸食鴉片毒品事項

六、取締一切違警事項

七、督飭院丁整理清潔事項

八、排解院內一切糾紛事項

九、取締住戶任意擱置物品妨礙交通事項

十、取締搭蓋板房及存放一切危險品事項

十一、發生火警時報告撲救事項

十二、戶口變動報告登記事項

第十四條 願警除上列各項事務外不准越權干涉

第十五條 願警如查覺第十三條第二項至第六項情事均須報由該管巡官或派出所派警會同辦理該願警不得擅自處辦

第十六條 願警對於第十三條第八項至第十項有因排解取締不服者送派出所處理之

第三章 懲獎

第十七條 願警除左列各項外一切懲獎均按本局長警賞罰章程辦理

一、願警對於院內違法者不得有包庇或代為隱匿行為違者除開革外並應依法嚴辦

二、願警不得假公濟私收受房主及院內住戶賄賂違者除開革外並應依法嚴辦

三、願警不得向房主及院內住戶索借財物或私受餽贈違者處罰

四、願警並其家屬不得賃居所管雜院之內違者開革

第十八條 本簡則如有未盡事宜得隨時呈請修正之

第十九條 本簡則自呈奉核准之日公佈施行

杂院愿警暂行简则（1934）

院请愿警察管理简则草案》(简称《简则》)。市政府的审核与反馈也很迅速，1933 年 12 月 7 日，即反馈了修正意见。1934 年 1 月 12 日，公安局在给社会局的公函中，附送了《青岛市公安局各大杂院请愿警察暂行简则》，可见该《简则》已正式制定完成。《简则》共 21 条，主要内容有：本市杂院百间以上者应劝设愿警；愿警月饷 13 ～ 15 元不等，由杂院房东送缴公安局，由公安局转发给愿警；每名愿警服装 35 元，由房东分四季向公安局缴费，由公安局购置；房东应为愿警安排住所，并负责每月水电油火的供应；愿警的枪支刀械由公安局发放，且公安局随时派员稽查愿警的一切行动等。根据简则，愿警需负责如下事务：

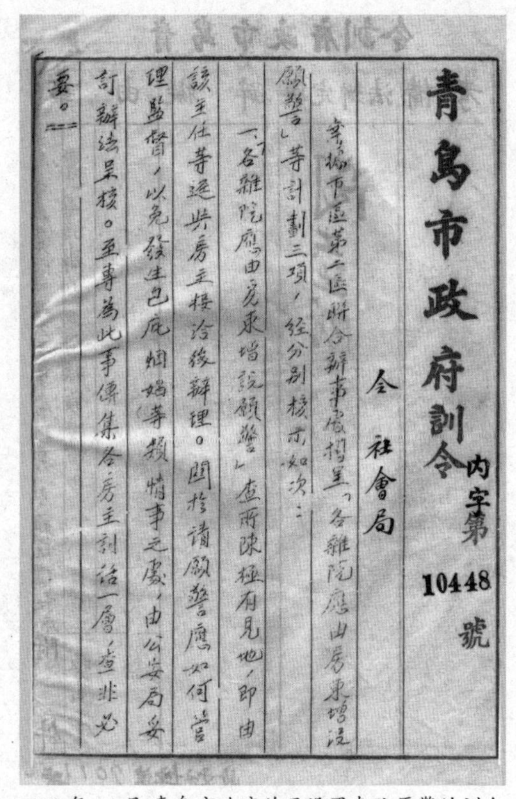
青島市政府訓令 內字第10448號
令 社會局
案據市區第二區聯合辦事處呈，"各雜院應由房東增設願警"等計劃三項，經分別核示如次：
一、"各雜院應由房東增設願警"，查所陳極有見地，即由該主任等邀集房主接洽後辦理。關於請願警應如何管理監督，以免發生包庇娼妓等類情事之處，由公安局妥訂辦法呈核。至籌為此事便集各房主訓話一層，查非必要。

1933 年 11 月 青岛市政府关于设置杂院愿警的训令

① 设岗守卫并随时巡逻，维持院内外附近安宁事项。

② 巡查院内藏匿盗匪事项。

③ 取缔暗娼秘密卖淫事项。

④ 查禁聚赌抽头事项。

⑤ 查禁贩运售卖或吸食鸦片毒品事项。

⑥ 取缔一切违警事项。

⑦ 督饬院丁整理清洁事项。

⑧ 排解院内一切纠纷事项。

⑨ 取缔住户任意搁置物品妨碍交通事项。

⑩ 取缔搭盖板房及存放一切危险品事项。

⑪ 预防火警及发生火警时报告扑救事项。

⑫ 户口变动报告登记事项。

《简则》中规定的愿警责任，可谓非常细致，至少笔者想象不出还有什么纰漏。那么，设愿警一事，各里院业主是否支持？事实是，情况并不乐观。1934年1月20日，社会局与公安局联合发布训令给各区联合办事处，令他们劝导各大杂院增设愿警。没想到这一劝导，遭到很多里院业主反对。1934年2月7日，有里院业主杜凤章，联合同区多名里院业主致函公安局，提出通过组织里院整理联合会的方式代替愿警。

需要解释的是，通过多份档案比对，这里的杜凤章就是本书《1933年的青岛改善杂院委员会》一文中的杜星北。即那个曾因未及时改造杂院，被第二公安分局拘留传讯，之后联合50余位杂院业主给市政府上联名呈请的杜星北。该人也是位于临淄路的静安里业主。根据其履历，该人属于学界，此前曾充内务部参事、山东省公署参议事、山东省议会议员、掖县县长等职。

与杜凤章联名递交呈请的还有锦州路顺兴里业主宫鸿和、青海路振华里业主李振清、博兴路宝善里业主赵焕卿、博兴路庆寿里业主李长祥、长山路裕余里业主张希予、邹平路和平东里业主孙庆积、金乡路裕昌里业主裕昌号、青海路义兴里业主双兴号、辽宁路聚泰里业主高仁礼和锦州路新裕里业主王玉亭。不妨照录杜凤章等人呈请如下：

为呈请事。案奉钧局布告第二号内载《各大杂院请愿警察暂行简则》二十一条。仰见钧局关怀杂院，积极整顿，不胜钦佩。惟按第一条规定，请设愿警以房屋满百间者为原则，其不满百间者为例外。然查本区杂院不满百间者极多，而其房主

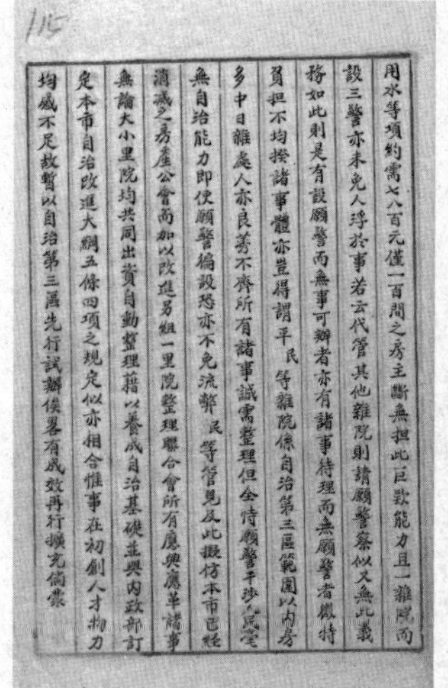

用水等項約需七八百元僅一百間之房主斷無担此巨款能力且一雜院而
設三警亦未免人浮於事若云代管其他雜院則請願警察似又無此義
務如此則是有設願警而無事可辦者亦有諸事待理而無願警者殊特
負担不均揆諸事體亦豈得謂平 民 等雜院係自治第三區範圍以內房
多中日雜處人亦良莠不齊所有諸事誠需整理但全恃願警干涉亦寔
無自治能力即使願警徧設恐亦不免流弊 民 等管見及此擬仿本市已經
滴減之房產公會而加以改進另組一里院整理聯合會所有應興應革諸事
無論大小里院均共同出資自動整理藉以養成自治基礎並與內政部訂
定本市自治改進大綱五條四項之規定似亦相合惟事在初創人才物力
均感不足故暫以自治第三區先行試辦俟畧有成效再行擴充倘蒙

具呈人姓名 杜鳳章 年齡 五十歲 籍貫 高密 職業 學界
現在住址 青島臨淄路六號
鋪保 吳淞路新十號

為呈請事竊舉
鈞局佈告第二號內載各大雜院請願警察暫行簡則二十一條仰見
鈞局關懷雜院積極整頓不勝欽佩惟按第一條規定請設願警以房屋滿
百間者為原則其不滿百間者為例外然查本區雜院不滿百間者極多
而其房主又多不肯例外設警然則此項多數雜院均不在整頓之列似
欠劃一再查第三條第五條第六條之規定每年薪餉服裝及駐所電燈

中華民國二十三年二月 日
青島市政府製印
每份普通用紙售價壹角
青島市政府收發室

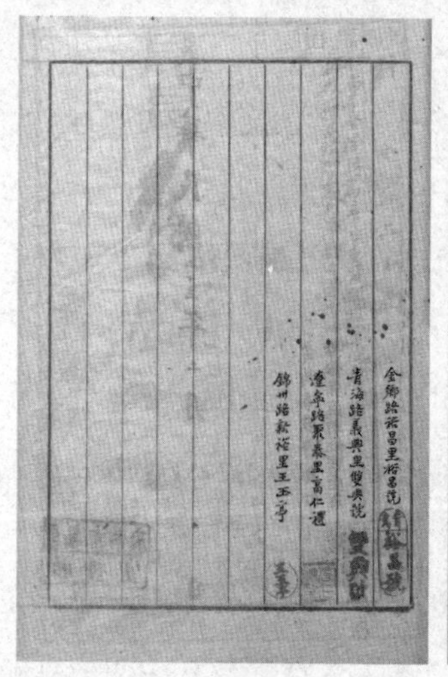

金鄉路裕昌里裕昌號
青海路義興里雙興號
遼寧路聚泰里高仁禮
錦州路歡裕里王丕亭

俯允民等即為發起草訂簡章進行籌備是否之處除分呈市政府外
理合呈請
鑒核批示祇遵實為德便謹呈
青島市公安局局長王

錦州路福興里宮鴻和
青海路振華里李振清
博興路寶善里趙煥卿
博興路慶壽里李長祥
長山路裕盛里張希予
鄒平路和平東里孫廣福

杜星北等联名建议里院整理会代替愿警（1934）

又多不肯例外设警。然则此项，多数杂院均不在整顿之列，似欠划一。再，查第三条、第五条、第六条之规定，每年薪饷服装及驻所电灯用水等项，约需七八百元。仅一百间之房主，断无担此巨款能力。且一杂院而设三警，亦未免人浮于事。若云代管其他杂院，则请愿警察似又无此义务。如此，则是有设愿警而无事可办者，亦有诸事待理而无愿警者。微特负担不均，揆诸事体亦岂得谓？平民等杂院系自治第三区范围以内，房多中日杂处，人亦良莠不齐，所有诸事诚需整理。但全恃愿警干涉，人民毫无自治能力，即使愿警遍设，恐亦不免流弊。民等管见及此，拟仿本市已经消灭之房产公会，而加以改进，另组一里院整理联合会。所有应兴应革诸事，无论大小里院均共同出资，自动整理，藉以养成自治基础，并与内政部订定本市自治改进大纲五条四项之规定似亦相合。惟事在初创，人才物力均感不足，故暂以自治区第三区先行试办。俟略有成效，再行扩充。倘蒙俯允，民等即为发起草定简章，进行筹备。是否之处，除分呈市政府外，理合呈请鉴核，批示祗遵，实为德便。谨呈青岛市公安局局长王。

该呈请的中心思想无疑是向市公安局乃至市政府建议，以“里院整理联合会”替代愿警，以行自治之举。对此，市政府“从善如流”，半个月后的2月22日，市政府训令公安局，准予杜凤章等人试办里院整理联合会的呈请。考虑到各区情形相似，市政府还同时准许其他各区一律办理。训令指出：各大小杂院均应一致参加，如果有的杂院心存观望不参加，该区办事处应责令其设置愿警。几天后，市公安局将该训令转发各区公安局。

根据档案记载，此前市公安局为了更有针对性地制定杂院愿警管理办法，曾对市区内杂院的房间数量进行了统计。其中，各区的各分局都绘制了各大杂院房间户数表，市公安局则据此汇总并制作了全市各区杂院房间数汇总表。其中，各区的表格涉及每个里院的院名、所处路名、房间数和户数等。有的区还详细列出了房主和经理人姓名、籍贯及住所等。篇幅原因，只照录各区情况汇总表。

调查各区杂院房屋间数一览表（1933.11）

区别	百间以上	五十间以上 百间以下	五十间以下	合计	备考
第一分局	14	51	无	65	该区 50 间以上者大都在 60 ~ 90 间
第二分局	6	35	228	269	
第三分局	1	5	无	6	最大者为 200 间以上，即东海楼
第四分局	4	11	44	59	最大者为 200 间者，计一处，为滨海里
第五分局	无	2	26	28	
第六分局	无	无	无	无	
总　计	25	104	298	427	

前文曾提到，联合办事处的第一区辖区与公安第一区相同；第二区辖区为公安第二区及第三区所辖大小港海沿一带；第三区为公安第四区。从上表可以看到，青岛的杂院的确主要集中在公安一、二、三、四分局辖境。而且，根据该表统计，全市百间以上杂院仅有 25 处。可见杜凤章等人的呈请，即便放在全市范围内也是适用的。无怪乎，这些业主的建议会被市政府接受。

市政府同意试办里院整理会的训令发布后，“设立杂院愿警”一事告一段落。此后成立的第一区里院整理会的组织简章中，曾有专门条款规定：里院整理会可酌情设置“愿警数名常川驻会协助本会办理一切事务”。但，这与最初设想的派驻杂院的愿警并不相同。虽然杂院愿警最终没有设立，但自治组织——里院整理会的确由其引发。由此看来，了解杂院愿警无疑是研究里院，尤其是研究里院整理会的必要一环。

最先成立的第二区里院整理会

里院整理会是1934年由青岛市各区市民成立的自治组织，其中，最早成立的是第二区里院整理会。该整理会成立的背景，在《从杂院愿警到里院整理会》一文中已有交代，兹不赘述。第二区里院整理会的辖区范围同第三自治区，即公安第二分局辖境全部及第三分局所辖大小港（除小港西沿外）一带，这一范围基本与联合办事处第二区辖区一致。由于各区里院整理会对应的主管官署正是各联合办事处，所以在第三自治区成立的是第二区里院整理会，而非第三区里院整理会。

因为成立最早，第二区里院整理会的很多做法都为之后成立的第一区和第三区里院整理会所效仿。甚至很多全市性的里院整理工作，亦是在该区工作基础上加以完善。该整理会管理的大致范围，是今胶济铁路线以东的市北老市区，涵盖大鲍岛北部及小鲍岛主体区域。本书《里院个案一览》一辑中的积厚里、三兴里（包括谢南章院）、同兴里、广兴里都位于该区。该区域属当年青岛经济繁荣之地。所以，对该区里院整理会予以梳理，对研究青岛市的相关历史大有裨益。

1934年2月，青岛市政府同意各区试办里院联合整理会。当月，第二区里院整理会筹备处成立，其委员会由21人组成。其中有原具呈人中的静安里业主杜凤章（即杜星北）、裕余里业主张希予、振华里业主李振清和德裕里业主王玉亭。另外，原青岛市总商会会长利庆里业主傅炳昭也是筹备处的常委会成员。

1934年4月初，第二区的里院整理会筹备工作已取得实质性进展，这主要表现为两点。其一，其在给市政府的呈请中提出：“本会内部组织系以各里院房主为单位，并非团体联合，为求名实相符起见，特将联合二字删去，定名为青岛市市区第二区里院整理会。”这一提议被市政府认可，由此各区成立的皆为里院整理会，而不再是此前呈请中的“里院整理联合会”。其二，其制定了《青岛市第二区里院整理会简章》，市政府认为其内容“大致尚可，除略加修正”。此后，第二区里院整理会根据社会局的意见完成了本区简章的修改，该简章于1934年7月被市政府准予备案，并令公安局及另两区的联合办事处“知照”。这意味着，该简章基本定下了各区里院整理会章程的大致框架和基本内容，此后其他两区的里院整理会简章皆仿照第二区稍加修改而成。1934年9月14日，市政府内字第8155号指令核准的《青岛市市第 × 区里院整理会章程》，亦在此基础上制定。其内容与《第二区里院整理会简章》几乎完全相同，唯一不同的是第二区的简章将整理会的事务所明确暂设于临淄路静安里。为减少本书的重复性内容，《青岛市市第 区里院整理会章程》将作为附录收入本书，在介绍其他区的里院整理会时，也不再详加说明。

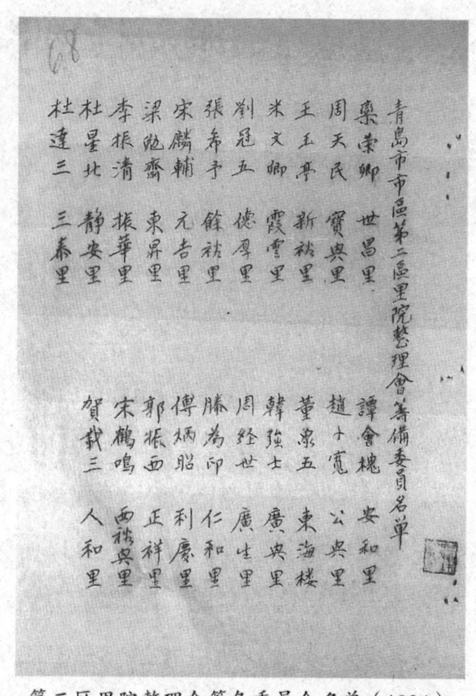
青島市市區第二區里院整理會籌備委員名單

欒棠卿 世昌里
周天民 寶興里
王玉亭 新祚里
米文卿 霞雲里
劉冠五 德厚里
張希予 餘祚里
宋麟輔 元吉里
梁勉齋 東昇里
李振清 振華里
杜星北 靜安里
杜達三 三泰里

譚會槐 安和里
趙十寬 公興里
董象五 東海樓
韓強士 廣興里
周経世 廣生里
滕為印 仁和里
傅炳昭 利慶里
郭振西 正祥里
宋鶴鳴 西祚興里
賀載三 人和里

第二区里院整理会筹备委员会名单（1934）

1934年4月29日，第二区里院整理会在黄台路市立小学校礼堂召开成立大会，这也是该会的第一次会员大会。共有108名里院业主参会，社会局、公安局、

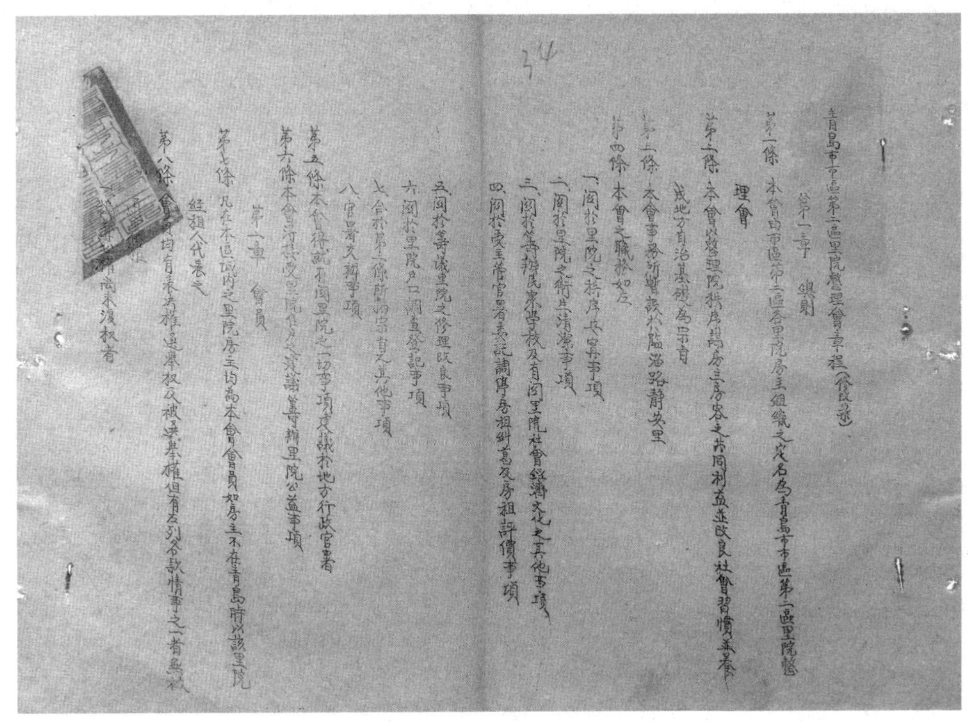

青島市市區第二區里院整理會章程（修改案）

第一章 總則

第一條 本會由市區第二區各里院房主組織之定名為青島市市區第二區里院整理會

第二條 本會以整理院務房主房客之共同利益改良社會習慣並養成地方自治基礎為宗旨

第三條 本會事務所暫設於臨淄路靜安里

第四條 本會之職務如左

一、關於里院之秩序安寧事項

二、關於里院之衛生清潔事項

三、關於籌辦民眾學校及有關里院社會經濟文化之其他事項

四、關於受主管官署委託調停房租糾葛及房租評價事項

五、關於籌議里院之修理改良事項

六、關於里院戶口調查登記事項

七、合於第二條所列宗旨之其他事項

八、官署交辦事項

第五條 本會得就有關里院之一切事項建議於地方行政官署

第六條 本會得接受里院住戶之建議籌辦里院公益事項

第二章 會員

第七條 凡在本區域內之里院房主均為本會會員如房主不在青島時以該里院經理人代表之

第八條 會員均有表決權選舉權及被選舉權但有左列各款情事之一者無被[illegible]尚未復權者

青岛市市区第二区里院整理会章程（修改案）

区联合办事处皆派代表参加。大会当场票选杜星北等 15 人为执行委员，管济堂等 5 人为监察委员。

1934 年 5 月 5 日，第一次执监委员联席会在临淄路 6 号静安里召开。当场选举杜星北、梁勉斋、韩强士三人为常务委员，并票选杜星北为主席。因傅炳昭、邢润亭相继辞职，从候补名单中递补王清斋、王玉亭为执行委员。

根据履历，杜星北属学界，毕业于济南师范学校，此前曾充内务部参事、山东省公署参议事、山东省议会议员、掖县县长等职。这些职务中，最引人关注的是掖县县长。古人称县长为百里之才，而当年的第二区方圆并无百里之大。况且，杜星北不是一个人在战斗，而是有庞大的“掖县帮”做其坚强后盾。

掖县，即今莱州，了解青岛历史的人都知道，掖县帮当年在青岛影响颇大。1930年《青岛掖县同乡会会员一览表》中已有会员65人，1946年《掖县旅青同乡会会员名册》中已有多达500余名会员。号称“刘半城”的青岛首富刘子山、长期担任青岛总商会会长的宋雨亭、电视剧《大染坊》中陈寿亭的原型阳本染织厂创始人陈孟元、岛城帽业老字号盛锡福的创始人刘锡三等，都是掖县人。作为曾经的掖县县长，杜星北自是要用那些在岛城“混得还不错”的掖县人来给自己撑门面。所以，1934年5月3日，即在召开第一次执监委员联席会之前，他曾致函宋雨亭邀请其参会。杜星北在信中说：

敝人自掖邑返青之后，本拟谢绝外事，以期休养，讵外界破产，波及琴岛。潮流所趋，自此多事。个人所建里院几有不获自主之势……遂提倡组织里院整理会……素仰台瑞德高望重，久为各界所景仰，既往同仁爱戴，即希届时出席领导为荷。

当然，作为第二区里院整理会主席，杜星北也算尽职尽责，他甚至连自己位于临淄路的静安里都“贡献”出来，作为该整理会礼堂的所在地。

1934年5月23日，第二次执监委员联席会继续在临淄路6号静安里召开。此次报告事项中有“市长来会面谕事项”，可见时任青岛市长沈鸿烈曾在此前到

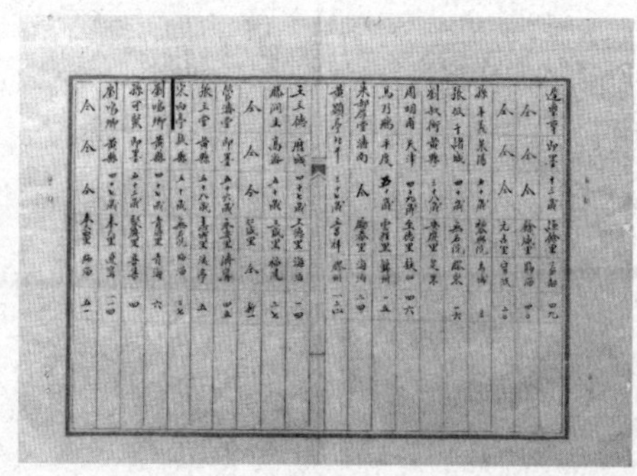
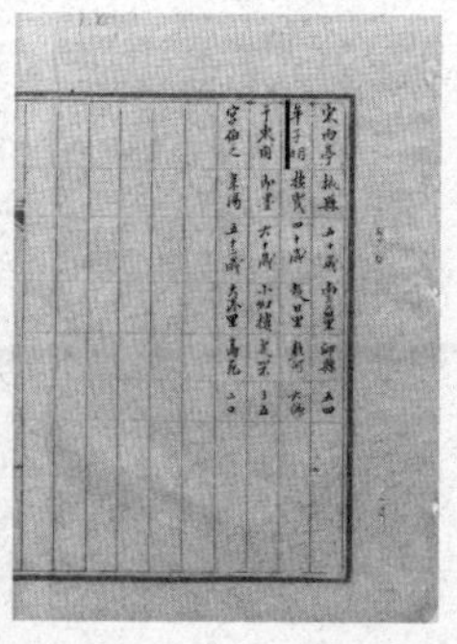

第二区里院整理会会员名册上有宋雨亭（1934）

宋雨亭

会视察并讲话。可惜没找到具体视察情况的档案，但足见青岛市政府对里院自治的重视。

1934年6月8日，该整理会将会员名册、委员履历表、职员表等呈报给第二区联合办事处，并由办事处转交社会局。兹照录部分表格如下：

青岛市市区第二区里院整理会职员姓名一览表（1934.5）

职别	姓名	年龄	籍贯	简明履历
主　席	杜星北	54	高密	详委员履历表
常务委员	梁勉斋	53	莱阳	同上
常务委员	韩强士	50	杭州市	同上
兼总务股主　任	杜星北	54	高密	同上
庶务兼会计	范怀珠	56	同上	
文牍股主任	李文卿	40	广饶	曾充山东教育厅秘书、淮河务局委员、胶澳商埠工程事务所水道科科员等职
事务员	宋麟辅	36	掖县	曾充胶济铁路货捐局潍县分局会计、乐陵禁烟分局会计主任
公益股主任	龙得海	38	同上	详委员履历表
卫生股主任	杜达山	55	济南	同上
调查股主任	李振清	51	即墨	同上
工务股主任	栾荣卿	55	同上	同上
民众教育委员会				
房租评价委员会				
房租调停文化				
附注	查本会初行开办，各股组织尚未健全，关于教育、评价、调停三委员会，尤关重大。俟组织成立时，再行呈报。合并声明			

青岛市市区第二区里院整理会执监委员履历表（1934.5）

委员别	姓名	年龄（岁）	籍贯	简明履历	当选票数
执行委员兼常务主席	杜星北	54	高密	曾充内务部参事、山东省公署参议事、山东省议会议员、掖县县长等职	77
执行委员兼常务委员	梁勉斋	53	莱阳	曾充任青岛督办公署咨议、商会董事	67
同上	韩强士	50	杭州	历办教育少年行政事务科长、局长十二年，商务五年，现任职务五年	66
执行委员	王凤岐	61	掖县	公兴和经理	61
同上	谭会槐	41	九江	青岛市第三自治区第四坊筹备主任	55
	张立堂	58	黄县	合兴利经理	50
	龙得海	38	掖县	东拓株式会社行员	48
	宋雨亭	50	同上	青岛总商会主任	43
	牟子明	40	栖霞	青岛律师公会会长、律师等职	41
	刘冠五	51	高密	高密商会主席	36
	李振清	51	即墨	曾充人力载货车同业公会董事长，港务局监视科课员	35
	刘鸣卿	47	黄县	山左银行经理	33
	刘叔衡	38	黄县	现充钱业公会执行委员	31
	王清斋	57	即墨	德诚东经理	26
	王玉亭	50	即墨	裕兴成经理	26
监察委员	管济堂	56	即墨	曾充青岛督办公署咨议，商会董事	34
	杜达三	55	济南		32
	周冠三	48	益都	曾充本市警察厅督察长、大队长、海陆军警稽查处长	22
	谭玉峰	55	潍县	山东大学讲师、同济大学教授	22
	栾荣卿	55	即墨	世昌里房东	21

从该表可以看出，整理会的职员都不是等闲之辈。当然，还有很多表中没有的信息也颇为重要，如执行委员兼常务委员之一的梁勉斋还是旅青莱阳同乡会主办人，另一执行委员兼常务委员韩强士还是明华银行副经理和青岛市繁荣促进会委员。总体看来，整个执监委配置合理，政界、商界、文化教育界都有，还有律师、金融业大咖加入。另外，也不乏自治区本身的工作人员。毋庸置疑，这些人整合起来，绝对具有较强的自治能力。

相比前文的两个表格，《青岛市市区第二区里院整理会会员名册》的信息量更大，长达 17 页的名册列出了 162 个里院的业主情况。而到了 1934 年底，其新制定的会员名册中，里院数量已增至 228 个。由于数量太大，限于篇幅，无法全部收录。

需要说明的是，这 200 多个里院，不乏一个业主拥有多处里院的情况，如执行委员兼常务委员的梁勉斋同时是裕升里和裕昌里的业主，姜子厚同时是永益里和鸿瑞和院业主，晚清遗老赵尔巽同时是介寿里、北介寿里和维兴里的业主。青岛首富刘子山拥有的里院最多，同时是天安里、东兴里、万国里、保安里、忠厚里、仁义里、洪园里、福康北里、福康南里、大生里等 10 多处里院业主，而且这还只是其在第二区的里院。

当然，最让我意外的是，看到了著名作家王统照的名字，会员名册显示他是裕德里业主。青岛有 3 处名为裕德里的里院，王统照的裕德里位于上海路与陵县路交叉路口，这里距离他观海二路的居所步行约 20 分钟。裕德里的经租人为孙乐年，法院档案中有该人与裕德里房客的房租官司卷宗。1935 年和 1937 年里院统计显示该处业主为王鸣岐，经租人为袁润之，应为登记错误。档案显示 1936 年时，孙乐年仍住在裕德里，且还跟福聚兴号打过房租官司。关于王统照为裕德里业主一事详见本书《民国文人的里院情结》一文。

完成了建章立制并确定了职员的第二区里院整理会，其工作很快步入正轨。

1934年6月15日，该会向社会局提交了初步工作计划。计划的大概内容有二，一是接下来拟进行的工作，二是当时存在的困难。

接下来拟进行的工作有两项。第一项是成立民众学校。该整理会认为民众学校关系里院整理，非常重要。原本打算办4处，但由于经费尚未确定，暂定先在本会院内筹设一处，且相关筹备工作已有端倪，不日即行开学。第二项是训练院丁。根据该整理会的调查，各里院院丁虽经由清洁队分别登记，“但顶名兼办、老弱残废，比比皆是。若不加以根本改造，清洁无人负责”。有鉴于此，该会拟招募院丁加以训练，俾使这些人有“整理清洁及明了户口之常识”。训练后的院丁将被分派各里院，大院一名，小院可酌情合伙用一名。以前虚冗院丁一律取消。院丁工资由各里院分摊，这样在房东方面负担并未增加，院丁方面则可获得温饱。

杜星北不愧出身学界，搞里院整理也是从“教育”入手。前文提到的这两项“近期拟进行的工作”，第一项是教育，第二项也是教育。该整理会在呈请中言明“以上两项系本会根本计划，非此，诸事难以进行，自治基础亦无从树立”。可见，第二区里院整理会对这两项工作非常重视。

但万事开头难，该整理会也面临诸多困难，尤其是经费困难。该区共有259处里院（除东西洋里院①），每月租金共计4.7万余元。如按1%房租缴纳会费，每月会费为470余元，尚可支持该会各项经费。但由于还有79户未曾入会，且开办四个月来，会费征收颇为困难。

据该整理会分析，会费征收困难的原因有二。其一为手续上之困难。由于各里院房主星罗棋布，散处全市，住本院者甚少。屡经催讨，仍然很难见到房主。各经租人则各种推脱敷衍，所以耗费时间却未见成效。其二，受欠租影响。“查各院欠租与日俱增，几有控不胜控之势。”由于司法部门处理房租往往力主宽大，维持穷困，这使得各住户即便不是穷困之家，也抗租不缴，致使很多房客都不履行契约，各房主“感受权利失却保障之痛苦”。

对此，该整理会提出两个解决办法。其一，经该会分配会费数目之后，呈请公安局派警察协助征收，以免推脱敷衍。其二，呈请市政府函请青岛地方法院查照，凡遇携有该会审查盖章之租房契约前往起诉案件，法院即依法迅予判决。

半个月后的7月3日，社会局在给第二区里院整理会的训令中，对该计划大加赞许，希望积极进行。此后，该计划被转呈至市政府，市政府在7月20日给社会局的训令中指出："据陈各节，均属可行，唯所称请公安局派警协助索租一节，流弊滋多，尚应从长计议。至各房主将来如有为难情事，经呈明本府，自可据情转达法院。"

1934年7月当月，第二区的民众学校在临淄路13号开办。校长由第二区里院整理会的执行委员兼常务主席杜星北兼任，教员由文牍股主任李文卿兼任。第一班学生48人，至年底前皆修业期满，考试毕业。该校附设有院丁训练班，院丁可随时培训。该校有校舍三间，日间兼做图书阅报室及民众问字处。

1934年10月20日，在锦州路新声大戏园召开第二次会员大会。共有102处里院业主参会，符合召开会员大会的条件。联合办事处和公安局皆派代表参会。会上由杜星北汇报了整理会的工作，并分发报告书及会章等。此外，会议通过了新编造的预算案。

根据该会1935年给社会局的呈报的1934年总报告书，1934年3～12月间，共有240处中国里院[②]加入第二区里院整理会会（东西洋里院未入会）。虽然该区所有里院每月房租约42437元，但由于会费并未全部收缴，所以该会开支所用仅及半数，且各常务理事，并未收取会务津贴。1934年3～12月间，该会受官署委托共计调停房租纠葛105起，均"和平终结，以息讼争"。总报告书的内容

①、② 均为当时档案中的提法。

非常丰富，除了该会理监事姓名一览表、职员姓名一览表，还有各月的经费支出计算表、收支对照表，以及历次会议记录、该会附设第一民众学校第一班学生名册、该会调停的房租纠葛案件、与院丁相关的各项规章制度等。与该会刚成立时相比，理监事和职员已经发生了变化。

青岛市市区第二区里院整理会职员姓名一览表（1935.1）

职别	姓名	年龄	籍贯	住址	经历
理事主席	杜星北	53	高密	临淄路静安里	详见理事表
常务理事	梁勉斋	53	莱阳	吴县二路裕昌	详见理事表
常务理事	韩强士	50	杭州	明华银行	详见理事表
常务监事	高子佩	43	河北	东莱银行	详见理事表
事务员	李文卿	40	广饶	临淄路静安里	山东省教育厅秘书工程事务所水道科科员
事务员	宋麟辅	33	掖县	济宁路文德里	胶济铁路货捐局卡长
调查员	于振龙	33	益都	大连路警察宿舍	青岛市公安局一等警长
兼民校校长	杜星北				
兼民校教员	李文卿				

相比之下，有些职别的说法发生了变化，如常务委员改成常务理事。在职别上增加了常务监事、民校校长及教员。同时，增加了各职员住址。细心的读者可能会发现，1934 年的表格中杜星北为 54 岁，此表中却变成了 53 岁。对此，笔者也很疑惑，因为这两个表格皆为档案照录，所以，笔者猜想，可能 1934 年表格中填写的是虚岁。《理监事姓名一览表》中，人员变化较大，如没有了王凤岐、张立堂、管济堂等人，增加了青岛蛋业同业公会主席委员毛子梁、前青岛警察厅厅长王立德、润泰经理纪毅臣等。由于该表内容较多，限于篇幅，不予收录。

虽然只有短短10个月，第二区里院整理会的工作已经取得了不俗成绩，这与它紧锣密鼓召开的诸多会议密不可分。档案显示，该整理会的第三、四、五、六、七次执监委员联席会分别在1934年6月1日、7月14日、8月1日、9月20日、10月6日召开。第一、二、三次监事会分别在1934年10月13日、11月3日、12月8日召开。第一、二、三、四、五次理监事联席会议分别在1934年10月27日、11月3日、11月17日、12月8日、12月24日召开。可见，每月都有会议召开，有时候一天召开两个不同会议，每次会议都会有针对性地讨论和解决一些问题，如里院清洁、院丁培训、解决房租纠纷、征收会费等。

1935年5月10日，该整理会召开了第三次会员大会。区办事处主任应邀参会并在会后将有关情况向社会局局长储镇做了汇报。会上，杜星北报告了该年度1～4月工作情形及收支状况。附带提案10项。具体如下：

① 通知各里院住户公推代表一人，协助办理清洁及公益案。

② 各里院应报告以前房租最高价额及最近减租情形案。

③ 本会应附设租房咨询处，以便房客房主案。

④ 筹建大连路劳工住所案。

⑤ 筹设各大里院民众补习学校案。

⑥ 筹建青海路劳工简易食堂案。

⑦ 筹办各大里院托儿所案。

⑧ 改良洋车夫宿舍案。

⑨ 里院院丁稍加工资案。

⑩ 筹措临时费补助办理公益案。

提案考虑得可谓细致周全，通过这些提案，该整理会前期所做调研及具体工作亦可见一斑。可惜由于经费不足，该会只能先试办一两项。更为可惜的是，与该整理会之后工作相关的档案，尚未发现。只在交通银行青岛分行卷宗里，发现

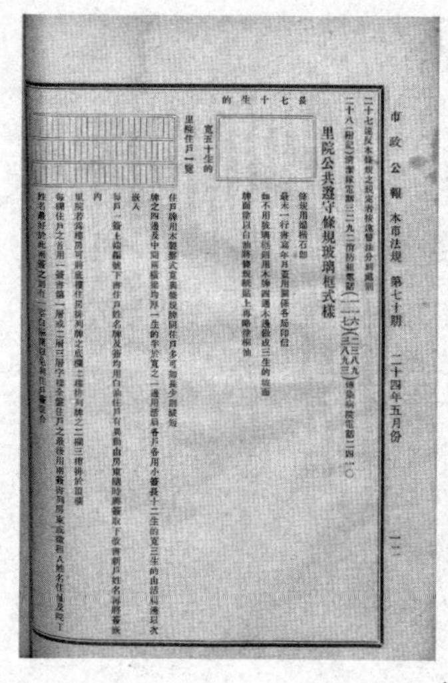

市政公報　本市法規　第七十期　二十四年五月份

里院公共遵守條規玻璃框式樣

一二

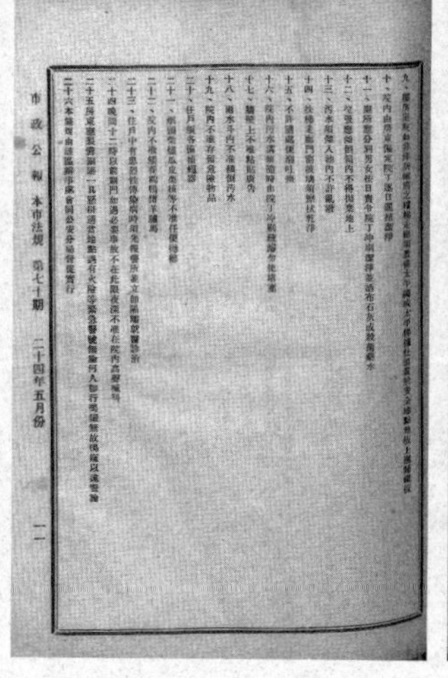

市政公報　本市法規　第七十期　二十四年五月份

一一

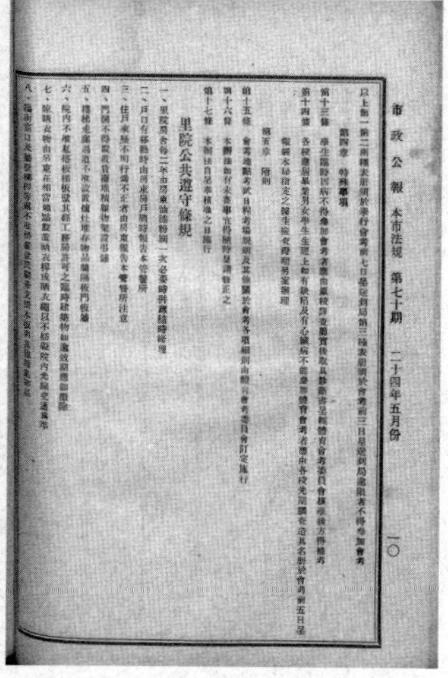

市政公報　本市法規　第七十期　二十四年五月份

里院公共遵守條規

一〇

青岛市里院公共遵守条规（1935）

有该整理会 1937 年 6 月 16 日的存折，证明该整理会其时仍在正常运转。

需要补充说明的是，1935 年 4 月，此前提出各里院应配备愿警的谭际时，受命拟订完成《里院公共遵守条规》。该条规为经社会局、公安局、工务局、财政局及各办事处讨论后修订通过。同时制定的还有安装该条规的玻璃框式样、住户牌样式等。条规共有 28 条，详见附录。玻璃框的长宽尺寸、材质、框内的字体皆有统一规定。住户牌的大小、厚度、嵌入框内的方式、牌上书写内容格式要求等，亦皆有统一要求，以期达到全市整齐划一的效果。

1935 年 5 月 13 日，上述 4 个部门联合向市政府呈报该条规。5 月 20 日，市政府训令社会局准予将该条规备案。11 月 4 日，社会局将印制好的 706 份条规发给公安局、工务局、财政局，请各部门在其上盖印。11 月 9 日，社会局以训令方式将盖有 4 个部门印章的条规及制做好的玻璃框、住户牌分发各联合办事处，并由其转发至各里院。借此，全市各里院有了应统一遵守的条规，各区里院整理会开展工作也变得“有法可依”起来。

管辖范围最大的第一区里院整理会

里院整理会是1934年由青岛市各区市民成立的自治组织，其中第一区里院整理会管辖范围最大。与第二区和第三区只管辖一个自治区不同，第一区里院整理会的管辖范围包括第一、第二两个自治区。其中，第一自治区主要为今天的台西镇和小港附近。第二自治区基本为今胶济铁路以东的原市南老市区，包括青岛湾、汇泉湾、太平湾北部沿岸地区，及大鲍岛南部。这些区域是当年青岛政商及文化界人士聚集地，风景优美，经济繁荣。

第一区里院整理会的筹备时间较第二区稍晚。第二区里院整理会的筹备始于1934年2月，第一区的筹备始于3月份。1934年3月5日，第一区联合办事处普发通知给区内100间以上杂院房东。根据该通知，第一区界内有大小杂院200余处，统计每年发生纠纷案件多至1000余起。此外，如清洁卫生私娼烟赌种种社会病态颇有愈演愈烈情形。长此以往，则主客双方俱将受莫大之损失。有鉴于此，该办事处曾建议政府奉准指导组织杂院公益会，以期主客合作，共谋双方利益。并打算于1934年3月6日召集100间以上杂院房东，在中山路总商会礼堂开会，一来劝各杂院设立愿警，二来会商组织杂院公益会的办法。这里会商组织的“杂院公益会”即之后成立的里院整理会。

1934年7月1日，第一区里院整理会成立大会在嘉祥路的第一自治区区公所大礼堂召开。这比第二区里院整理会的成立时间——1934年4月29日，晚了

中山路总商会旧影（杨明海提供）

2个多月。共有195位里院业主及代表人出席、第一二两自治区公所职员及第一市区联合办事处职员都列席了会议。会议主席为第一区联合办事处主任楼际霄。会议内容非常丰富，不妨摘录如下：

甲 报告事项

一、主席报告开会宗旨

二、里院整理会筹备委员刘子儒报告筹备经过情形：

① 本市区各里院为谋共同利益起见，商承第一办事处组织杂院公益会于本年3月6日在民众教育馆召集大会，出席本区各里院代表153人，决定推举代表13人组成筹备委员会筹备进行。

② 筹备委员会系用通信选举办法选出傅炳昭、刘子儒等13人，于本年4月18日在第一自治区公所召集第一次筹备会议，并起草本会章程。又因本市第二

市区已经成立里院整理会，经市政府核准并选奉市长面谕，催本区亦应早日成立里院整理会，积极进行。

③ 本会章程起草完竣，遂于本年6月22日召集第二次成立大会，日期为本年7月1日。

附带报告本会章程，系比照第二市区里院整理会已经市政府核准之章程起草，并于第二次筹备时，决定本会临时费应取节省主义，极力减轻大家负担。

乙 社会局、公安局代表先后致辞。

丙 讨论事项

① 逐条通过里院简章草案。

② 决议临时商定每里院出洋一元。

丁 指派选举管理员

戊 选举情况

公推林耕余等15人为执行委员，丁敬臣等5人为候补执行委员。刘子山等5人为监察委员。刘凤鸣等2人为候补监察委员。

1934年7月4日，该整理会的第一次执行委员会在第一区联合办事处礼堂召开。公推林耕余、刘子儒、吴新民3人为常务委员。讨论下一步开展里院整理的进行方针，并通过提案数项。

至此该整理会的第一批职员基本确定，具体如下：

青岛市市区第一区里院整理会执监委员姓名单

执行委员

刘子儒　李开三　郭善堂　李瑞亭　于和亭　王子久　韩强士　王尽臣　郭贵堂　汪锡番　徐子才　吴新民　毛文澄　林耕余　王春亭

候补执行委员

丁敬臣　孙翰臣　王作恭　李少堂　谭会槐

监察委员

刘子山　李维才　王书堂　傅敬之　王召麟

候补监察委员

刘凤鸣　陈崇珍

第一区里院整理会常务委员姓名单

刘子儒　林耕余　吴新民

在介绍该区里院整理会时，有必要说明一点，即里院整理不是官方或民间可以单方面完成的。里院整理工作的主角1933年之前是市政部门，1934年之后换成了民间自治力量。但1934年之后，在各区里院整理会的工作中，市政部门从未缺席，这一点在第一区表现得尤为明显。

1934年7月7日，第一区联合办事处向社会局呈报《第一区视察杂院取缔改良事项表》，表中“一个也不少”地列出了每一个里院的情况。此前，该办事处曾会同公安分局实施全体里院检查，并整理所有应取缔改良事项。整改办法分立时、限期两种，已挨家挨户清楚告知各里院。之后，有关部门又按期进行了复查，发现云南路、河南路、江宁路等各里院，其临近限期各项，多已遵办。《第一区视察杂院取缔改良事项表》就是第三次复查后的情况汇总。该表多达50余页，限于篇幅，本文仅摘录几个里院情况如下：

第一区联合办事处视察杂院取缔改良事项表（摘录）

路名	里名	院内情形	取缔事项	改良事项	附记
濮县路	百禄里	院内尚洁	板围墙内堆置乱木，当令搬拆	污水坑深而无盖，极危险，限克日修好	乱木整理。太平绳已设
汶上路	慎余里	木走廊	住户由窗通烟筒，令拆	木走廊改防火材料	太平绳已设

续 表

路名	里名	院内情形	取缔事项	改良事项	附记
广州路	宝祥里	木楼梯三；院内甚脏	理发馆后门堆置乱物；院中有小席棚，住苦力一家；均令即拆换	垃圾箱令即修盖	太平绳已设
南村路	吉庆里	院内小破砖房一；全部房屋破旧，宜修	院内住户门外板壁，限即拆。厕所门破，饬即修	水落管、雨水流残缺，令速修	太平绳已设
江宁路	万安里	尚属清洁	取缔楼廊堆存家具及火炉等	垃圾箱破坏，应令修换；院内饭铺木板门应令拆除；门洞小铺令迁移	院丁日来一次；太平绳已设
河南路	尚义里	该院楼底正在改修	院内存放木箱，应令除去	男女厕所各一处，应修木门	院内设有私塾一处，学生十余人。太平绳已设
芝罘路	安庆里	污秽破旧，应速翻修	院内小破板房四处，走廊板门均限三日拆	厕所在过道，无门，男女不分；垃圾箱无盖。饬速修改	板房板门均拆除，厕所已改修，太平绳已设

虽然表中只列出了7个里院，但管中窥豹，可见一斑，从中不难感受到第一区里院整理会须解决问题之复杂与繁多。同时，也不难看出，表中列举的情形，如果只靠各区里院整理会来调研或催促各里院进行整改，其力量还是有限的。跟第二区一样，为了解决该区里院存在的问题，该整理会也开始了紧锣密鼓的工作，从7月16日至8月28日，该整理会召开了4次执监联席会议。据1934年9月该整理会的呈报，该区264所杂院的“第五次全体检查已完毕，所有应行取缔改良事项，已分别列表”。该区呈社会局的列表包括已拆板房表、已迁门洞表、已拆板门和板壁表等。仅照录统计表如下，从中可以看到，很多应办事宜仍未完成。

青岛市第一区联合办事处整理里院情形统计表

事项	应办总数	已办	备注
取缔门洞摊商	66	22	44
拆除木板房	108	65	43
拆除板壁板门	184	120	64
改良厕所	64	21	43
改良楼梯	19	5	14
改良走廊	14		14
拆除树枝围墙	18	12	6

从1934年10月至1935年4月，第一区里院整理会共召开16次理监事联席会议，其间还召开了两次会员大会。事实上，第一区里院整理会的工作不是很顺利，到1934年11月仍有34个里院不肯入会。为此，整理会不得不将这些里院的名单呈报第一区联合办事处，请转呈社会局，并由社会局转函公安局，请公安局责令这些不肯入会的里院设置愿警。

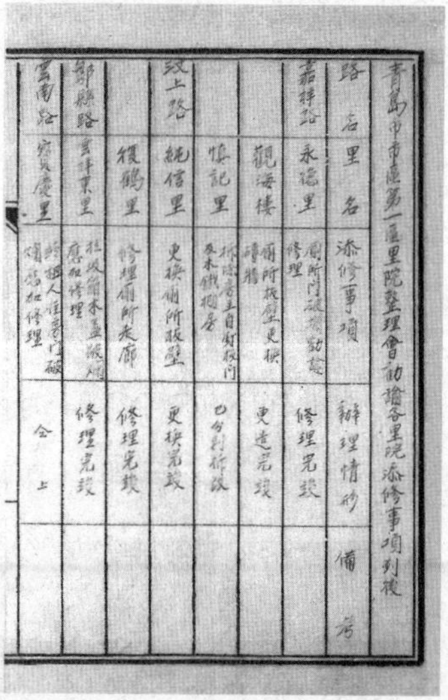

同时，已入会里院的会费收取也不顺利。1934年12月8日，第一区里院整理会通知各里院在10日内填写里院房租调查表。根据该通知：

查青市近年已商业萧条、经济枯竭、物价无不狂跌，即以本市各里院房价一项而言，亦均迭次自动减租，以适合住户之需要。但一般刁赖房客，借口××，房租任意拖欠之情事，仍不时发生，致各房主反以有房产为恨事。此种欠租恶习，实有待于彻底之改革。兹本会奉谕调查各里院每

青岛市第一区里院整理会劝谕各里院添修事项列表（1934）

月房租收入及欠租情形，特制定成里院房租调查表，分发各里院。望各里院据实填写，10日内送交来会，以便汇报市政当局，俾可从事设法救济。

通知的语气明显是站在业主立场，本着为业主解决问题为目的。事实上，只有弄清楚各里院的房租情况，里院整理会才能按比例收会费。而只有收取了会费，整理会才能着手帮忙解决欠租问题。这一步步也算是环环相扣。房租调查表设计得非常详细，兹照录乾坤里的填报内容如下：

青岛市市区第一区里院整理会里院房租调查表之乾坤里

青岛市市区第一区里院整理会里院房租调查表		
路名		城武路
里名		乾坤里
区别		第一区
间数		六十九间
租权金		二十四元一角六分
建筑费（包含追产费）		约计壹万伍仟元
每月平均费用	应缴地租额	十三元零八分
	应缴卫生费	九元六角八分
	经租人及院丁生活费	由红卍字会庶务股经管收租院丁每月津贴八元
	修理费、设备费	十五元
	杂费	七元
	共计	五十二元七角六分
以前每月应收房租		大洋贰伯拾元
现在每月应收房租		自本年六月一日自行减租后实收大洋一百七十元
比较	增	
	减	四十元
每月平均欠租		拾玖元
备考		内有十间归本会治疗所小学校占用，合并声明。
说明		区别栏内系填明里院所在地系最繁荣区、繁荣区或商业区或住区

与乾坤里一样，其他里院也填报了这一表格，而第一区里院整理会通过整理所有表格，形成该区里院自动减租一览表，节选如下：

第一区里院自动减租情形一览表（节选）（单位：元）

路名	里名	从前每月应收房租	现在每月应收房租	每月各项总支	备考
云南路	平康四里	671	581	188.4	每月平均欠租200余
汶上路	慎余里	180	156	58.4	每月平均欠租30
城武路	乾坤里	210	170	52.7	每月平均欠租20
芝罘路	云承里	500	400	126	每月平均欠租100
四川路	福海里	200	130	50	每月平均欠租50
河南路	昆明里	450	330	164.1	每月平均欠租60
黄岛路	宝兴里	340	300	88.4	每月平均欠租50

以上只是节选部分里院减租情况。从完整的统计表看，大多数里院都实行了减租，力度也比较大，基本都在10%以上，但大多数里院仍面临欠租问题。

根据档案，该会自1934年12月至1935年2月底调停纠纷案件多达50件。其中多为住户欠租案，一般的处理结果为住户补齐所欠房租。如石村路永泰里房主孙立恩声请：本里某住户欠租八个月，计60元，请追讨。经整理会调停，该住户认可每月租价为七元五角，照付不欠。双方满意，立有调停书。也有以住户不缴欠租但迁走来处理的，如云南路同胜里经租人徐滋中声请：某住户欠租43元，屡催不交，原因是租价不清，所以住户有意抵抗。后经整理会调停，房主表示愿牺牲欠租，但住户须迁移，调停结果是住户于年底前迁走。事实上，这样的调停工作，是各区里院整理会的日常。

1935年4月，该会第16次理监事联席会议通过“改善房客迁居手续，以免纠纷案”，其具体办法有二：① 住户须找保；② 主户须携带订定之合同来会，以便审查，免除不良分子顶名租房，搅扰公共安宁秩序。同时，议决“设备本区里院空房公共招租牌，以便租户而资整齐案”。设立地点为该会门口。不知道这一点是否该区特点，至少笔者在另外两区的档案中没有看到。

1935年5月，青岛市政府重划市乡区域并改定名称。市区划为8区，即东镇、西镇、大港、小港、海滨、浮山、四方和沧口。其中，第一区划分为西镇和海滨两区，这使得第一区里院整理会对应的主管官署成了青岛市西镇区建设办事处和青岛市海滨区建设办事处。所以，同样的事，整理会得分别向两个办事处汇报，档案中也常常会看到两个办事处向社会局汇报同样的情况。当然，市政府的批复或训令，社会局也得分别发给两个区的办事处，这两个区再将同样的“指示”发给第一区里院整理会。这意味着，相关的很多部门或组织，尤其是第一区里院整理会的工作较其他两区增加了很多。

1935年8月7日，第一区里院整理会在西镇区建设办事处大礼堂召开第四次会员大会。出席会员91人，社会局、公安局和办事处代表列席。会上讨论事项之一，即：“市区第一区联合办事处原有区界，现已划分为西镇、海滨两区。本会是否亦应按照新划办事处区界重行改组为两个里院整理会。”讨论结果为，暂时不分设。

相比之下，第一区里院整理会1935年的档案较第二区多了很多，从中我们可以得知该整理会的很多工作细节，也会发现该整理会的一些独到之处。当然，该区整理会1935年的工作，也能多多少少能折射出第二区1935年的工作，也算是给第二区那篇文章“补缺”。不仅如此，档案显示，第一区里院整理会的工作在1936年还在持续，如该年7月20日召开了第五次会员大会，并同时举行理监事改选。

档案中还有两份该整理会1937年发给各里院业主的通知。一份是1937年4月1日奉市长面谕，通知那些“外墙皮污秽蚀落及房屋陈旧破坏”的各里院“从速分别粉刷修整，以重公共清洁安全”。另一份是 1937 年 4 月 24 日，第一区里院整理会为防止春瘟，拟定了一份《里院大扫除办法》，并普发各里院。该办法共有 13 条，其中前 7 条都是对院丁工作的规定，第 8 条是清洁队的工作，第 9 条是该会消毒组的工作。第 10－11 条是对院丁的罚则。第 12－13 条为补充条款。总体上看，就是先由院丁清扫，再由清洁队运走垃圾，最后由消毒组在厕所、垃圾箱、污水池等污秽场所施行消毒，消毒方式为撒放石灰、石炭酸、防疫药水等消毒品。

1937 年 4 月 24 日这份档案，是笔者目前能找到有关里院整理会的最晚档案。据此推测，其他两区的整理会其时应该也在运转。只是看不到相关档案，所以不敢妄下断言。

区长亲自挂帅的第三区里院整理会

1934年，青岛市先后成立了3个以区为单位的里院整理会。其中，第三区里院整理会成立最晚。该区所对应的区域与公安第四分局、自治区第四区、联合办事处第三区相同，基本覆盖今台东一带。1935年青岛市政府重划市乡区域后，该区改名为东镇区。虽然成立最晚，但该区里院整理会的工作“起步晚，起点高”。究其原因，一是因为成立晚，有机会吸取其他两区的经验；二是该区里院数量较其他两区少，其他两区皆200余处，该区仅100余处，所以管理难度小；三是该区整理会由区长亲自挂帅，得到了自治区公所的大力支持。

1934年7月17日，第三区里院整理会在东镇商业舞台召开成立大会。这一成立时间，比第二区晚了近50天，比第一区晚了半个多月。共有183人出席大会，缺席77人，办事处主任张锡宾和公安局第四分局局长凌汉列席。临时主席为袁玉显。会上公布了整理会职员的选举结果：

执行委员：徐尊五135票，袁玉显134票，张紫苑128票，刘悦臣119票，杨玉廷116票，孙华圃114票，杜金城99票，纪书庭99票，张昭五95票，黄献廷91票，邹锡恩79票，于光宗76票，陈升旭74票，王臣川73票，郝志德67票。

候补执行委员：任占奎58票，贾玉波58票，王瑞甫57票 胡俊臣46票，于岷山30票。

监察委员：杨希圣 42 票，李殿臣 32 票，于心民 31 票，李维山 28 票，纪友云 25 票。

候补监察委员：孙眉山 74 票，杨海山 24 票。

1934 年 7 月 19 日，该会召开第一次执行委员会，互推常务委员。票选结果为袁玉显当选常务主席，张紫苑、徐尊五当选常务委员。决定会址暂设区公所会议室。不过，几天后的 7 月 24 日召开第二次执行委员会时，常务委员徐尊五以个人事务繁冗恳请辞去常务委员。里院整理会刚刚成立，就有常务委员请辞，这多少有些让人出乎意料。不过，鉴于此时第一、第二区里院整理会皆已成立，且其职员的繁忙程度已不是秘密，所以徐尊五的请辞也算情理之中。

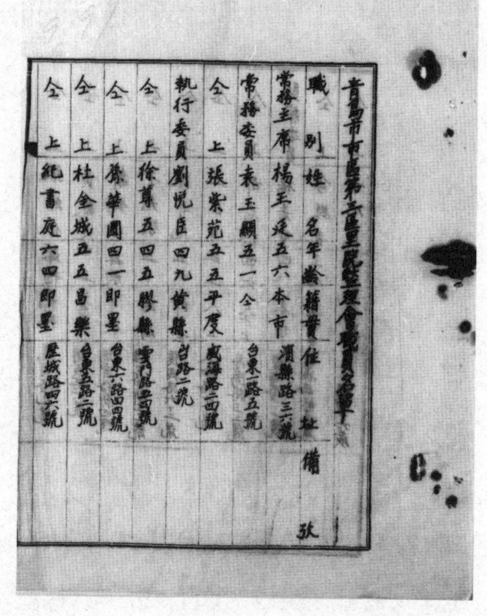

青島市市區第三區里院整理會職員名單

職別	姓名	年齡	籍貫	住址	備考
常務主席	楊玉廷	五六	本市	濰縣路三六號	
常務委員	袁玉顯	五一	仝	台東一路五號	
仝上	張紫苑	五五	平度	威海路二四號	
執行委員	劉悦臣	四九	黄縣	台路二號	
仝上	徐尊五	四五	掖縣	雲門路二四號	
仝上	孫華圃	四一	即墨	台東六路四四號	
仝上	杜金城	五五	昌樂	台東五路二號	
仝上	紀書庭	六四	即墨	歷城路四六號	

青岛市第三区里院整理会职员名单（1934）

该区里院整理会的开会节奏明显慢于其他两区，从 1934 年 8 月 9 日的第三次执监委员联席会议开始，基本是一个月一次会议。10 月 16 日的第六次执监委员会联席会议，重新推选了该整理会职员。推选杨玉廷、刘悦臣、孙华圃为常务理事。其中，杨玉廷为主席理事。杨希圣当选常委监事。奉社会局令，此时已将执行委员改为理事、监察委员改为监事。兹照录 1934 年 11 月上报的该区职员表如下：

青岛市市区第三区里院整理会职员名册

职别	姓名	年龄	籍贯	住址
主席理事	杨玉廷	56	本市	滨县路36号
常务理事	刘悦臣	49	黄县	山口路2号
常务理事	孙华圃	41	即墨	台东六路44号
理事	袁玉显	51	本市	台东一路5号
	张紫苑	55	平度	威海路24号
	徐尊五	45	胶县	云门路54号
	杜金城	55	昌乐	台东五路2号
	纪书庭	64	即墨	历城路46号
	张绍伍	55	莱阳	昆明路9号
	黄献廷	45	河北	诸城路6号
	邹锡恩	51	沂水	瑞云路新4号
	于光宗	30	临淄	潍口路新31号
	陈升旭	56	即墨	顺兴路62号
	王巨川	53	即墨	人和路11号
	郝志德	46	即墨	丹阳路32号
常务监事	杨希圣	48	本市	威海路111号
监事	李殿臣	38	辽宁	顺兴路新13号
	于心民	42	平度	太平镇46号
	李维山	66	安徽	台东三路34号
	纪友云	53	胶县	昆明路52号
候补理事	任占魁	58	即墨	台东八路2号
	贾玉波	54	河北	利津路新8号

续表

职别	姓名	年龄	籍贯	住址
候补理事	王瑞甫	40	高密	威海路 28 号
	胡俊臣	45	胶县	新民路 1 号
	于岷山	45	昌邑	台东六路 12 号
候补监事	孙眉山	56	即墨	太平镇 100 号
	杨海山	57	荣城	台东三路 64 号

如果说，第二区里院整理会是“掖县帮”在主导，那么第三区里院整理会则是第四自治区的领导班子在主导。为了说明问题，不妨列出 1933 年第四区 5 名区董的情况如下：

第四区里院整理会董事信息简表

姓名	年龄	籍贯	职业	住址	备注
杨玉廷	55 岁	青岛	商	滨县路 36 号	第四区区长
刘悦臣	48 岁	黄县	商	山口路 17 号	第四区区董
杨详亭	52 岁	青岛	商	丹阳路 75 号	同上
张紫苑	54 岁	平度	商	威海路 14 号	同上
孙华圃	40 岁	即墨	商	台东六路 44 号	同上

上表中的区长杨玉廷即整理会的主席理事，区董刘悦臣、孙华圃为整理会的常务理事，区董张紫苑为整理会的理事。这样的班子，其自治能力之强不言而喻。第三区相较于其他两区，最大特点之一是会议较少，尤其是杨玉廷担任主席后，整理会的开会节奏明显慢了下来，几乎又过了 4 个月，才召开了下一次理事会。之后又过了两个月，又召开了一次理事会议。虽然会议不多，但整理会的工作推

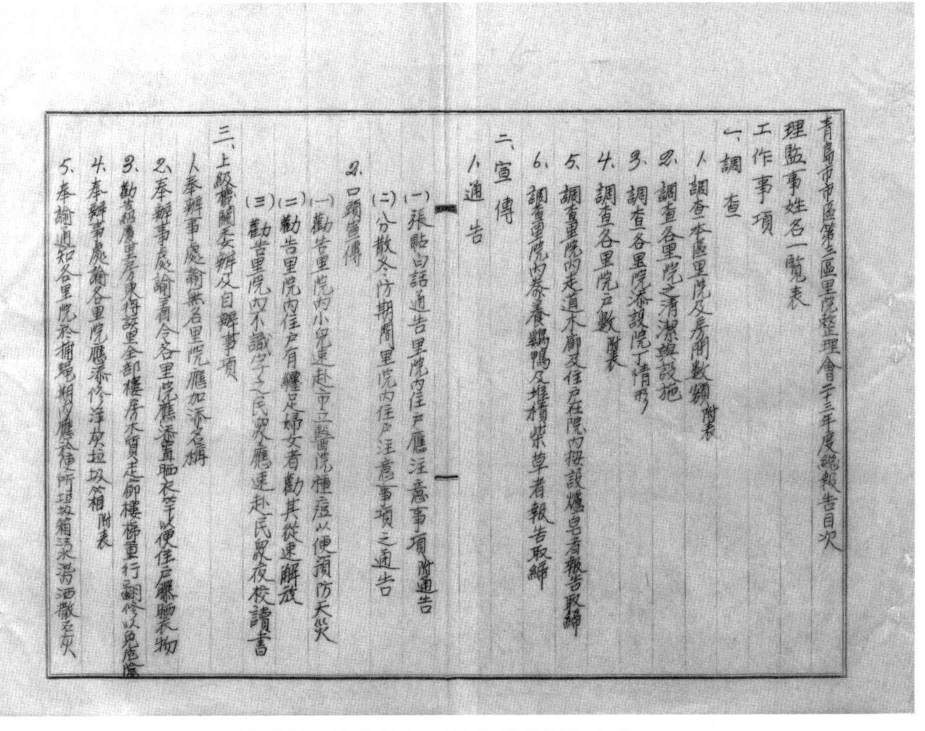

青島市市區第三區里院整理會二十三年度總報告目次

理監事姓名一覽表

工作事項

一、調查

1. 調查本區里院及房間數額 附表
2. 調查各里院之清潔與設施
3. 調查各里院添設院丁情形
4. 調查各里院戶數 附表
5. 調查里院內走道木廊及住戶在院內擅設爐灶者報告取締
6. 調查里院內豢養雞鴨及堆積柴草者報告取締

二、宣傳

1. 通告

(一)張貼白話通告里院內住戶應注意事項 附通告

(二)分散冬防期間里院內住戶注意事項之通告

2. 口頭宣傳

(一)勸告里院內小兒速赴市立醫院種痘以便預防天災

(二)勸告里院內住戶有纏足婦女者勸其從速解放

(三)勸告里院內不識字之民眾應速赴民眾夜校讀書

三、上級機關委辦及自辦事項

1. 奉辦事處諭無名里院應加添名稱
2. 奉辦事處諭責令各里院應添置曬衣竿以便住戶曬晒衣物
3. 勸告各房東將該里全部樓房木質走廊樓梯重行翻修以免危險
4. 奉辦事處諭各里院應添修洋灰垃圾公箱 附表
5. 奉諭通知各里院於捕蠅期內應於便所垃圾箱注水洒撒石灰

第三区里院整理会 1934 年度总报告目录

进非常顺利。这一点在该区“1934 年 7 月至 1935 年 6 月”的年度报告中，表现得尤为明显。

用今天评判公文的标准，该整理会的年度报告应该是领导最喜欢看的那种。第二区的报告书，主要罗列了该整理会各月的财务收支情况及整理会职员情况。第一区工作报告则几乎一事一句地高度概括该整理会的每一项工作。而第三整理会，一方面将自己一年多的工作进行了高度分类概括，另一方面对每一项工作有具体阐述。所有工作，让人一目了然。

事实上，该区整理会的档案数量相比其他两区是最少的，基本集中在 1934

下半年至1935上半年。就笔者的个人感受，看第二区的档案总会有纷乱之感，很多事都得通过多份档案比对梳理；看第一区的档案则有繁多之感，落笔时常不知如何取舍；而看第三区的档案却清清爽爽，毫不费力就能获取很多有用信息。

根据该区“1934年7月至1935年6月”的年度报告，该整理会在这一年的工作有3项：调查工作、宣传工作、为上级机关委托办理及自办事项。

第一项为调查工作，主要有6个方面，具体工作如下：

第一，调查本区里院及房间数额。

该区里院共104处（其中38院尚未报名入会），房屋共计4947间。相比其他两区皆200余个里院，第三区的里院数量少了一半以上。在该区会员名单中又看到了刘子山的名字，可见其在东镇也有里院资产。台东三路78号的东华城里即在其名下，有房屋78间。人和路36号顺和里也在其名下，有房屋93间。威海路9号的威海里，业主为东莱银行，有房屋80间，其实也可以算在其名下。由此不难看出，刘子山名下的里院都比较大。至此，刘子山在青岛市拥有的里院已遍布台西镇、大鲍岛及台东镇等处。姑且不论刘子山的其他资产有多少，单单能同时拥有这么多里院，已足以配得上他“刘半城”的称号。整理会理事兼该自治区区董的张紫苑也拥有多处里院，包括沈阳路1号的顺兴南里，大名路144号的云门里。前者有房屋130间，后者有房屋48间。青岛总商会会长宋雨亭是该区滨县路30号致祥里的业主，该里院有房屋50间。

第二，调查各里院之清洁与设施。

该整理会每月都会至少两次派员调查区内各里院的清洁情况及所有设施。如果发现里院内有“应兴应革”事项，也会随时劝导或取缔之。

第三，调查各里院添设院丁情形。

整体看来，该区里院普遍较小且简陋，租户也不多，所以房租收入也不高。这使得大多数里院并无专门负责打扫的院丁。院内清洁往往交由院内某住户代办，院丁津贴亦发给此人。不过，这种住户兼代的院丁，往往比较松懈，所以清洁效果不佳。为注重院内清洁起见，整理会决定调查该区各里院内人数多寡后，令各里院或独立添设院丁，或数院联合添雇一名院丁。

第四，调查各里院户数。

与大鲍岛和台西镇里院密密麻麻布局有所不同，东镇区属于“地广院稀”状态。区内里院散布各处，院内住户良莠不齐。为安全起见，该整理会派员调查各里院时，对院内住户都会非常注意，一旦遇有形迹可疑之人，即刻报告办事处或公安分局予以严密取缔。

第五，调查各里院内走道、木廊及住户在院内按炉灶情况。

这属于整理会的日常工作，即整理会随时派员调查各里院，如发现走道或木廊有危险，则随时要求整改。如发现有在院内安装炉灶者，则即刻取缔。

第六，调查里院内豢养鸡鸭及堆积柴草情况。

由于该区里院内的多数住户为劳工苦力，每逢春夏之交，随意豢养的鸡鸭等家禽常常被放置院中，这些家禽或者到处爬拉垃圾，或者到处粪便，严重影响了院内卫生。为此，整理会经常派人劝告禁养鸡鸭。同时，令各里院住户在一定地点整齐存放柴草。如有不听劝告者，整理会即上报办事处，予以及时取缔。

第二项为宣传工作，主要有两个方面，具体工作如下：

第一为发布通告，主要发布了两类通告。

第一类为白话通告，张贴于各里院门洞，主要是通告里院内住户应注意事项。通告内容较为丰富，且确为当年的大白话，不妨照录一段通告如下：

因为里院为多数人住户的集合体，如果住户不知清洁卫生，任意抛弃秽物，随便倾倒污水，大小便不到一定的处所，那院里一定是臭味熏溢，狼藉不堪，专靠院丁打扫，亦恐来不及吧。一旦疫疠发生，传染及人，试想还不是院内住户先遭殃吗！……公共卫生全赖公共维持。维持的方法，只由个人卫生做起……不要妨害其他住户公共清洁卫生。

该区曾在通告中，公布了里院住户应注意的7个事项，即：

① 污水须倾倒入污水池或污水溜或污水桶，不得撒泼地上。

② 便溺须至厕所一定地点。儿童便溺，为家长者应随时注意扫除。

③ 垃圾秽物腐菜果皮须抛弃于垃圾箱内，不得向箱外乱扬。

④ 走廊过道不许堆置柴草及安设炉灶。

⑤ 住户门前应自行扫除洁净。

⑥ 住户自备之秽物污水桶应随时扫除，不得存贮秽物污水。

⑦ 院中安宁秩序须公共努力维持。

第二类为散发冬防期间里院内住户注意事项之通告，兹不赘述。

第二为开展口头宣传，这项工作主要有以下3项：

① 劝告里院内小儿速赴市立医院种痘，以便预防天灾。

② 劝告里院内住户有缠足妇女者，劝其从速解放。

③ 劝告里院内不识字之民众应速赴民众夜校读书。

第三项工作为上级机关委托办理及自办事项，这项工作内容非常丰富，具体内容如下：

① 奉办事处谕无名里院应加添名称。

事实上，无名里院各区都存在，该区只有少数里院未起名。但该整理会奉谕后，立即通知各未起名之里院一律从速添加名称，并由该会定制长方木牌代书钉于里院门洞上方以昭整齐划一。根据里院名来看，该区很多里院名多以路名命名，不知是否因很多里院急于起名，来不及斟酌，索性以路名来命名院名。

② 奉办事处谕着令各里院应添置晒衣杆以便住户曝晒被褥衣物。

该区各里院多无晒衣竿，住户多随意拉绳窗上，或钉钉墙上，不但有碍观瞻，且妨碍交通。该整理会奉谕后，提交第五次执监联会议决，所有该区各里院应设置之晾衣杆由该会负责包工，相度地点，代为安设，以昭划一。所需款项由各里院按照需用材料多寡分担。

③ 劝告绍庆里房东将该里全部楼房木质走廊楼梯重行翻修以免危险。

该整理会将该事通知房东马永山后，该房东已将楼梯全部改为洋灰铁筋质。

④ 奉办事处谕各里院应添修洋灰垃圾箱。

该区有 104 处里院，有原设洋灰垃圾箱者 26 处，木质垃圾箱者 49 处，未设置垃圾箱者 29 处。或有洋灰垃圾箱者亦多破烂不堪、残缺不齐，有碍观瞻。奉谕后，该整理会即分别通知速修，并不时派员抽查督促，已大致修竣。

⑤ 奉谕通知各里院于捕蝇期内应于便所垃圾箱污水池内洒撒石灰。

⑥ 奉谕修理各路垃圾箱。

⑦ 购办暑药分散各里院住户以防疫疠。

⑧ 会同工务局派员调查各杂院上下水道设备。

⑨ 会同财政局及办事处派员调查德管时代领租公地各户经济状况。

⑩ 参加办事处调解有关里院房租纠纷事项 44 起。

该区里院的欠租者多系小贩、工人、苦力，有欠租数月者或有累年者。分析这些人的欠租原因，只有很少数故意赖租，大多皆因“经济不振工作时辍，收入减少衣食且不能顾及”，所以对于房租，也只能一味延宕。这才造成了诸多房租纠纷，申请调解者每月必数起。该区办事处接到此类案件，多立即知照该整理会理事参酌情况，予以调解。调解结果，十之八九为房东让免欠租且房客被限期迁出，房客继续居住或每月代还者甚少。总之，务必使主客双方同意了结，避免引起无谓之诉讼官司。

事实上，当年青岛各区里院的问题多大同小异，相应地，各区里院整理会成立后，基本全市的“里院整理”步骤是一致的，尤其是“上级机关委托办理事项”，各区基本无异。笔者在看另外两区整理会的工作时，常常会有“理还乱”之感，看罢第三区的年度工作报告，很多事有了豁然开朗的感觉。从某种意义上，了解了第三区的工作，也就了解了其他两区的工作。

由于第三区里院整理会的档案较少，该整理会之后工作本文不再介绍。概言之，如果说第二区里院整理会的工作是在摸索中开始、第一区的工作则是在模仿中开始，而第三区无疑是在照搬中开始。虽然三个区的工作各有特点，但通过这三个区的工作，我们能感受到当年青岛里院自治的基本面貌，能够感受到“自治”本身在里院整理工作中发挥了重要而巨大的作用。

1930年代的青岛“里院整理”是一盘大棋。前半盘的主角是改善杂院委员会，接下来的后半盘主要看各区里院整理会的表现。遗憾的是，由于史料不足，我们无法完全了解各区里院整理会的情况。但有一点可以确定，即随着青岛再次被日本侵占，很多“里院整理”的举措未及实施，这使得“里院整理”成了一盘没有下完的大棋。

绕不开的里院人物

逊清遗老与青岛里院

1911年，辛亥革命爆发。彼时青岛仍处在德国殖民统治之下，此种既属中国领土、又不受中国政府直接管辖的租借地，一时间被逊清遗老们视为躲避革命的“世外桃源”。纷至沓来的遗老们不乏身份显赫者，如恭亲王溥伟、陕甘总督升允、内阁协理徐世昌、邮传部大臣盛宣怀、军机大臣吴郁生、铁路大臣吕海寰、法部侍郎王垿、京师大学堂监督刘廷琛、两江总督（曾任山东巡抚）周馥、东三省总督赵尔巽、云贵总督李经羲、两广总督岑春煊、直隶提学使劳乃宣等。至于各府、州、县级官员，则不胜枚举。遗老们一到青岛，便与里院产生了千丝万缕的联系，有的成了里院业主，有的成了光顾各里院商号的常客，他们在青岛各里院留下的足迹，给这个城市留下了一抹独特的夕阳晚照。

寓青时间最长的吴郁生

吴郁生（1854～1940），江苏吴县（今苏州市）人。字蔚若，号钟斋、钝斋，晚号钝叟。清光绪三年（1877）进士，授翰林院编修，擢侍讲学士，曾任广东和浙江副考官、邮传部尚书、军机大臣等职。辛亥革命后，吴郁生避居青岛，1940年病故于青岛，卒年87岁，是逊清遗老中寓青时间最长之人。

初到青岛，遗老们出于安全考虑，多在靠近胶澳巡捕房(今青岛市公安局驻地)的宁阳路一带购地筑宅，过去老百姓把宁阳路叫做“赃官巷”。法部侍郎王垿等人因不愿听“赃官巷”的恶名而迁居他处，吴郁生却终生居住于此。吴郁生的私宅距警察署最近，在湖北路81号近宁阳路路口，为一座两层花园式的西洋楼房，时称“吴公馆”。1935年青岛市公安局关于杂院的统计中，宁阳路1号、3号的安仁南里和安仁北里的业主为吴郁生。统计表中此二处里院的经租人皆为韩福亭，但尚未查到韩福亭及这两个里院的其他信息。

吴郁生居青近30年，学问文章名著于时。居青遗老中，有3人以书法著称，即王垿、刘廷琛和吴郁生。吴郁生尤以书法为人所重，但轻易不为人书写，其在青岛题写的匾额，仅见有四方路“瑞芬茶庄”及平度路“玉生池”两处，此外另有湛山寺的“回头是岸”牌坊为其所题写。1913年春，吴郁生同寓居青岛的同僚徐世昌、于式枚、李经迈、李家驹、张士珩等游过崂山，有徐世昌《崂山游记》刻石为证。此外，他还驱车前往崂山，遍历其胜，曾留下不少游山纪念照片。崂山名胜古迹，他大都摄影留念，并在每处景观都作简要文字说明介绍，后经精选，编辑成《崂山名胜目次及旅行须知》一书。其自狮子峰而始，至马山为终，共介绍景点32处，每处景点均附有照片。对景点之间的里程、沿途德人饭店、荷兰酒店等，均有介绍，对寺院宫观等庙宇也有详细阐述，堪称游览崂山的导游之书。该书由上海商务印书馆刊行，书名为《中国名胜第二十二种——崂山》。吴郁生在是书扉页上题写“崂山胜境”四字。

叫响里院红瓦的康有为

吴郁生任主考官时录取的进士康有为，是清末资产阶级改良派领袖。1898年“戊戌政变”失败后，康有为曾流亡国外。1923年6月2日，康有为自济南至青岛，租住于福山路6号（今福山支路5号）。一年后，康有为买下该房屋，命名为“天游园”，并正式在此定居。直至1927年康有为病卒于青岛，今青岛浮山脚下有康有为墓。福山支路5号现为康有为故居，可供游客参观游览。

提起青岛，很多人都会想到“红瓦绿树，碧海蓝天”。这句话源自康有为赞誉青岛的那句“碧水青山，绿林红瓦，不寒不暑，可舟可车”。但是，这句话中的红瓦，很长一段时间内都被误认为指的是青岛沿海各洋楼别墅的红屋顶，殊不知，这里的红瓦更多指的是青岛里院的屋顶。青岛里院初现于德租时期，其屋顶最初用的是中国老百姓惯用的青瓦。德租末期，里院建设中开始使用机制红瓦。从第一次日占时期开始，无论新建还是翻建的里院，均为红瓦屋顶。由于里院几乎占据了青岛早期历史城区的半壁江山，可以想见，当年登高而望的康南海先生，目之所及，自是多为里院屋顶的红瓦。从一点来说，康有为当仁不让是叫响里院红瓦的第一人。

青岛城市档案论坛曾发布《记忆留存的历史余味，河北路九号的故事》一文，

康有为

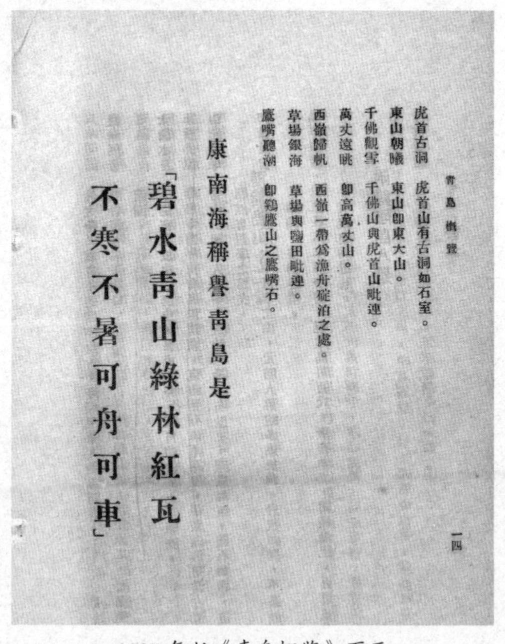

青島概覽

虎首古洞　虎首山有古洞如石室。

東山朝曦　東山卽東大山。

千佛觀雪　千佛山與虎首山毗連。

萬丈遠眺　卽高萬丈山。

西嶺歸帆　西嶺一帶爲漁舟碇泊之處。

草場錄海　草場與鹽田毗連。

鷹嘴聽潮　卽鷄鷹山之鷹嘴石。

康南海稱譽青島是

「碧水青山綠林紅瓦

不寒不暑可舟可車」

一四

1937 年版《青岛概览》页面

其中提及康有为曾多次踏足位于河北路的存善里，该里院由民国实业家梁善川出资建造。梁善川为康有为的广东同乡，1898年戊戌变法失败时，曾资助过逃亡的康有为。梁善川曾在善存里的三楼为自己打造了一方居室，作为他后半生的隐居之地。他在这里居住了32年，直到1955年12月去世。这个房间也是梁善川接待康有为的地方，二人在屋内饮茶聊天、欣赏字画，聊得兴起时康有为会挥笔洒墨作乐。青岛市博物馆收藏有一幅字帖，内容为“善川仁兄：地僻人难到，楼高月先得”。据说此字帖就是康有为当年在梁善川的居室中书写。

康有为是一个喜欢到处题字的人，位于中山路与天津路西北角的春和楼号称青岛鲁菜第一楼，据说春和楼的牌匾就是康有为书写，其经典菜品“五柳加吉鱼”也是康有为“刁难”主厨刘景伦偶得。康有为喜欢光顾的里院餐饮商号还有很多，如英记楼的粤菜也曾让其流连忘返。

“有匾皆书埒”的法部侍郎王埒

民国时期，很多逊清遗老都是春和楼的座上客。据《大鲍岛历史研究通览》，恭亲王溥伟因与春和楼“一见钟情”，曾建议法部侍郎王埒为其题写店名。王埒的字有“埒体”一说，京城时就有“有匾皆书埒”的美誉。有意思的是，后来春和楼并未采用王埒题写的店名，而是悬挂了康有为书写的牌匾。不过，位于北京路、与春和楼和聚福楼并称岛城餐饮业三大名楼的顺兴楼，其牌匾据说为王埒所题。

王埒（1858～1934），山东莱阳人，其父与兄弟二人先后中得进士并同入翰林院，“父子三翰林”成为山东科场佳话。王埒曾任国史馆协修、文渊阁校理等职，后升任国子监祭酒、河南学政，官至法部侍郎。1911年12月初，王埒定居青岛宁阳路。1913年2月迁至陵县路25号（时“威廉斯街”）居住，其宁阳路旧宅现仍存。当时陵县路一带“地势空旷无邻，西望渔帆照影，海天一色，东向则层峦叠翠，山花遍地”。王垿名其居为“寄庐”，以示不忘故里。所居又称“蠡勺楼”，以示忠于清室之志。他曾多次拒绝袁世凯授予的官职，称“吾既称臣清朝，焉能忘之”。1914 年，第一次世界大战爆发，日本军队进攻驻青德国军队，引发“青岛之战”，王垿携眷属避乱至济南，时居青岛的皇族溥伟、宗社党骨干升允曾迁入王垿住宅避战，“皆得无恙”。日本侵占青岛后，王垿回青，潜心翰墨，不问世事。军阀要人至青求见者，均被拒见。

王垿书法久负盛名，青岛诸多里院“老字号”，如“谦祥益”“瑞蚨祥”“天德堂”“泉祥茶庄”“裕长酱园”“洪兴德绸缎庄”等处的匾额和两侧长联，均出自其手。此外，天后宫等庙宇诸如“佛光普照”“有求必应”等遗墨亦存不少，现崂山景区“明霞洞”三字犹存。王垿晚年居青期间，尤重作诗，咏史、抒怀、感时、记事之作居多；其中许多描写景物的诗作，对青岛的赞颂尤为人所称。其诗作有《崂山杂咏》171 首，《青岛杂咏》30 首。1934 年，王垿病逝于青岛，归葬原籍莱阳。

短暂寓居青岛的里院业主赵尔巽

王垿曾为海泊路上的介寿里题写院名，该里院业主为赵尔巽。

赵尔巽（1844 ～ 1927），奉天（今辽宁）铁岭人，汉军正蓝旗籍。字公镶，号次珊，亦作次山，晚号无补，亦称无补老人，官至清朝东三省总督，是清末最后十年中举足轻重的旗籍督抚之一。1912 年 3 月，赵尔巽退隐青岛。1914 年 6 月，赵尔巽应袁世凯邀请前往北京担任清史馆长。其在青岛仅仅寓居两年多时间。

文史作家鲁勇在其著作《逊清遗老的青岛时光》中提到，赵尔巽抵达青岛后便按照清朝旧例至德总督府拜访德国总督，以东北人参相赠。除此之外，赵氏也曾与“鲁抚张广建等时常通密电”，意在打点山东、青岛的人际关系，或多或少展露出长居青岛的倾向。随着来青逊清遗老的日益增多，赵尔巽与陆润庠、劳乃宣等遗老组建“十老会”，在青岛这片“桃花源”一起怀念前朝时光。1913年2月，隆裕太后驾崩消息传来后，青岛的逊清遗老们在胶海关进行祭祀，赵尔巽甚至因悲伤过度加之遭遇风寒而卧床数日，可见其作为前朝旧臣恪守的传统社会忠义情愫。

1935年，在青岛市公安局的杂院统计中，赵尔巽名下的里院颇多，主要有介寿里、潍兴里、三泰里等处，只是这些里院并非其亲自打理。在其离青回京后，赵氏家族族人仍有多数留居青岛，例如其弟赵尔丰之子等，因此包括这些里院在内的房产皆由赵氏家族后人打理。

介寿里的“介寿”两字取自《诗经》：“为此春酒，以介眉寿”和“以介眉寿，永言保之”两句，皆为祈祝长寿之意，后引用为祝寿之词。介寿里为易州路、四方路、博山路、海泊路围合区域，是一个由4个院子组成的大型里院，可容纳居民100多户。大院的结构呈田字形，东面的易州路8号与北面的海泊路42号，各建有一个式样相同的门洞。附近居民习惯称北部里院称“北介寿里”，南部里院则直接称“介寿里”，或简称为南院北院。

三泰里坐落于高密路与胶州路之间，南侧北侧各有一门洞作为出入道路，南门洞在高密路北，北门洞在胶州路南。1940年时，三泰里共有平房十余间，共5户人家，总人口大概30余人。1940年下半年，考虑到当时青岛市内流民增多、盗窃事件频发，赵氏家族后人赵耕绿曾向市建设局呈请将北门洞改为沿街市房，获准许。

民国失意政客的里院印记

辛亥革命之后，各方势力在中国的政治舞台上你方唱罢我登场，一时间人员交替颇为频繁，很多人今天风光无限，明天却难免失意下野。与逊清遗老颇为相似的是，青岛也成为很多失意政客寓居的“世外桃源”。这些人有的临时来青岛做寓公，如杨度、徐世昌、谭延闿；有的则来青岛另谋一番发展，如马福祥、沈鸿烈；还有的则是在青岛本地下野后，自己来一个就地安置，如赵琪。这些人中不乏里院业主，或因其权力地位对青岛里院产生方方面面影响之人。

湖南茶陵谭氏家族

湖南茶陵谭氏是中国千年望族，官至两广总督的晚清重臣谭钟麟及其三子谭延闿、五子谭泽闿，并称谭氏三杰。其中，谭延闿和谭泽闿都有寓居青岛的经历。

谭延闿

谭延闿（1880～1930），与陈三立、谭嗣同并称“湖湘三公子”，曾任两广督军、湖南督军。1913年7月，孙中山发动二次革命失败后，袁世凯任命海军次长汤芗铭取代谭延闿执掌湖南军政。1914年初谭延闿从长沙卸任后，和弟弟谭泽闿先后抵达青岛，在青岛购置了宅子。赋闲在青期间，谭延闿异常低调。1914年日德青岛之战爆发，谭延闿携全家离青躲避战祸。战后的1915年1月，他曾回青清理物品。再度离开青岛后，他在官场一路青云直上，最后官至南京国民政府主席。

谭泽闿（1889～1947），清末受巡守道，分发湖北，刚刚上任，即逢武昌起义爆发，遂折返长沙，从此绝意仕途。谭泽闿工书法，善行楷兼善隶书，书法与其兄谭延闿齐名，为近现代著名书法家。南京“国民政府”牌匾即其所书，上海、香港两家《文汇报》报头亦其所题，至今沿用。1914年日德战争谭泽闿避难上海，后常驻沪上，直至1947年2月26日去世。

四方路、易州路交口的平康东里为谭泽闿产业。1938年1月日本第二次占领青岛，该处房产被误认为是谭延闿的房产，鉴于谭延闿南京国民政府要员的身份，该里院被日本海军特务部查封。后来谭泽闿上书辩白与其兄的关系，要求发还房产。从档案可知，谭泽闿与谭延闿虽为兄弟，其实早已分道扬镳，很少联系。市政府经勘察后，为笼络人心，决定发还谭泽闿平康东里的房产。

坐落于芝罘路与四方路交界的“裕兴里”，最早建成于1913年，砖木混合结构，原先的业主为华人梁作铭。谭泽闿来青后从梁氏购得此处房产，产权归其谭延闿、谭恩闿、谭泽闿三兄弟所有。谭氏家族在青岛还有多处里院。根据1935年青岛市公安局杂院统计，黄岛路7号文明里、海泊路24号北格兴里也都是谭氏在青岛的产业。

此外，谭氏家族与青岛渊源颇深。谭延闿长子谭伯羽，毕业于同济大学，留学德国。1934年，谭伯羽任南京国民政府驻瑞典使馆代办、商务参事等职，后又任南京国民政府经济部常务次长、交通部政务次长，1946年7月转任青岛市公用局一科科长之职，后移居美国。

赵　琪

赵琪（1882～1957）字瑞泉，山东掖县人。1898年考入青岛德文学校，毕业后历任青岛巡警厅翻译、胶济铁路翻译、金岭镇矿务公司翻译、潍县坊子矿务公司翻译兼华洋文案、津浦铁路翻译委员。1913年，赵琪为德华银行携款外逃案赴柏林上诉，获得胜诉。1914年7月回国后，其曾历任淞沪警察厅督察长、龙口商埠局总办、山东省署参议、两湖巡阅使署顾问、津浦铁路军事善后特别华捐局总办、津浦全路商货统捐局会办等职。

赵 琪

中国政府收回青岛后，在青岛设立胶澳商埠。1925年7月～1929年4月，赵琪任胶澳商埠局总办。本书《“里院”名称的出现》一文中提到的，1927年胶澳商埠警察厅和卫生事务所派员联合调查里院卫生一事，就发生在赵琪任胶澳商埠局总办期间。任总办期间，赵琪与康有为、吴郁生等逊清遗老多有交往。其与戚运机的结识，即通过康有为介绍。

1929年4月，南京国民政府接管青岛，卸任后的赵琪并没有离开青岛，而是留下做了寓公，与吴郁生等人交往更为频繁，其龙口路的住宅留有吴郁生墨宝。青岛市档案馆馆藏有赵琪编写的《赵氏楹书丛刊》，上有吴郁生主动为其做的题签。1930年代，有关青岛市杂院的多次统计中，位于大沽路42号的无名院，其业主皆为赵琪。统计显示该杂院有房屋50间，住户皆为商家，经租人为王瑞喜。

日本第二次占领青岛时期（1938年1月～1945年8月），赵琪曾于1938年1月～1939年1月任青岛治安维持会会长，并于1939年1月～1943年3月任青岛特别市市长。在此期间，有关市政部门多次就里院的卫生清洁及消防安全等开展治理，各区还成立了自治组织里院整理会。

新中国成立前，赵琪是累计担任青岛行政长官时间最长的人，累计任职近9年。抗日战争胜利后，赵琪于1946年在北京被捕，后被释放。赵琪一生，毁誉参半，但其在里院治理方面所做工作还是值得肯定。

沈鸿烈

沈鸿烈

沈鸿烈（1881 ~ 1969）字成章，湖北天门人，前清庠生。1906 年入日本海军学校，留学期间加入中国同盟会。1911 年回国，历任海军教练官、上海海军总司令部参谋、南京海军部机械处班长、参谋本部科长。1917 年任赴欧洲观战团海军武官。1919 年回国后任总部参谋兼陆军大学军事教官。1922 后，年历任吉黑江防司令部参谋长、东三省海防总指挥、东北海军舰队司令等。

1931 年“九一八”后，东北海军一度无处安身，后经张学良斡旋，沈鸿烈得以带兵栖身青岛，寄人篱下的日子并不好过。然而更令沈鸿烈雪上加霜的是，其在 1931 年底历经了一次下属的刺杀。所幸 1931 年 12 月，沈鸿烈因祸得福兼任了青岛市市长。但好景不长，其在 1933 年夏再遭下属刺杀，并因此丢了舰队司令之职，专任青岛市市长。

全面抗战爆发后，他带兵撤离青岛。此后，曾任山东省政府主席、国民政府农林部部长、浙江省政府主席、考试院铨叙部部长等。1949 年去台湾，任“总统府”顾问，1969 年病逝于台中。

沈鸿烈是民国时期连续担任青岛市行政长官时间最长的，在其任内，非常重视青岛里院改善及“整理”工作。本书叙及的很多里院治理工作，都发生在沈鸿烈任青岛市长期间。相关档案数量较多，本文仅举一例说明。

1934 年 6 月，沈鸿烈曾赴市区各联合办事处视察，并发表了关于民生问题的训话。其训话要求各办事处就衣食住行等方面问题予以改进。其中，“住”为训话中提出的首要问题，而在这一问题中首先提出的是“整理杂院”。

沈鸿烈指出青岛市各杂院的公共卫生等事，多呈纷乱之象，虽迭经社会、公安两局及各办事处努力调查整理，但仍未完全解决。各杂院应共同整理之事主要有清洁事项、消防事项、交通事宜等。各办事处推行此类事项应不厌其烦，诸事都能眼到、口到、手到，且须详察民隐，力求官民合作。对于其时已成立的第二区里院整理会，沈鸿烈表示非常赞成，希望一、三两区也能尽早成立。因为有这一组织，人民始能渐入自治之途，官民始有合作之望。对此，沈鸿烈还以户口问题为例进行说明。他指出，户口问题向来归公安局主管，但联合办事处是办理民政的机关，自应彻底知道。而各里院对于内容自更为明晰。所以，倘若由各公安分局、各市区联合办事处、各区里院整理会共同负责稽查，定可收取事半功倍之效。

该训话较长，其中还有很多与里院相关内容。比如，其训话中还提到了应商定公允的房租，以维护房主及住户双方利益。另外，还提到了应整理平康里的环境卫生，并应设法保护妓女合法权益等。篇幅所限，本文只能择要介绍训话中的相关内容。所谓管中窥豹，可见一斑，由此我们不难想见沈鸿烈对里院工作之重视。

杜星北

杜星北，又名杜凤章，属学界。来青岛前，曾任内务部参事、山东省公署参议事、山东省议会议员、掖县县长等职。就履历来看，其来青前最后官职为掖县县长。在 1934 年 5 月 3 日给其掖县同乡青岛总商会会长宋雨亭的信函中，杜星北表达了“本拟谢绝外事，以期休养”，但又身不由己，不得不提倡组织里院整理会的无奈。在 1930 年代青岛里院改善及整理过程中，杜星北是一个非常关键的人物，因为几个关键节点都有其身影出现。

1933 年 6 月，杜星北曾因未及时改造杂院，被第二公安分局拘留传讯。之后，他联合 50 余位杂院业主联名呈请市政府。这一举动直接改变了杂院改善工作的模式，使相关部门之后的工作得以更加合理有序地开展。1934 年 2 月 7 日，他又联合同区多位里院业主致函公安局，提出通过组织里院整理联合会的方式代替愿警。

这一提议，直接促成了各区里院整理会的成立。一方面，让各区里院整理会成为里院改善的主要组织，另一方面，使里院整理工作成为青岛城市自治的重要组成部分。

作为率先成立的第二区里院整理会主席，杜星北可谓尽职尽责。他不仅事必躬亲召集历次会议、制定相关规章制度，还发挥自己所长，亲自担任辖区内民众学校的校长。他本人作为业主的临淄路6号静安里，也成了第二区里院整理会礼堂所在地，曾接受过时任青岛市长沈鸿烈的视察。

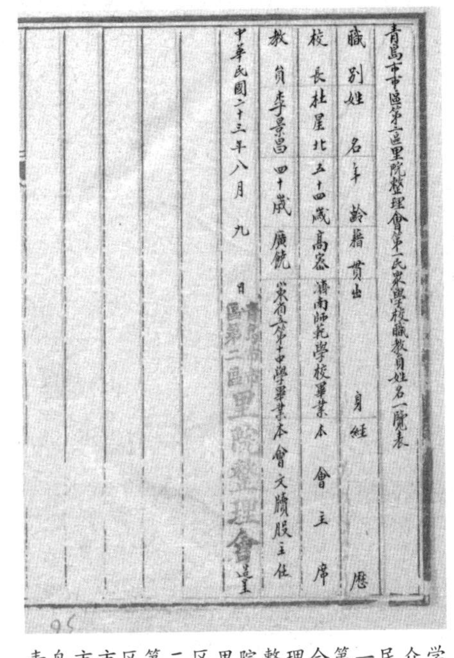

青島市市區第二區里院整理會第一民衆學校職教員姓名一覽表

職別	姓名	年齡	籍貫	出身	經歷
校長	杜星北	五十四歲	高密	濟南師範學校畢業	本會主席
教員	李景昌	四十歲	廣饒	山東省立第十中學畢業	本會文牘股主任

中華民國二十三年八月九日

青島市市區第二區里院整理會 呈

青岛市市区第二区里院整理会第一民众学校职教员姓名一览表（1934）

杜星北在上世纪40年代仍居住在青岛，且其社会身份较多。抗战胜利后，各种民刑事，如土地债务婚姻等纠纷层出不穷，为节省人力物力，各区公所纷纷成立调解委员会，鼓励各区内具有法律知识的公正人员积极参与。在青岛市市北区调解委员会委员姓名册中，杜星北名列第一。履历中显示其为法政大学毕业，家庭状况小康。1946年7月，市北区第30保“为谋保民生活便利起见”，组织保消费合作社，杜星北任该社主席。登记信息显示，此时他已66岁，住无棣二路23号，其职业仍为学界。与其职业相适应，1946年5月，他曾奉令创办私立惠民小学，并任董事长。一年后，他以“年迈力衰”为由，请辞董事长之职。但1948年12月的档案显示，他仍在该校董事长职位上。1949年后，他以该身份成为第二、三届青岛市各界人民代表会议代表。1956年，他以青岛房产协会主任委员身份，入选青岛市第二届人代会第一次会议市北区代表候选人。

民国文人的里院情结

上世纪 30 年代，国立青岛大学成立后，许多文人学者云集青岛，在青岛文脉上留下了浓墨重彩的一笔，也赋予了这座城市宝贵的文化底蕴。挖掘这些文人墨客的故事，我们会发现其中有很多的“里院情结”。

“酒中八仙”耽于鲍岛美食

所谓“酒中八仙”，指的是青岛大学校长杨振声，与赵太侔、闻一多、梁实秋、陈季超、刘康甫、邓仲存以及女学者方令孺等八位教授。据梁实秋回忆，“青岛山明水秀，但没有文化，于是消愁解闷惟有杜康”。在杨振声提议下，七位好饮男士，周末至少一次聚饮于大鲍岛的顺兴楼或厚德福。后闻一多提议，邀请女教授方令孺加入，以凑成八仙之数。方令孺不善饮，微醺辄面红耳赤，其他人也不勉强。这些人猜拳行令觥筹交错，乐此不疲了两年之久。

杨振声（1890 ～ 1956）字今甫，亦作金甫，山东蓬莱人，著名作家、教育家。1930 年任国立青岛大学校长。1932 年辞去校长职位。赵太侔（1889 ～ 1968）原名秋海，曾用名赵畸，山东益都（今青州）人。现代教育家。1930 年任国立青岛大学教授、教务长。1932 年，国立青岛大学易名国立山东大学后任校长。1936 年辞去国立山东大学校长职。闻一多（1899 ～ 1946）本名家骅。湖北浠水人。现代学者，诗人。1930 年 9 月任国立青岛大学文学院院长兼中文系主任。授课之余，从事《诗经》、唐诗研究，有突破性成就。1932年离青。梁实秋（1902～1987）原名梁治华，字实秋，笔名子佳、秋郎、程淑等。北京人。翻译家、作家、学者。1930年任国立青岛大学外文系主任兼图书馆馆长。在青岛翻译出版了《西塞罗文集》，并开始翻译莎士比亚戏剧。1934年离青。方令孺（1897～1976），安徽省桐城人。诗人，学者。1930年应聘任青岛大学国文系讲师。

闻一多

晚年移居台湾的梁实秋非常怀念自己在青岛的4年时光。他对“西施舌”记述颇详，并回忆说顺兴楼最善于烹饪此味。对于“酒中八仙”，他亦多有回忆。“三十斤一坛的花雕搬到席前，罄之而后已，薄暮入席，深夜始散。金甫、季超最善拇战，我们曾自谓‘酒压胶济一带，拳（指划拳）打南北二京’。”梁实秋曾评价顺兴楼的饺子是他吃过顶精致的一顿，“大家本已酒足饭饱，但禁不住诱惑，还是吃得精光，连连叫好”。有一次，胡适之先生路过青岛，看到他们豁拳豪饮，吓得把刻有‘戒酒’二字的戒指戴上，要求免战。闻一多见状笑道：“不要忘记，山东本是出拳匪的地方！”

梁实秋

“酒中八仙”在青岛期间几乎三天一小酌，五天一大宴，可谓当年岛城一大风景。他们和大鲍岛各酒楼的故事，如今仍是青岛人仍津津乐道的文坛佳话。

裕德里业主王统照

王统照（1897～1957）字剑三，曾用名息庐、鸿蒙、恂如等，作家，山东诸城人。1918年考入中国大学预科，1921年与沈雁冰、郑振铎、叶绍钧等人一

王统照

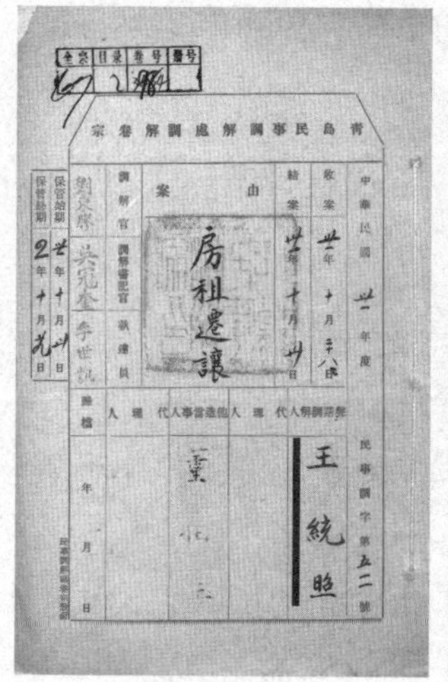

青島民事調解處調解卷宗

案由：房租遷讓

王統照

王统照的房租诉讼档案（1942）

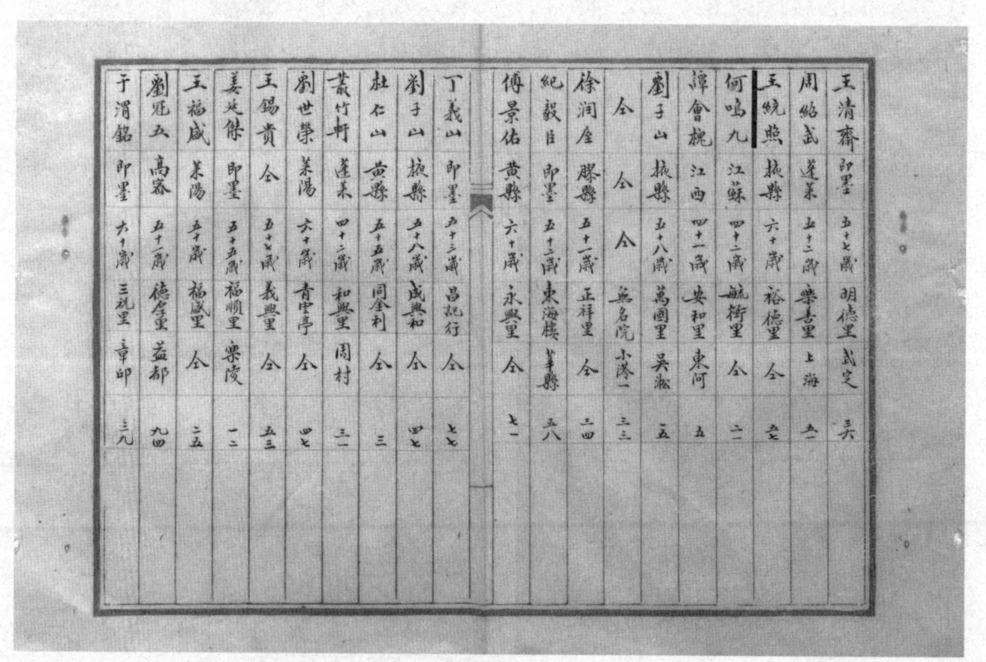

王清齋	即墨	五十七歲	明德里	武定	三六
周紹武	蓬萊	五十三歲	樂善里	上海	五一
王統照	掖縣	六十歲	裕德里	仝	六七
何鳴九	江蘇	四十二歲	毓衡里	仝	二
譚會槐	江西	四十一歲	安和里	東河	五
劉子山	掖縣	五十八歲	萬國里	吳淞	五
仝	仝	仝	無名院	小港一	三三
徐潤屋	膠縣	五十一歲	正祥里	仝	三四
紀毅臣	即墨	五十二歲	東海棧	莘縣	五八
傅景佑	黄縣	六十歲	永興里	仝	七一
丁義山	即墨	五十三歲	昌記行	仝	七七
劉子山	掖縣	五十八歲	成興和	仝	四七
杜仁山	黄縣	五十五歲	同全利	仝	三
叢竹軒	蓬萊	四十二歲	和興里	周村	三一
劉世榮	萊陽	六十歲	青雲亭	仝	四七
王錫貴	仝	五十七歲	義興里	仝	五三
姜廷傑	即墨	五十五歲	福順里	樂陵	一二
王福盛	萊陽	五十歲	福盛里	仝	二五
劉冠五	高密	五十一歲	德孚里	益都	九四
于渭銘	即墨	六十歲	三祝里	章邱	三九

第二区里院整理会会员名册上有王统照（1934）

起发起成立文学研究会，1927年迁居青岛。在青期间完成其代表作《山雨》《黄昏》等长篇小说。1934年自费赴欧洲考察，并在英国剑桥大学研究文学。1935年回国后任《文学》月刊主编。1937年迁居上海，先后任上海美术专科学校和暨南大学教授、开明书店编辑。1945年回青岛，任国立山东大学中文系教授。1949年后历任中国文学艺术界联合会理事、中国作家协会常务理事、山东省文学艺术界联合会主席、山东省文教厅副厅长、山东省文化局局长、山东大学中文系主任、民盟中央委员会委员。1957年病逝于济南。辑有《王统照短篇小说选》《王统照诗选》《王统照文集》等。

王统照在青岛文学史上具有重要地位，被称为青岛现代文学的拓荒人。其创办的《青潮》是青岛文学史上第一个文学刊物，给青岛新文学开辟了一个新天地。他把青岛视为第二故乡，不仅在青岛进行创作，还培养了一批潜力巨大的文坛新秀，刘白羽、臧克家、王亚平等都受过其引导与扶持。可以说，上世纪三四十年代青岛文学的繁荣昌盛，王统照功不可没。

今青岛观海二路有王统照故居，为其1927年来青岛时所置房产。除了该处房产，王统照还曾是一处里院的业主。青岛的里院业主多为富商，少数为政要，文人当业主非常少见。所以，当笔者在1934年底的《青岛市市区第二区里院整理会会员名册》看到王统照的名字时，颇为意外。该名册显示王统照为裕德里业主。青岛有3处名为裕德里的里院，王统照的裕德里位于上海路与陵县路交叉路口，距离观海二路他的居所步行约20分钟。

不过，继续看名册，发现其时年60岁，登记信息为掖县人。这无疑与我们熟知的作家王统照信息不符。为了确认两个王统照是否为同一人，笔者又查询了相关的统计。1931年社会局的杂院调查中，该里院位于上海路57号，业主为掖县人王凤岐，经租人为王凤岗。该里院有房屋95建，居住86户，住户多为劳动者。每间房屋月租3.2元，整个里院合计月租304元。经多方比对，无法确定作家王统照与王凤岐、王凤岗的关系。1935年和1937年里院统计显示该处业主为掖县人王鸣岐，经租人为袁润之，但也找不到作家王统照与王鸣岐相关的档案。至此，似乎可以宣告这两个王统照是同名同姓的两个人。

有道是老天不负苦心人，就在笔者要放弃的时候，发现了1942年青岛地方法院的一个房租迁让案。该案原告业主王统照的信息为年45岁，籍贯诸城，这一信息与我们熟知的作家王统照完全相符。而他造人（即被告）所住的上海路42号，正是裕德里所在地。由此可见，裕德里业主就是那个被称为青岛现代文学的拓荒人王统照。

顺着这一线索，笔者又发现了至少10余起以王统照为原告的房租迁让案，所有档案中原告的年龄与籍贯均与作家王统照相符。有的案卷中，甚至直接写明是追讨裕德里的房租。直到1947年，仍有王统照与裕德里租户的房租官司。这从一个侧面说明，抗战时期及抗战后，王统照的生活比较拮据。

《卧虎藏龙传》作者王度庐与四方路的缘分

王度庐（1909～1977）原名葆祥，笔名霄羽，满族，北京人，作家，被称为北派武侠四大家之一。中学毕业后当过小学教员，1937年末举家迁至青岛。第二次日占青岛期间（1938.1～1945.8），日占当局对青岛实施奴化教育，众多文人只能通过“曲线”方式表达自己心中的愤慨与苦闷，其中，尤其以王度庐在青岛本地报纸发表连载武侠小说为典型代表。王度庐所写的《卧虎藏龙传》，曾被李安导演翻拍成电影，并斩获第73届奥斯卡最佳外语片奖。

王度庐拥有惊人的创作力。1938年6月，经时任《青岛新民报》副刊编辑关松海约请，王度庐创作了第一部武侠小说《河岳游侠传》，在《青岛新民报》连载后颇受欢迎。1938年11月，王度庐完成了《宝剑金钗记》。《青岛新民报》主编决定在固定版面上连载，每天千字，并由画家刘镜海配图。此后，王度庐又

德租时期的四方路

连续创作了《舞鹤鸣鸾记》（又名《鹤惊昆仑》）、《剑气珠光录》《卧龙藏虎传》《铁骑银瓶传》等五部内容相关的武侠小说，共计 265 万字，合称“鹤铁五部曲”。与此同时，他还以“霄羽”为笔名在《青岛新民报》连载了《古城新月》《虞美人》《海上虹霞》《落絮飘香》等几部言情小说。由于用不同的名字发表，很多人并不知道作者是同一个人。据不完全统计，王度庐在青岛创作的小说共计 33 部，600 余万字。

王度庐与老青岛四方路颇有缘分。四方路位于大鲍岛中南部，是一条南北两侧里院密布的百年商街。青岛解放前，这里俨然是青岛经济的晴雨表，以至于市政当局会以其路上出现小商小贩的数量多寡，来判断经济是否复苏。王度庐创作于 1941 年、纯以青岛为背景的言情小说《海上虹霞》，其主人公高林的身份就是在四方路附近摆摊卖袜子的。由于《海上虹霞》中的爱情故事被王度庐写得异常浪漫，以至于该小说连载时，在当年的青岛女学生中风靡一时。据说，竟有女孩特地跑到四方路一带去寻找“高林的袜摊儿”。

四方路还是老青岛主要的年货市场，一般是从每年的腊月初八（或十五）直到正月十五，市政当局会允许商贩在此卖年货。据报载，当时腊月里，全市年货的出处，多半集中于四方路，一时间“商贩云集，鳞次栉比”。其附近的黄岛路、潍县路也借光成了年货集市。相比之下，天津路、博山路、海泊路等处，虽也有年货集市，却不似四方路附近“顾客之热烈”。为维持秩序，每次年货集市开放时，警察局市南分局都会专门向四方路派警员。1946年初，王度庐夫妇也曾经在四方路摆地摊卖春联。当时的春联皆由王度庐书写，夫妻二人轮流看摊，从阳历新年直忙到腊月二十九。最终一结账，除了本钱，还赚了几个钱。

臧克家逛平康里写出《神女》

臧克家

神　女

天生一双轻快的脚，

风一般的往来周旋。

细的香风飘在衣角，

地衣上的花朵开满了爱恋（她从没说过一次疲倦）。

她会用巧妙的话头，

敲出客人苦涩的欢喜。

她更会用无声的眼波，

给人的心涂上甜蜜（她从没吐过一次心迹）。

红色绿色的酒，
开一朵春花在她脸上。
肉的香气比酒还醉人，
她的青春火一般的狂旺（青春跑的多快，她没暇去想）。

她的喉咙最适合歌唱，
一声一声打的你心响。
欢情，悲调，什么都会唱，
只管说出你的愿望（她自己的歌从来不唱）。

她独自支持着一个孤夜，
灯光照着四壁幽怅。
记忆从头一齐亮起，
长嘘一口气，她把眼合上（这时，宇宙只有她自己）。

《神女》这首诗，是1933年元旦由诗人臧克家创作于青岛。臧克家，曾用名臧承志，笔名少全、何嘉，山东诸城人，诗人，1923年考入山东省立第一师范学校，1929年秋考入国立青岛大学补习班。他1930年参加青岛大学入学考试，数学考了0分而中文考了98分，被中文系破格录取。在青岛大学就读期间，臧克家即开始写诗并发表作品。在青岛期间创作了《罪恶的黑手》，出版了诗集《烙印》。1934年毕业后，历任山东省立第七中学（后改为临清中学）教师、上海《文讯》月刊主编、华北大学研究员、人民出版社编审、中国作家协会书记处书记等。

臧克家是闻一多的得意弟子，受闻一多影响，其诗歌创作态度严谨。他在创作上坚持现实主义，被称为泥土诗人，其诗作对下层人民表达了极大同情。臧克家在青岛读书期间，他的两位室友经常出入烟花柳巷，回来后向其述说了妓女的生活惨状。后来，臧克家去了一次平康五里，根据自己的亲眼目所见，写下了《神女》这篇佳作，其写作目的就是为了用笔给这些妓女们的命运画一幅像，既画她们的外表，也画她们的精神。

不知是否受臧克家这首诗作影响，民国时期，青岛本地报纸每每刊登有标题中含“神女”二字的本地新闻，其中的“神女”多代指妓女。甚至多篇以《神女》为题的诗作，也多是描写妓女。臧克家是一位在青岛颇有影响的诗人，1946 年的《民言报》曾连续几日刊登中国文化服务社青岛分社经销其所著《十年诗选》的业务广告。1947 年《民言报》还曾连篇累牍刊登题为《谈臧克家早期的诗》的文章。

设计里院的中外建筑师

青岛在中国近现代建筑史上拥有独特的历史地位。开埠初期，因为地方气候和地理环境、中国传统建筑形式、中国其他沿海开埠城市建筑的影响，青岛市区的各类建筑呈现出令人耳目一新的独特风格，塑造了青岛的城市特色，成为青岛不可磨灭的宝贵记忆。但长期以来，社会各界的关注点往往更多投向青岛的公共建筑和高级住宅，而忽略了大量存在的平民住宅——里院。青岛曾有600余处里院，这些里院没有一个是重样的，这源于每个里院都是建筑师个性的体现。新中国成立前的半个多世纪，众多里院的初建、翻建和改建，给以中国建筑师为主的各国建筑师提供了广阔的“试验场”。所以聊里院，不能不聊里院建筑师。只是由于涉及建筑师太多，恐怕几本书也聊不完。篇幅所限，本文仅列举几位有代表性的建筑师。

一、外国建筑师

青岛原为小渔村，1898年中德《胶澳租借条约》签订后，才始有现代建筑，亦陆续有各国建筑师到来。如今的青岛老城区号称“万国建筑博览会”，缘于其建筑风格丰富多元，汇集了古希腊式、罗马风式、哥特式、文艺复兴式、拜占庭式、巴洛克式、洛可可式、田园风式、新艺术风格式、折衷主义式等建筑。据不完全统计，参与青岛老城区建筑设计的，除了中国本土的建筑师，还有来自俄、英、法、德、美、丹麦、希腊、西班牙、瑞士、日本等国的建筑师，这些人给青岛带来了不同风格与流派的建筑思想和实践。其中，里院的建筑设计也不乏外国建筑师的身影。

1. 德国建筑商阿尔弗雷德·希姆森

里院是青岛独有的建筑形式，其建筑形态的最早描述者是德国人阿尔弗莱德·希姆森。希姆森于 1857 年 7 月 1 日出生于德国汉堡，是德国第一批在印度尼西亚苏门答腊和中国工作的开拓者。这位汉堡商人有着传奇般的人生经历。1879 年夏天，22 岁的希姆森来到中国，加入他叔叔在上海开办的禅臣洋行，他曾做过进口部门和保险部门的职员，并曾在船舶代理处工作，且当过会计。1884 年，他前往苏门答腊的德里担任烟草助理，并在那里生活了 10 余年。1897 年，他再度回到上海，成为上海某公司负责土地投资的总经理，经营木材贸易。这期间他了解到了大量有关建筑的知识，这也使他走进了德国驻胶澳总督府的视线，并最终促成了双方的合作。

1898 年，青岛开埠不久，希姆森便来到青岛。1899 ～ 1914 年，希姆森在青岛主要从事民用建筑的开发和运营，他及其祥福（地产）洋行对青岛早期的城市建设作出了一定贡献，祥福（地产）洋行自 1899 年成立至 1914 年青岛日德之战在青岛参建两百栋建筑。希姆森在来青岛前，已对中国文化及华人生活习惯有了一定了解。在建设大鲍岛的过程中，他试图将南方华洋折衷的建筑形式移植到北方。据其自述，他在建设大鲍岛的时候，曾有一些特别的建筑构想。位于今中山路、四方路、维县路、海泊路合围地块（XXV）的里院建筑就是这种建筑构想的典型体现。该栋建筑是希姆森在大鲍岛区域最先开发完成的区域之一。该地块上是一栋沿街建设的两层里院建筑，临街一楼设为店铺，二楼则为居室。整座建筑以数个单独商住单元组成，每个单元结构以高墙分割出独立小院落，中央则留出庭院作为公共区域，以供儿童游乐及牲畜停留之所。建筑外观融入西式建筑特有的立面风格，但在结构上又满足中国合院传统居住模式，是典型的华洋折衷式建筑。

1911年阿尔弗莱德·希姆森（右一）在青岛拍摄的全家福（杨明海提供）

这种沿街建造的商住两用建筑形态成功地将欧洲建筑理念与中式传统建筑相结合，使建筑兼具美观性、功能性与实用性，更是对当时的城市建筑产生了深远影响。据希姆森回忆："不久之后，中国人便开始模仿我所偏好的这种建筑风格，在某种程度上我影响了大鲍岛的建筑风格。除了欧式和中式的住宅楼和商铺，我还带领其他人建造了大鲍岛市场、中国剧院和大印刷厂。我先为这项项目绘制草图，然后交给工程师们完成方案设计，在获得建造批准后，我从德国和中国不同的建筑企业那儿争取到了订单。"希姆森将东亚建筑风格与青岛社会生活实际相结合，创新改良出更符合中国人生活和工作习惯的商住形式——里院，在很大程度上影响了大鲍岛乃至整个青岛平民区的建筑风格。可见，青岛里院建筑的形成与发展离不开阿尔弗雷德·希姆森的推动。

2. 白俄[①]建筑师弗拉基米尔·尤力甫

提起在青岛的外国建筑师，弗拉基米尔·尤力甫是最不能被忽视的。尤力甫为白俄人，其舅舅为沙俄驻华公使馆外交官。苏联成立后，沙俄驻华公使馆闭馆，

① 白俄指的是在俄国革命和苏俄国内革命战争爆发后，离开俄罗斯的俄裔居民，他们通常对当时的苏维埃政权持反对态度。

實業部技副登記證書

工字第壹零叁號

茲有尤力甫
年二十八歲 俄 國 人聲請登記
為技副經本部審查與技副登記條例
第一條第二款資格相合得為建築
科工業技副除登記外此證

部 長

技師審查委員會委員長

工業司司長

中華民國二十二年五月二十七日

尤力甫的实业部技副登记证书（1933）

其舅舅设法取得法国护照并成为法国驻青理事，随后将学习建筑工程的尤力甫招到青岛。尤力甫来青后成为注册建筑师，其设计所在栖霞路 5 号。1946 年，尤力甫的舅舅去世，尤力甫接任法国驻青领事，同时继续经营自己的建筑事务所。1949 年，尤力甫移居美国，直至 1999 年去世。

在上世纪三四十年代青岛的建筑中，尤力甫及其事务所发挥了重要作用。据不完全统计，尤力甫的事务所承担的建筑项目达 300 多项，其本人单独和合作项目即达 200 多处。据青岛市市南区历史城区保护发展局编写的《大鲍岛历史研究通览》，1934 年，位于四方路与易州路交叉路口的平康东里翻建，其工程师就是尤力甫。此外，青岛八大关的代表建筑公主楼也是尤力甫的杰作。

二、中国建筑师

1930年代，是青岛里院集中翻建、改建的时期，也是中国建筑师的“自立”时期。后人曾有这样的评论：“青岛的建筑，一方面是传统的延续，而同时又雄辩地宣告着一个新时代即将诞生。这个时代在某种意义上可以说是建筑上的丰收时代。”这个时期的青岛成为以刘耀宸、王云飞、张新斋、徐垚、刘铨法、王节尧、苏复轩、王屏藩、黄佳模、张景文、陈瑞庭、赵诗麟等人为代表的中国建筑师大展身手之地。他们不仅吸收了西方的古典主义，且继承了19世纪末20世纪初所流行的新建筑风思潮。这一点在里院的建筑设计上，亦得到了充分体现。青岛曾存在过600多处里院，涉及的建筑师尚未全部梳理清楚。青岛市市南区历史城区保护发展局编写的《大鲍岛历史研究通览》，较为系统梳理了大鲍岛区域各里院翻建、改建时的建筑师及工程师等情况。其中不乏当时中国建筑界的佼佼者。

1. 刘铨法

刘铨法（1889～1957），号衡三，教育家，建筑工程师，山东文登人。1921年上海同济医工大学土木工程系毕业后，任山东中兴煤矿公司工程师，1923年任青岛礼贤中学校长，长达30余年，后因病离职。1957年病逝。1929年，刘铨法登记为工程师，创立建筑事务所和礼贤中学土木工程中专班。他曾为青岛设计建筑百余处，

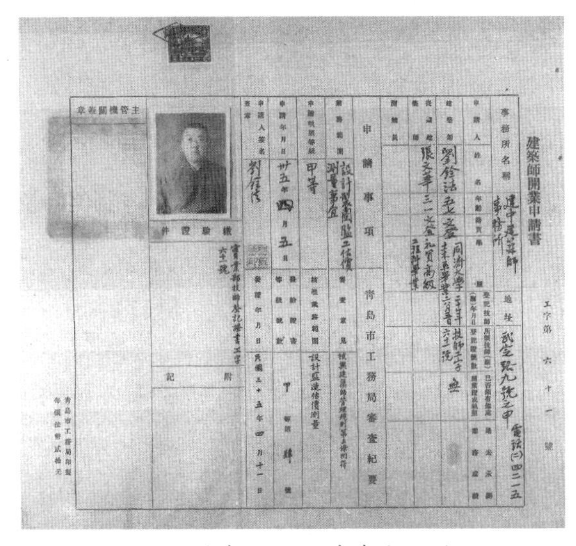
建築師開業申請書
工字第六十一號
事務所名稱 建中建築師事務所
地址 武定路九號之甲 電話(二)四二一五
申請人姓名 劉銓法
張文華 三一 文登 禮賢高級
申請事項
申請執照等級 甲等
申請年月日 卅五年四月五日
申請人簽名 劉銓法
青島市工務局審查紀要
設計監造估價測量
民國三十五年四月十一日
檢驗證件
附記
主管機關蓋章
青島市工務局印製

刘铨法的建筑师开业申请（1946）

包括在青岛主持设计的中山路部分银行建筑、青岛市物品证券交易所大楼等。在青岛市红卍字会大殿设计中，他大胆地创造性采用预制混凝土构件和水泥制品代替传统的木料制作，这在国内属于首创。1934年，他因此项发明获得预制混凝土构件的专利权，著有《铁混凝土工程》。

刘铨法曾参与多处里院改建和翻造等的设计。位于今四方路12～20号、芝罘路44～52号的骏业里，1934年翻造时，设计师及监工均为刘铨法。位于今平度路17～23号的吉祥里，1932年改筑时，建筑师也是刘铨法。位于今安徽路27～35号、黄岛路11–13号的留云里，1932年增筑第四层楼房、1933年增筑平房时，建筑工程师皆为刘铨法。

2. 范维滢

范维滢在青岛的建筑设计作品很多。其曾参与多个八大关别墅的建筑设计，如建于1934年的韶关路50号番利夏波尔特夫人别墅，即由其设计。另外，他还与郭鸿文、外国建筑师穆留金共同设计了函谷关路1号雅尔码特霍惟智别墅。位于今海泊路70～76号、潍县路47～53号的三多里，1931年翻造沿街L形建筑时，建筑师为范维滢。位于今四方路41～49号的九如里，1931年翻造时，建筑师也是范维滢。

3. 栾子瑜

栾子瑜是民国时期青岛本地一位重要建筑设计师，设计了大量花园住宅。在设计中，他表现出对德式建筑元素的偏爱。位于今平度路29～37号的鼎新里，1931年沿街建筑增层及改造、1932年增建平房时，设计师皆为栾子瑜。位于今天津路19～23号的元善里，1931年改筑时，建筑工程师也是栾子瑜。

参与大鲍岛里院建筑设计的建筑师还有很多，如留云里1932年增筑露台房顶时，建筑工程师为王德昌。前文的范维滢注册的办公地址为广西路20号，跟王德昌在同一地址，所以二人可能是同事。位于今大沽路2–8号的游艺里，1932年游艺堂增筑仓库时，建筑工程师为杨仲翘。留云里1931年新筑三层楼房时，建筑工程师为王翰。位于今济南路6～14号甲的永安里，1930年改筑时，工程师及建筑师为姚章桂。

很多参与里院建筑设计的建筑师也参与了八大关别墅的设计。如位于今潍县路39～45号、四方路51～59号的四兴里，1937年翻造走廊楼梯与修理楼房时，建筑技师为郭鸿文，设计者为王屏藩。建于1934年的武胜关路3号、5号，也是由郭鸿文、王屏藩设计。位于今四方路17～25号、易州路15号的平康东里，1934年翻造四层楼房时，工程师是尤力甫，设计师为张少闻。而建于1934年的汇泉路14号，也是由张少闻与尤力甫设计。今平度路43、45号及黄岛路58、60号的文明里，1933年接造楼房时，建筑师为王锡波，监工技师为张景文。建于1935年的山海关路13号，初为民国时期山东省政府主席韩复榘所有，其建筑师就是张景文。

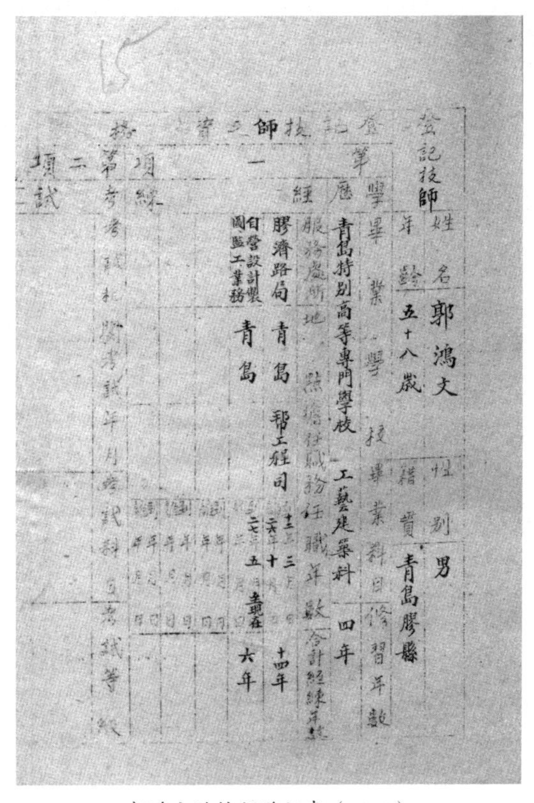
登記技師
姓名 郭鴻文
性別 男
年齡 五十八歲
籍貫 青島膠縣
第一 學歷
畢業學校 青島特別高等專門學校
畢業學科 工藝建築科
修習年數 四年
經歷
服務處所地點 膠濟路局 青島
擔任職務 幫工程司
自營設計監工業務 青島
合計經練年數 十四年 六年
第二項 考試
考試機關 考試年月 考試科目 考試等級

郭鸿文的技师登记表（1944）

青岛里院的经租人

经租人，全称为经收房租人。民国时期，青岛各对外出租的房屋都有经租人，里院经租人是经租人的重要组成。在里院涉及的人物中，里院经租人是一个很重要的存在。作为业主代表，里院的大多数事务都由经租人负责打理。经租人是跟里院租户打交道最多的人，公安局、社会局、财政局、工务局和法院等机构关于里院的各种事务，也往往要与他们打交道。所以，经租人是研究青岛里院的重要一环，研究经租人的身份、职责和具体作用，有助于我们更好地认识里院历史乃至青岛历史。

一、经租人的身份

上世纪30年代，青岛市政当局曾多次进行里院统计，统计内容皆包括经租人，且涉及经租人姓名、籍贯及住址。这使得我们有机会接触到较多经租人信息，并根据有关线索进行较为深入的研究。需要说明的是，当时的业主和经租人有可能不是具体的人，而是某个组织或店铺。另外，根据笔者掌握的情况，30年代的很多统计数据并不准确。所以，本文只是谨慎使用。有必要事先声明的是，文中没有标注具体史料出处的经租人信息，皆来自青岛市1935年夏调查杂院一览表。总体来看，里院经租人主要有以下几种身份：

1. 职业经租人

民国时期，青岛有很多专门给业主办理租房手续和催缴房租的“账房”或房产公司，相当于现在的房产中介或中介公司，是专业的或说职业的经租人或经租公司。1924 年 3 月 22 日，厚德堂账房曾在《中国青岛报》刊登了启事《租房者注意》。启事中，厚德堂账房自称“经租房屋甚多，大小公馆，无不齐备”。这口吻俨然就是现在拥有大量房源的房产中介。1947 年 10 月，有业主连续多日在《民言报》上刊登征求账房启事，这里征求的账房，就是职业经租人。民国时期，有很多里院委托给职业经租人。如华德里业主刘德臻曾于 1943 ～ 1944 年委托同兴房产公司经营该里，该房产公司同时也经营买卖房产的业务。有些商号为了便于办理自己的经租事宜，还自设经租部门，如怡和洋行的账房经租部。胶州路永益里和相邻的即墨路鸿瑞和院的经租事宜交由三益堂，其经租账房为于百熙。临清路长安里由亮记账房打理，代理人为孙炳男。职业经租人往往经租多家里院，如 1935 年，赵学祥同时是西藏路瑞兴里、寿张路仁寿里、上海路四海里的经租人。

◎租房者注意

本堂經租房屋甚多大小公館無不齊備

如有覓租房屋者請至湖北路五十[illegible]號

劉宅賬房面議領看 此佈

厚德堂賬房啓

《中国青岛报》厚德堂账房出租房屋启事（1924.3.22）

2. 业主产业或下属

有些里院业主习惯将各种事务交给自己名下公司或下属打理。青岛市 1935 年夏调查杂院一览表中，刘子山将其在江宁路 34 号的吉生里、山西路 5 的厚德西里、肥城路 44 号的福康里、河北路 3 号的敦厚里等里院，皆交由东莱银行打理。这里的经租人就是东莱银行，而东莱银行是刘子山自己的产业。新泰路 9 号祥云里，业主也是刘子山，经租人宋华堂为东莱银行行员。滨县路 33 号积厚东里的业主杨可全（即杨玉廷），为全盛公司经理人，而该里的经租人葛本善则供职于全盛公司。

3. 业主亲戚或同乡

档案显示，里院业主与经租人为亲戚或同乡关系的情况较多。前文积厚东里的业主杨可全与葛本善，即皆为即墨人。位于济宁路与海泊路东北角的同兴里，业主为招远人刘环球和刘田蓝玉，经租人刘星垣也是招远人，且三人都与成文堂书局有密切关联。成文堂号的股东兼经理人是刘星海，刘星垣是其掌柜，而刘环球和刘田蓝玉极有可能是刘星海的子女。位于邱县路的顺安里，其业主为贾兆瑞，经租人为陈成九。1937 年，陈成九曾为贾龙云作保，保证其为已病故贾兆瑞的孪生子并为合法继承人。档案显示保证人陈成九与被保证人贾龙云为亲戚关系，这意味着陈成九与顺安里业主贾兆瑞也是亲戚关系。

4. 业主本人

青岛市 1935 年夏调查杂院一览表中，有 30 多个里院的业主与经租人登记为同一人。同时，有 30 多个里院在经租人姓名一栏填写的是“本人”。由于相关信息太多，无法一一核实。可以确认的是，经笔者考证过的里院，并无业主与经租人是同一人的情况。所以，只能说不排除存在里院业主与经租人为同一人的可能性。需要说明的是，里院的业主和经租人有时候不仅指个人，还可能是某个商号。如胶州路的谢南章院，业主为集义公记，其经租人为集义公记法定代理人李菊生。从某种意义上，这基本算是业主与经租人为同一人。

5. 兼职经租人

有些经租人，有自己的产业，同时兼职做经租人。如同聚福（土产代理）经理牟麟生兼任莘县路 14 号房屋经租人。另，1940 年 3 月 7 日，日人加藤重太郎购得胶州路积厚里，成为该里业主，其经租人由祥丰磨房经理李凤阁兼任。

二、经租人的职责

经租人的职责可谓丰富多彩，总体说来，主要由以下几项：

1. 打理账务

经租人的首要责任就是替业主打理账务，所以很多时候经租人也被称为账房，或说很多账房会充当经租人。打理账务的所有事宜中，首先是经收房租。民国时期的里院业主，除非本人也是经租人，否则不会亲自收缴房租。经租人的首要职责就是替业主收房租，同时像寻找房客、订立租房合同等与经收房租密切相关的的其他业务，也多由经租人负责。经收房租的方式，以正常登门收取为主。如海泊路 15 号的中映医院，地处同兴里西南角，一度欠租数月，曾被经租人多次登门催缴。此外，还有登报催缴、打官司讨要等方式。民国时期，经常有账房通过登报方式，告知房客及时缴租、不得转租或将定金转移给下一家账房等事宜。如 1944 年 9 月 7 日，瑞安里经租人曾于《青岛大新民报》刊登《房屋不许转租的紧要声明》。至于与催缴房租相关的官司，在青岛地方法院档案中可谓成千上万，是研究里院业主、经租人、房客信息的重要史料来源。如前文提到的中映医院，因欠租太多，一度被业主三次诉诸公堂，前前后后折腾了一年半。整个案子仿若一场马拉松，其间中映医院的各种拉扯推诿，让原告慈德堂苦不堪言。

2. 提供租住证明

经租人是最了解里院房客情况的人，所以有时候，房客会通过经租人来证明自己的相关租住情况。如 1945 年 9 月，宫嘉山曾向中央信托局提交呈请，请求发还原本租住的胶州路61号永益里房屋并允许照章继续承租。为证明自己曾经租住过部分永益里房屋，宫嘉山提供了其在1930、1933、1934、1936、1937等年份的房租收据单，并言明可向永益里经租账房负责人于百熙调查。事实上，抗战期间大多数里院居住情况复杂，抗战胜利后，房客多需通过经租人来证明房屋归属和房租缴纳情况。

3. 协调业主与租户的关系

经租人是联接业主与租户的桥梁，大多数时候租户只能通过经租人向业主反映自己的需求。所以，如果业主与租户之间出现矛盾，也多需通过经租人解决。如日人加藤重太郎在购得积厚里后查看时，曾对院内住户提出：必须即时交付此前欠款。如一时拿不出来，须当场在字据上盖手印；如不盖者，须即刻搬出。由于该院住户均系苦力，男人白天都在外忙于工作，家中只留有妇女。加藤重太郎去查看时恰是白天，留守的农家妇女，被日本人这么一吓，全没了主意，纷纷按了手印。各家各户男人晚上散工回家后，听闻此事，都很气愤，认为这是加藤重太郎的无理要求。为此，大家前后两次找到经租人李凤阁，希望他能代为要回手印。

4. 与政府部门打交道

民国时期，各里院人员众多、情况复杂，公安局或社会局等政府部门要进行里院信息统计（包括调查里院业主、住户、租金情况），往往要借助经租人来进行。同时，开展诸如清理里院卫生运动、宣传禁止吸食鸦片、禁止缠足等事宜，往往需要借助经租人的力量。甚至租客的房子塌漏，房东往往都甩手不管，工务局只能通知经租人及时修补。在大多数时候，经租人都是政府部门与里院租户联络的重要桥梁和纽带。1933年，青岛市政当局开展里院改善工作时，经租人多次出现在档案中，很多里院都是经租人代表业主向社会局提交呈请，或办理各种

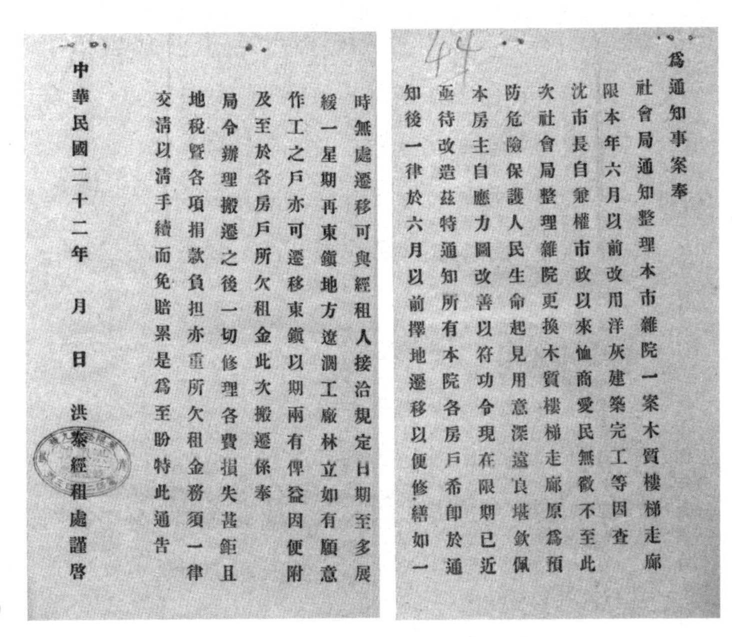

爲通知事案奉
社會局通知整理本市雜院一案木質樓梯走廊限本年六月以前改用洋灰建築完工等因查沈市長自兼權市政以來恤商愛民無微不至此次社會局整理雜院更換木質樓梯走廊原爲預防危險保護人民生命起見用意深遠良堪欽佩本房主自應力圖改善以符功令現在限期已近亟待改造茲特通知所有本院各房戶希即於通知後一律於六月以前擇地遷移以便修繕如一時無處遷移可與經租人接洽規定日期至多展緩一星期再東鎭地方遼濶工廠林立如有願意作工之戶亦可遷移東鎭以期兩有俾益因便附及至於各房戶所欠租金此次搬遷係奉
局令辦理搬遷之後一切修理各費損失甚鉅且地稅暨各項捐款負担亦重所欠租金務須一律交淸以淸手續而免賠累是爲至盼特此通告

中華民國二十二年　月　日　洪泰經租處謹啓

洪泰经租处启示（1933）

手续，有关通知也往往经由经租人对住户传达。如经租人赵汉荣曾代表南裕兴里和西裕兴里业主谭大武给社会局发呈请。经租人曾玉亭代表文明里业主谭泽闿呈请社会局帮助劝说住户迁移，以便拆改。1933 年，洪泰经租处向有关里院住户发布通知，希望住户尽快迁走，以便修缮里院。青岛市社会局代包工方给升平里每户补贴 30 元迁移费，也是由升平里账房张德忠、孙福兴办理的具体发放事宜，并最终将所有住户画押后的凭据统一呈给社会局。第一区里院整理会 1934 年 12 月至 1935 年 2 月底调停的多达 50 余件纠纷案件，大多通过经租人进行调解。

5. 组织租户搞活动

有些经租人还会组织租户搞一些文艺活动。最典型的如积厚里经租人李凤阁，曾组织该里租户组建秧歌队。据知名作家、文艺评论家吕铭康先生考证，“凤凰三点头”（简称“凤点头”）锣鼓点就是上世纪40年代由李凤阁出资，京剧鼓师蓝宝仁以及林松涛等在当时的“胶澳锣鼓秧歌点”基础上，与京剧锣鼓相结合创作出来的。“凤点头”锣鼓在1956年达到高峰，此后一度近乎销声匿迹。令人欣喜的是，近年来每届青岛国际沙滩节开幕式上，都有“青岛凤点头锣鼓队”的演出，其表演受到广泛关注和热烈欢迎。

6. 其他事项

有些业主不便或不愿出面的事，都可能交由经租人去代理。比如纪子久作为傅炳昭的御用经租人，曾代理傅炳昭参加1934年4月22日第二区里院整理会的房东大会。而同时参加此次大会及其他多次执监委员联席会的，还有代表业主纪毅臣的经租人孙炳南、代表业主梁勉斋的王叔功等。此外，还有很多经租人兼职院丁工作。

三、业主与经租人的固定搭配

在青岛市1935年夏调查杂院一览表中，有很多业主与经租人的固定搭配。即拥有不同里院的同一个业主，会把这些里院交给同一经租人打理。以下仅列出一部分业主与经租人的固定搭配。由于无法一一核实，不排除有业主或经租人错讹的情况。

青岛市1935年冬调查杂院一览表（摘录）

杂院名称	分析－名称	地址－路名	地址－门牌号	房主－姓名	经租人－姓名
永庆里	里	石村路	24	傅炳昭	纪子久
吉庆里	里	南村路	13	傅炳昭	纪子久
积庆里	里	南村路	42	傅炳昭	纪子久
康庆东里	里	泗水路	12	傅敬之	纪子久

续 表

杂院名称	分析－名称	地址－路名	地址－门牌号	房主－姓名	经租人－姓名
康庆西里	里	宁阳路	17	傅敬之	纪子久
鸿城北里	里	宁阳路	6	卢林中	韩福亭
鸿城南里	里	湖北路	35	卢林中	韩福亭
瑞丰里	里	费县路	20	李书亭	谭仲熏
瑞丰南里	里	单县路	5	李书亭	谭仲熏
福善里	里	云南路	3	刘西山	赵子宽
福兴里	里	云南路	19	刘西山	赵子宽
定安南里	里	云南路	115	陈崇珍	陈瑞廷
定安北里	里	云南路	125	陈崇珍	陈瑞廷
德昇里	里	云南路	207	邹石平	张岐山
德和里	里	云南路	221	邹石平	张岐山
日盛南里	里	东平路	47	杨本善	侯文新
日盛北里	里	东平路	59	杨本善	侯文新
余庆里	里	邹县路	8	傅东照	王立桓
和庆里	里	东平路	90	傅东照	王立桓
德祥南里	里	滋阳路	47	王德贵	王有富
德祥北里	里	滋阳路	57	王德贵	王有富
德升里	里	枣庄路	13	王子久	德升福
久德里	里	枣庄路	8	王子久	德升福
福海里	里	四川路	66	赵彦年	冯玉昌
福海西里	里	四川路	68	赵彦年	冯玉昌

事实上，这样的固定搭配有其深层原因。很多时候，一个经租人如果把业主的某个里院打理得比较好，业主就会把自己的其他里院也交由该经租人继续打理。如赵彦年把福海里和福海西里都交由冯玉昌打理。李书亭将瑞丰里和瑞丰南里都

交由谭仲熏打理。此外，当年的经租人如果做的好，业主就会把他介绍给自己的亲友或同行。如山左银行的股东傅炳昭和傅敬之，二人把自己的很多里院都交由祥泰号房租经理纪子久打理。而同为山左银行股东的傅熙云也将自己博山路的祥庆里交由纪子久打理。纪子久俨然就是山左银行股东的经租人。平康一里和平康二里分属不同业主，但经租人都是王雨廷。可见，“口碑”的力量在当年的里院经租业也很重要。

四、里院经租人的多起鸦片案

在考察里院经租人的过程中，有个令人意外的现象引起了笔者注意，即有多个里院经租人牵涉鸦片案。如1931年同兴里经租人俞宝三、1931年德明里经租人王善堂、1932年永益里经租人于百熙、1933年福和里经租人王子彬等都曾涉及鸦片案。

民国时的青岛，吸食鸦片处于一种时禁时允的状态。德租末期，一度禁绝鸦片。第一次日占中前期允许鸦片买卖，末期禁贩鸦片。胶澳商埠时期，曾于1924年7月创设禁烟局，1926年撤销。1929年7月25日，南京国民政府公布《禁烟法》，明令禁烟，规定依律查办烟毒案。1930年2月14日，《禁烟法施行规则》公布。《禁烟法》及《禁烟法施行规则》实施后，青岛的禁烟工作可谓成绩“斐然”。南京国民政府时期，青岛地方法院形成了近万卷鸦片案卷宗，涉及吸毒、贩毒、藏匿毒品等类案件。篇幅所限，本文仅简单介绍两起经租人涉及的鸦片案。

1931年发生于济宁路同兴里的鸦片案，涉案人为该里院经租人俞宝三。俞宝三时年48岁，浙江人，职业为收房租。法院案卷中呈现的“抓捕”情形是：12月25日下午1时，警长李寿先等调查户口，至济宁路12号某户门前，见有幼童堵门不让进入，还说并未添加人口，不用查看。该警长以情有可疑，当即闯进。俞宝三在内，一手推门、一手锁橱，屋内尚有余烟，俞宝三妻子等则将警察拉住。

后巡官傅炳昌到场协助，警察才查出屋内有烟具。现场发现证物有：烟枪 1 支、铁筒 1 个（内烟灰少许）、小铁盒 2 个（内烟泡少许）、纸袋 1 个（内有药丸 1 个）、烟盒 2 个，烟纸罩 1 个、油纸一块、黑布一块等。俞宝三当着警察的面，将烟盒内的烟泡打丢数个，后被拘押到警局。

根据俞宝三的供述，他并不吸食大烟，是有朋友在他家做客，但也没有吸大烟。至于查来的烟具，是从朋友寄存的柜子内检查出来的。警察去查户口时，自己的小女在解手，所以不方便开门。至于屋内的烟味，不是因为抽大烟，而是他的朋友在家吃烟卷的烟气。1932 年 1 月 8 日，青岛地方法院刑事简易庭根据禁烟法第 13、14 条及刑法第 9、55 条等应科刑罚及必要处分。没收俞宝三烟灰烟具并焚毁，同时对俞宝三科罚金 50 元。根据规定，如经执行而不完纳，课以 1 元折算 1 日，易科监禁。

1932 年发生于胶州路永益里的鸦片案，涉案人为该里院经租人于百熙。于百熙时年 43 岁，即墨人，职业为收房租。法院案卷中呈现的“抓捕”情形是：1932 年 8 月 6 日晚 8 时，巡官刘鹄、警察梁静山等人例行抽查杂院。行至胶州路 31 号永益里时，发现于百熙行迹可疑，当即搜查其屋，结果搜出少许烟土。之后，警士张德禄等协助刘鹄和梁静山，将于百熙拘送到公安局。

这些烟土是谁的？于百熙是否吸食或贩卖鸦片？8 月 9 日和 10 日，于百熙及其关联人戴宝林先后接受了青岛地方法院讯问。于百熙供述：自己不吸大烟也不卖大烟，烟土是从戴宝林寄存在他房内的箱子中查出的，所以是戴的东西。戴宝林，时年 39 岁，平度人，住劈柴院江宁路 16 号，为和生木铺经理。戴供述：查出烟土的箱子确是自己寄存在于百熙房内，但自己不知道箱内有烟土，自己也不吸食鸦片。最终，搜出来的少许烟土被作为于百熙的犯罪证据，戴宝林被宣布无罪。

8 月 16 日，山东青岛地方法院刑事处依据刑事诉讼法第 466 条，对于百熙予以刑罚。根据“民国二十一年（1932）简字第 29 号”处刑命令，于百熙触犯了《禁烟法》第 13 条规定。该条规定具体内容为：意图供犯本法各罪之用而持有鸦片或其代用品或专供吸食鸦片之器具者，处五百元以下罚金。依据该条及同法第 14 条、刑法第 9 条等规定，于百熙被处罚金 50 元，烟土没收焚毁。

这么多里院经租人涉及鸦片案，与他们经租人的身份特征不无关系。不妨尝试简单分析如下：

① 时间较为灵活。经租人的主要工作为负责催缴房租等业务，这意味着他们并无固定的上下班时间。且很多租户白天不在家，只能晚上收缴房租，所以经租人往往白天的空闲时间较多。

② 易于找寻场地。经租人往往掌握整个里院房屋租住情况，如哪间房屋闲置，哪间房屋较为隐蔽，哪间房屋交由自己代为管理等。所以，经租人比别人更容易找到吸食鸦片的场所。

③ 资金较有保障。经租人在当年属于拥有固定收入的一群人，这使得他们在吸食鸦片时，在资金方面较有保障。同时，很多经租人还会通过提供鸦片及吸食鸦片场地的方式赚取钱财。

④ 可借租户掩护。经租人往往与租户联系密切，租户眼中，经租人就是业主代表。与经租人搞好关系，将有利于租户晚缴房租甚至少缴房租。所以，租户帮助或说掩护经租人吸食鸦片，也就不足为怪了。

梳理与里院经租人相关的史料，会发现很多其所经租的房屋及业主和房客的信息。甚至可以说，里院经租人是一把开启里院研究乃至青岛历史研究的钥匙。由于相关史料较多，本文仅就笔者目前已掌握的情况对里院经租人予以简单剖析。相信随着更多史料的挖掘，经租人这个线索，一定会为我们研究里院提供更多信息。

里院个案一览

积厚里二三事

积厚里是笔者两年前刚刚接触里院档案时，研究的第一个里院。当时对里院档案还不熟悉，所以整个研究过程一直在摸索中进行。这篇文章断断续续写了两年多，因为不断有新的素材挖掘出来，所以文章也一直在不断完善和补充中。

积厚里位于聊城路、海泊路、济宁路、胶州路围合区域的东北角，正门在北侧的胶州路上。该里院整体为砖（石）木结构，整个里院北低南高，依地势修建。站在胶州路，南望该里院，只能看到两层楼房。但从胶州路大门入院，沿半层台阶向下进到院落中央后，会发现整个建筑实为三层。

业主曾是第四自治区区长

青岛的里院大多经历过多个业主，虽然民国时期的市政当局进行过多次里院统计，但由于统计数据仅涉及较短的时间段且多有错讹，这使得查找每一个业主都如同破案一般。

关于积厚里业主，最直接的信息首先来自 1931 年 8 月青岛市社会局调查杂院统计表。当时登记的情况是：积厚里业主杨可仝，有房屋 114 间，居住 61 户，住户多为苦力及商贩。在 1935 年冬季青岛市公安局第二区调查辖境杂院一览表中，积厚里业主改为杨雨亭，共有 66 间房，住有 68 户，住户多为苦力。

时隔 4 年，住户数量变化不大，而房间数却大幅减少，这可能缘于计算方式不同。积厚里的房间多为套间，按单间或套间计数，房间数量会相差很多。所以，极有可能1931年按单间统计积厚里有房114间，而1935年按套间统计积厚里有房66间。档案显示，1937年的统计表中，积厚里依然是66间房、居住68户。1965年青岛市公安局的统计中，仍是位于胶州路116号的积厚里，住户为60户。可见，积厚里住户数量一直比较稳定。需要说明的是，户数与房间数之所以不同，是因为既存在一户租住一间以上的情况，也存在几户合租的情况，这是当年很多里院普遍存在的状况。

时隔4年，登记业主由杨可全变为杨雨亭，笔者自然想弄清楚二者之间是否存在买卖或者过户。这里首先需要解释的是，通过大量排查档案，可以确认登记中的杨雨亭有误，应为杨玉廷。看到这里，已经读过本书《青岛里院的自治组织》一辑的读者应该想问一句，是那个第三区里院整理会主席杨玉廷吗？没错，就是此人。只是笔者一开始并不知道杨玉廷的这个整理会主席身份。事实上，为了研究积厚里的业主，笔者走了很多弯路。

2022年，通过排查档案，笔者只是发现杨可全与杨玉廷有非常密切的关联。档案显示：1924年杨可全曾因某事代表全盛工程局致函胶澳商埠财政局；1927年，杨玉廷曾以“东镇全盛工程局”请愿人身份呈请青岛总商会，表示愿意入会并请总商会发给门牌证书；1935年全盛公司参加工程投标时，杨可全曾作为投标人；1935年杂院调查表显示杨玉廷籍贯为即墨，住东镇全盛公司；同表中位于滨县路33号的积厚东里，业主为杨可全，其籍贯为即墨；积厚东里的经收房租人（简称经租人）葛本善，也是即墨人，且有档案显示该人也供职于全盛公司；1940年，时年61岁的杨可全是全盛窑厂经理人。上述这些信息足以表明，同为即墨人，且同在全盛公司的杨可全与杨玉廷关系一定非同一般。

那么，二者到底是什么关系呢？直到2023年，笔者看到了“1927年山东青岛总商会第六届职员一览表”，才找到了答案。该表中，会董部分最后一列白纸

備註	姓名	字	年齡	籍貫	業別	商號及職務	票數	住址
	唐述勳	藎卿	四十七歲	山東福山縣	棉布行	政合永總理	六票	天津路
	王銘璿	星垣	四十七歲	山東福山縣	鐵行	義昌仁總理	六票	即墨路
	袁鋶驄	明卿	三十七歲	山東即墨縣	土產	瑞源昌總理	六票	直隸路
	梁作銘	勉齋	四十六歲	山東萊陽縣	木行	裕昌號總理	五票	小港路
	紀泉章	毅臣	三十七歲	山東即墨縣	雜貨	潤泰號總理	五票	濰縣路
	楊可全	玉廷	四十八歲	山東即墨縣	工程業	全盛工程局經理	五票	奉天路
特別會董	隋熙麟	石卿	四十六歲	山東文登縣	銀行	商辦青島地方銀行總理	公推	保定路
	顧汝榛	少山	四十三歲	山東掖縣	土產	恆祥棧總理	公推	天津路
	劉鴻仁	術堂	四十歲	山東掖縣	雜貨行	裕泰豐總理	公推	山西路
	鄔學韶	志和	四十三歲	浙江奉化縣	銀行	中國銀行行長	公推	山東路
	朱昌	式文	五十八歲	山東掖縣	雜貨行	裕祥源總理	公推	北京路
	朱傑	子興	六十八歲	直隸天津縣	木材煤炭	成通號總理	公推	山西路
	陳克煉	次治	六十歲	山東即墨縣	土產	復誠號總理	公推	山東路
	楊聖訓	詳亭	四十七歲	山東即墨縣	雜貨商	源盛棧經理	公推	丹陽路
	于新華	維廷	三十七歲	奉天大連	輪船公司	政記公司經理	公推	北京路
	杜培周	夢九	五十八歲	山東招遠縣	汽車行	永利行經理	公推	冠縣路

山东青岛总商会第六届职员一览表（1927）

黑字写着：杨可全，字玉廷，48 岁，籍贯即墨，经营工程业，为全盛工程局经理，得票为 5 票，住奉天路。原来杨可全就是杨玉廷。即从 1931 到 1935 年，积厚里业主并未发生变化。同时，1935 年积厚里和积厚东里的业主也是同一个人。

对于积厚里业主杨玉廷，笔者的认识是在过去三年里逐步丰富起来的。本书《青岛里院的自治组织》一辑中提到其曾任青岛市第四自治区区长和第三区里院整理会主席，据档案记载，第二次日占青岛时期（1938.1 ～ 1945.8），他还曾任市商会常务董事、台东镇商会会长、青岛金融合作社专务理事、华北物价协力委员会青岛市分会委员等职。这些身份都是笔者 2024 年才从档案中获知的。

业主更换风波

通过青岛市档案馆馆藏档案研究某个里院，非常不易。最明显的，几乎很难通过具体的里院名查询到一些相关信息。比如查询“积厚里”这三个字，只能检

積厚里緊要聲明啓事

青島市膠州路一一六號積厚里院內代表聲明人

中華民國二十九年三月十七日

积厚里关于房屋盖章之手印无效紧要声明启事（1940）

青岛牛乳舍主加藤重太郎(日)(1935)

索到两条信息。但相比那些查不到任何信息的里院，这已非常令人满意了。

这两条信息中，有一条为1940年3月17日刊登于《青岛新民报》的《积厚里关于房屋盖章之手印无效紧要声明启事》。通过该启事，我们获知，积厚里于1940年3月7日被杨玉廷卖与日人加藤重太郎。抗战初期，很多里院被日本人接手，所以积厚里卖与日本人并非个例。

加藤重太郎，何许人也？档案显示，其在青岛居住时间较长，也算是青岛有一定知名度的人物。早在1917年，他曾向日占当局申请在台西镇建设住宅及系牛场，该系牛场距青岛屠宰场不远。1922年底，中国政府收回青岛后，加藤重太郎经营的榨乳业生意并未受到影响。1925年，他曾请租此前已租的华阳路官地临近地段，以便扩大牛乳加工业。胶澳商埠时期，他还向农林事务所请求购买李村农事试验场的乳牛用于产奶售卖。1935年杂院统计表中，他是博兴路福顺里、益都路福和里等4个里院业主。

1940年购买积厚里时，加藤重太郎已50余岁，当时人称“牛乳舍主人”。第二次日占时期（1938.1～1945.8）的1944年，他还在申请承租太平镇公地，用于建设奶牛牧场。第二次日占期间，青岛牛乳舍、海滨第一牧场和滋养轩直营青岛牧场是青岛较大的三处牧场，均系日人经营。其中，以加藤重太郎的牛乳舍规模最大，牛乳舍的加工点在辽宁路125号，本店在堂邑路36号，另有辽宁路225号、沧口大马路122号和中山路38号等3家支店。抗战胜利后，该牛乳舍作为日伪产业由国民党青岛市党部承购。

作为日本人，加藤重太郎对中国人并不友好，这一点在积厚里的启事中可见一斑。根据该启事，此房交付时，经租人李凤阁及前经租人万景斋曾一起陪同加藤重太郎到积厚里查看。加藤重太郎在查看时对院内住户提出：必须即时交付此前欠款。如一时拿不出来，须当场在字据上盖手印；如不盖者，须得即刻搬出。由于该院住户均系苦力，男人们白天都在外忙于工作，家中只留有妇女。加藤重太郎去查看时恰恰是白天，这些目不识丁的农家妇女，被日本人这么一吓，全都没了主意，纷纷按了手印。各家各户的男人晚上散工回家后，听闻此事，都很气愤，认为这是加藤重太郎的无理要求。

第二天，所有男人都没有外出打工，而是一起到台东镇找前业主杨玉廷讨说法。杨玉廷通过手下的胡先生对众人表明了自己的态度——积厚里已卖给日本人且各住户此前的欠款一概取消，不再讨要。事实上，此前十多天，万景斋曾代表杨玉廷到积厚里对各住户说过同样的话。众人此番再次听到了同样说法，无疑如吃了定心丸一般，当即千恩万谢离开了东镇，并在返回后即刻将杨玉廷的说法告知李凤阁，请他急速将各户的手印讨回。李凤阁当场满口答应，说次日即可送回。没想到大家等了五六天，也未见送回手印。于是，众人再次找李凤阁追问此事，李凤阁仍是满口答应并表示即刻讨取。但第二天，众人还是没有拿到手印。对此，李的解释是，手印原本在加藤重太郎处，但已经被他送交警察局。积厚里民众见讨要无果且再讨无益，只得于 3 月 17 日在《青岛新民报》上刊登了《积厚里关于房屋盖章之手印无效紧要声明启事》。

这里，忍不住想说句题外话，即与该启事同版刊登的，还有本书“绕不开的里院人物”中提到的王度庐的武侠小说《剑气珠光录》的连载。回归正题，由于史料缺失，启事的后续，不得而知。不过，档案显示，加藤重太郎在上世纪 30 年代曾与里院租户多次打过房租官司，但查不到其在 1940 ～ 1941 年的房租官司。由此可见，其购得积厚里之前的欠租，很有可能并未让住户补缴。

积厚里的商户

笔者曾对前文积厚里启事的三位发起人张业富、贺景常、吕凤山进行了一番档案排查。获取了与张业富有关的信息。

张业富，高密人，时年 50 岁，是胶州路 112 号三顺栈饭铺的唯一股东及业主。

积厚里属于一面临街的里院，三顺栈饭铺即位于积厚里临街的北侧一面。该饭铺是餐馆商业同业公会会员，设立于1920年9月10日，有店员5人。

张业富同时也是积厚里二楼32号房的租户，该房被他用来贮存货物。据法院卷宗，张业富曾在1938年将该房借于亲戚陈公和，陈当时在某医院供职。借住时，陈声称等医院的宿舍腾出来，就搬出积厚里。不料陈一借住就是两年，且在搬离后竟私自将房屋转租于一王姓住户。张业富与他们理论，陈与王竟蛮不讲理。不得已，1940年10月，张业富一纸诉状将陈告至青岛地方法院。最终经民事调解，陈表示他会设法让王姓租户于当年11月25日以前迁走。但一个月后，王姓租户并未迁走，而陈也并不催促。急需用该房贮存货物的张业富不得不于11月25日向青岛地方法院提出“强制执行”的申请。后经法院调解，王姓租户于12月9日搬离该房。此事才算有了一个较为完满的解决。这样的官司，在当年的里院可谓不胜枚举。

三顺栈与祥丰磨房相邻，祥丰磨房经理人恰恰是积厚里的经租人李凤阁。据1948年青岛市磨房工业同业公会的档案记载，李凤阁，胶县人，时年54岁，为祥丰磨房经理人。祥丰磨房为李凤阁独资创办于1942年1月28日，地点是积厚里内15号，商号资本额300万元，主要生产杂粮粉，日产量为700斤，店里有零工三人，每月工资最高1000元，最低800元，每天工作8小时。磨房有石磨一部，产于张店，用于磨粉，价值400元。所用动力为上海维新电器厂出品的一部三马力电动机，用于拉磨，价值1260元。每月加工的原料为青岛本地所产，包括小米2400斤，月价值31万元；苞米2000斤，月价值20万元。

有趣的是，积厚里当年曾有过“祥丰家族”。1946年2月17日，祥丰铁工厂盛记设立于积厚里院内的“内四户”，从1946年3月14日该“厂屋平面略图”可以看出，当时院内有食堂、宿舍，还有位于院内的工厂。同年的登记信息显示，该厂主业为铁工业，无副业。经理为张绪文，业主为王世祥、姜华英和张绪文三

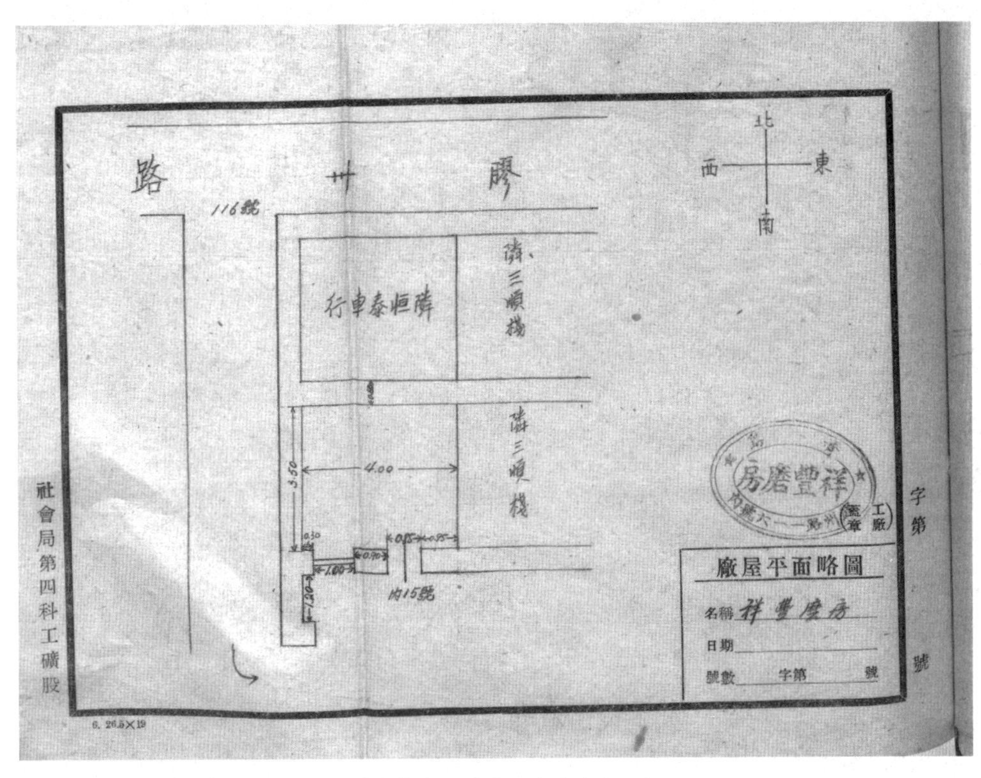

祥丰磨房厂屋平面略图（1946）

人，资本总额为20万元，其中王世祥、姜华英各出资6万元，张绪文出资8万元。使用店员人数为3名男工，已参加铁工业同业公会。

王世祥，时年53岁，胶县人，住胶县城内；姜华英34岁，胶县人，住积厚里内；张绪文时年32岁，胶县人，也住在积厚里。考虑到李凤阁也是胶县人，且其磨房名也是祥丰，很有可能，这几个胶县人有较为密切的关系。

在祥丰铁工厂的《商号业主经理经历表》中，王世祥曾经营杂货。张绪文学铁工4年，出徒后做工2年，又做2年铁工生意，因生意不振，重新做工至1945年8月止。姜华英的经历为管理家务，由此判断其可能为女性。资金来源方面，王世祥以本人所得之余利作资本；姜华英以本人配嫁之田地卖出做资本，由此可确认其为女性；张绪文以之前铺垫货物做资本。

有关该工厂《工业登记事项》中，其动力种类登记为电动力。男工工作时间为 8 小时，延长时间为 2 小时。月薪最高 8 千元，最低 5 千元。除支给工资外，设有食堂宿舍，即我们现在的管吃管住。厂内设有消火弹并备有消毒药水以重安全卫生。工人奖惩办法：如工人在年内不休工者，将本厂所得之余利提出 5% 奖赏之。其他工作勤俭者，至年底择优奖励。若有误工及扰乱厂规者，根据轻重或立即辞退，或记过惩其将来，并将其预得之奖金惩罚之。

祥丰磨房除了与三顺栈相邻，还与恒泰车行相邻。根据青岛市社会局 1944 年《恒泰车行明记商业登记执照呈请书副本》，该车行位于胶州路 114 号积厚里，主业为修理脚踏车。车行设立于 1944 年 5 月 1 日，业主为赵明辉和戴鸿君，二人各出资 2 万元成立的该车行，赵明辉任经理。车行有店员 4 人。1944 年 5 月 11 日，赵明辉还在同一地址设立了恒泰号洗染厂，有店员 3 人。该洗染厂出资额为两千元，档案显示为华昌洗染厂让渡给赵明辉。

通过恒泰车行的《商号业主经理经历表》等档案，我们获知，赵明辉，1946 年 34 岁，籍贯平度，1934 年曾在烟台任修理脚踏车技师，1944 年 5 月 1 日来青岛，开车行的资本金为其在烟台任技师时积攒。戴鸿君 1946 年 21 岁，籍贯也是平度，其投进车行的资本金为其变卖原农业家产所得。

再说一句题外话，该车行的担保商号为鸿瑞和号脚踏车行。鸿瑞和号位于潍县路和即墨路交叉口东南角所在里院内，该里院院名即为鸿瑞和院。事实上，研究里院档案越多，越会发现各里院之间有着千丝万缕的联系。而且很多史实，也不断通过档案之间的互相印证变得越来越明晰。如与鸿瑞和院相接且为同一业主的永益里，抗战时期曾被日本人霸占，这样的情况在当年并不少见。相比之下，杨玉廷的积厚里能正常卖与日人加藤重太郎已是非常好的情况。

“凤凰三点头”锣鼓点的诞生地

关于积厚里经租人李凤阁，还有一件事值得大书特书。因为，他对诞生于积厚里的锣鼓点“凤凰三点头”可谓至关重要。据知名作家、文艺评论家吕铭康先生考证，“凤点头”锣鼓点就是上世纪40年代由李凤阁出资，京剧鼓师蓝宝仁以及林松涛等在当时的“胶澳锣鼓秧歌点”基础上，与京剧锣鼓相结合而创作出来的。据李凤阁儿子回忆，其父当年是京剧票友。作为祥丰磨房的经理人，李凤阁当年并不“差钱”，有条件促成此事。

“凤点头”只需要5件锣鼓家什。其中，三大件是堂鼓、大锣和铙钹，两小件是小钹、小锣。5个人一凑，就是一台戏。堂鼓是总指挥，鼓点有时如同暴风骤雨，有时恰似闲庭信步，既有轻重缓急，也有抑扬顿挫。敲鼓的时候，开始舒缓，接下来是“幺二三”“三二幺”，再就是“四个幺”。总之，一切都是堂鼓说了算，

吕铭康（左二）与“凤点头”锣鼓队

其他 4 人都是聚精会神看着鼓手的动作。大锣是听着鼓点，该敲就敲，该放就放，该捂就捂。铙钹算是颇有难度，操作者得紧密配合堂鼓，专门在空间咔钹，既要咔得完美，又要上下反复搓钹，甚费气力。至于小钹和小锣，一板一眼打着节拍即可，但堂鼓一停，立即鸦雀无声。

据吕铭康先生回忆，上世纪 50 年代中期，“公私合营”掀起高潮，在当时最热闹的青岛“老街里”，天天锣鼓喧天，敲锣打鼓的人主要出自“积厚里”和“劈柴院”的一些锣鼓队。他们击打的“凤凰三点头”锣鼓点，优美悦耳，震撼肺腑。有时为了配合“跑旱船”“踩高跷”，还加上唢呐。真可谓：珠联璧合，相得益彰，节庆气氛愈加浓郁，每次都是观者如堵。

笔者曾就“凤凰三点头”锣鼓点的历史专门请教吕铭康先生。吕老说起此事滔滔不绝，专门发过来他亲自参与的“凤点头”锣鼓点的录像视频。据吕老说，“凤点头”锣鼓在 1956 年达到高峰。上世纪六七十年代，青岛许多企业，如自行车厂、4808 厂、四方机厂、啤酒厂、国棉几个厂（尤其国棉六厂）等都有类似于“凤点头”的锣鼓队，有的规模甚至达百人以上。不过，这样搞“人海战术”的缺点是——滥竽充数者甚多。好好的鼓点就这样被糟蹋了，此后差点销声匿迹。所幸，在吕老等人努力下，这一锣鼓点被保存下来。近年来，每届青岛国际沙滩节开幕式上，都有“青岛凤点头锣鼓队”的演出，受到了广泛关注和热烈欢迎。

笔者曾经查找了各级非物质文化遗产名录，并未发现“凤点头锣鼓点”这一民间技艺。许是因为该锣鼓点既涉及积厚里又涉及劈柴院，而这两处分属青岛市北、市南两个区，所以在申报时被“掉空里”了。这一点，着实令人遗憾。

分分合合三兴里

三兴里是笔者研究的第二个里院。在新一轮历史城区保护与更新中，将潍县路、高密路、博山路和胶州路围合区域统称为三兴里，但事实上，三兴里原没有这么大。档案显示，该围合区域曾历经几次分分合合，颇有点“天下大势，分久必合合久必分”的感觉。

田云生的三兴里

1965年青岛市相关统计中，以“三兴”命名的里院有5处。其中，博山路74号、益都路137号和黄岛路26号都名为三兴里。此外，还有位于郯城路1号的三兴南里和郯城路3号的三兴北里（1965年已拆除）。根据地理位置，本文所要谈及的是博山路74号的三兴里。

令人费解的是，其他几个三兴里的住户，少则30余户，多则80户，而博山路74号三兴里的住户居然只有少得可怜的8户。如果潍县路、高密路、博山路和胶州路围合区域都属于三兴里，那么如此大的地块，不可能只有8家住户。可见，或者该三兴里当时并没有围合区域这么大，或者围合区域内的住户远远多于8户。

根据这个疑问，笔者查询了上世纪30年代有关里院的统计。在这些统计中，该三兴里一直住户不多。1931年，其登记门牌号为博山路60号。其他登记信息为：业主田云生，经租人田西林，房屋13间，居住14户，每月每间房租金3.20元，合计月租金 42.60 元，住户多为劳力。1935 年，其登记门牌号变为博山路 74 号。业主、经租人、房屋数和住户信息都没有变化，但住户不再是劳力，而是商人。1937 年，其登记的门牌号、业主和经租人未变，住户增至 18 户，住户仍为商人。

1924 年位于博山路 10 号地的田云生私有地略图表明，其当时的私有地并非是由潍县路、高密路、博山路和胶州路围合的整个区域，而是该区域的东半部分。如果这处私有地在上世纪三四十年代并未发生变化，那么登记为博山路 74 号的三兴里，指的无疑就是田云生的这处私有地，而三兴里的住户无疑更多地仅租住了面朝博山路一侧的临街房屋。巧合的是，三兴里博山路一侧恰恰是 8 套房子，这一数字与 1965 年居住该处的户数完全一致。

目前，以三兴里命名的整个围合区域已修缮完毕。其中，博山路一侧为由 8 套房子组成的联排式建筑。各房间皆为两层，均在博山路一侧一楼有开门，每户室内皆有楼梯连通楼上楼下，颇似现在的 loft。出地铁四号线中山路 D 口，其右侧即为这组联排建筑。整个建筑依托博山路南低北高的地势拾级而建，所有房屋自成一体又相互毗邻，每两个相邻房屋为相同高度，整排屋顶因此显得错落有致。

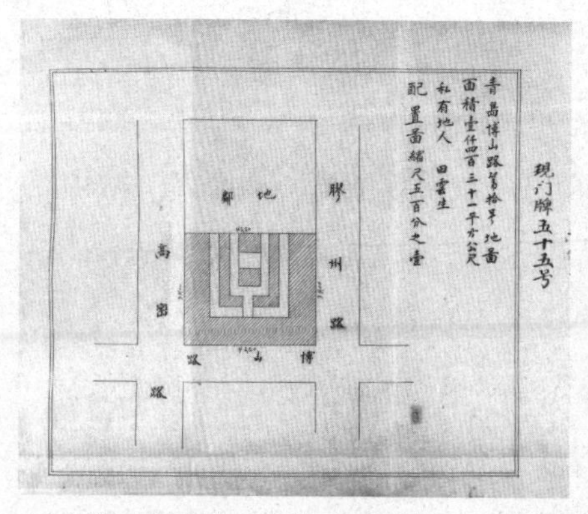

位于博山路 10 号地的田云生私有地略图（1924）

修缮后的三兴里博山路一侧

谢南章与谢南章院

上世纪30年代的杂院统计中，谢南章院位于潍县路、高密路、博山路和胶州路围合区域的西半部。1931年，谢南章院登记信息为：胶州路57号，房主田诒谋，经租人李菊生，房屋60间，住26户，每月每间租金5.10元，合计月租金306元，住户多系工人或侍役。由于查不到田诒谋的任何信息，所以无法确认他与同姓的近邻田云生是否有所关联。1935年，谢南章院登记地址变为胶州路172号。登记房主变更为吴拱北，河南固始县人，时住天津。经租人仍为李菊生，河北宁河人，亦住本院。房屋38间，住35户，住户为工商。住户变化不大且增加，而房间减少，极大可能是因为1931年按单间统计，而1935年按套间统计。1937年，有关谢南章院的情形，除住户仅登记为商住外，没有其他变化。

谢南章，何许人也？为什么该院会以其名字命名？青岛市档案馆馆藏中为数不多的相关档案资料给我们提供了少许信息。

1933年版的《青岛指南·社会纪要·公共事业·医药业·中医》中，谢南章赫然在列，其住址胶州路57号恰恰就是1931年谢南章院登记的地址。1933年3月《青岛市医士治疗月报表》显示，谢南章当月治疗的患者有内科29人、外科1人、耳鼻喉科4人、妇产科4人、小儿科3人，共计41人，包括男患者18人、女患者23人。当月所有患者皆被治愈。当月报表中，还有一名同姓医士——谢泽山——也住胶州路57号。其治疗的患者有13人，皆为内科、男性，其中有9人被治愈。不知二人或二人的诊所是否有关联。

1936年5月的《青岛市医士治疗月报表》显示，谢南章当月治疗的患者有内科21人、眼科1人、耳鼻喉科15人、妇产科7人、小儿科7人，共计51人，包括男患者24人、女患者27人。当月仅内科有1名女患者未愈，其他患者皆被治愈。

1940年《关于谢南章请领中医临时开业执照的申请书》显示，谢南章为浙江慈溪人（今属宁波），时年69岁，其医术为祖传，由其先人谢松岩传授。早在中德《胶澳租借条约》签订的1898年，即青岛刚刚开埠之时，该人即来青行医。这个时间远远早于苏浙赣皖四省商人联合设立三江会馆的1906年，甚至早于大鲍岛村拆除的1900年。由于史料匮乏，我们无从得知谢南章为何会来青岛，尤其是在大鲍岛华人区尚未大规模开建之时便来青行医。但在当年青岛地区医疗条件严重匮乏的境况下，作为青岛开埠初期最早一批开办中医诊所的人，他的到来无疑会受到当地人欢迎。

有史料显示，谢南章在青岛行医一直很稳定。1923年7月，谢南章通过胶澳商埠警察厅考验并拿到卫字第12号执照。1930年1月28日，南京国民政府青岛市政府卫生局继续发给其卫字第17号执照。第二次日占时期的1940年9月7日，市卫生局仍继续发给开业执照。至1940年，谢南章已在青岛行医42年且已有照行医18年。

1940年《关于谢南章请领中医临时开业执照的申请书》还显示，其当时住址为胶州路172号（与1935年、1937年谢南章院的地址相同）。可见，该里院正是以其名字来命名。能以其名来为一个里院命名，足证谢南章当时应有一定名气或影响力。

民国时期，青岛有很多浙江绅商，其中不乏谢南章的宁波同乡。如三江会馆的会长周宝山即与谢南章同为浙江慈溪人，而明华银行青岛分行行长张絅伯为浙

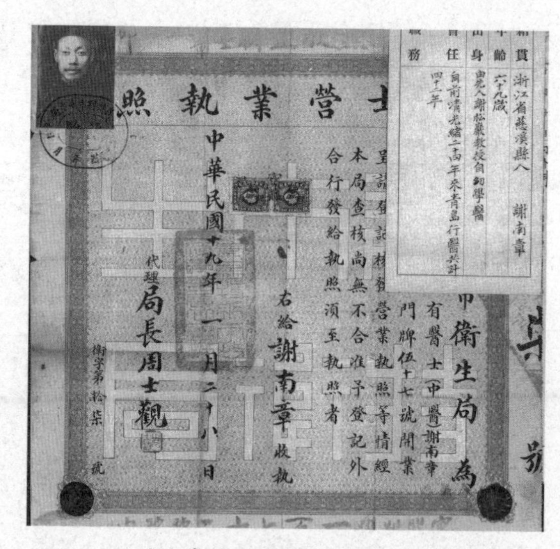

籍貫 浙江省慈溪縣人 謝南章
年齡 六十九歲
出身 由先人謝松巖教授自幼學醫
曾任 自前清光緒二十四年來青島行醫共計四十二年
職務

士營業執照

衛生局為
有醫士（中醫）謝南章
門牌伍十七號開業
呈請登記核發營業執照等情經
本局查核尚無不合准予登記外
合行發給執照須至執照者
右給謝南章收執
中華民國十九年一月二十八日
代理局長周士觀
衛字第拾柒號

谢南章医士营业执照（1930）

江鄞县（今宁波）人。事实上，从民国到新中国成立后，宁波出了很多著名的谢姓医师。如1924年出生于浙江宁波的谢竹藩是我国中西医结合学界奠基人之一，被称为中西医结合泰斗。他是中国用心电图诊断第一人，曾到中南海为毛泽东、周恩来、朱德等多位中央首长做心电图检查。只是，同乡同姓的谢南章与谢竹藩是否有更进一层的关联，尚无从得知。

经租人李菊生打的两起房租官司

谢南章院的经租人李菊生为集义公记法定代理人。档案显示，1930年12月19日收案、1931年1月19日结案的一起民事诉讼原告就是李菊生。根据该卷宗，李菊生曾将胶州路57号院内二层楼上两间房租赁给被告江存谟，每月租金14元。因江存谟欠租不缴，所以将其告上法院。可见，李菊生作为谢南章院的经租人，既有对外放租的权利，也有追讨欠租的责任。

无独有偶，1931年4月一起民事诉讼案的原告也是李菊生。该案被告为董寿山，住博山路15号。根据卷宗，1926年春，董寿山曾租赁协裕祥坐落在高密路30号楼房门面1所，三层楼，上下9间，厨厕各一间。言明每月租价现洋75元，先交后住，以一年为限，立有契约。后协裕祥将该楼房卖与集义公记，该被告仍继续赁用。至1931年2月底，董寿山的租赁合同早已满期，其共计欠款358元。由于其不仅不偿还欠款，还将房屋转赁他人，李菊生为追讨欠款，将其告上了法院。该案曾开庭审理，后在友人调处下，董寿山表示愿交还房屋，李菊生则表示愿让免房租并呈请法院撤销该案。

该案中，李菊生仍是经租人身份。其放租房屋虽不位于胶州路57号谢南章院内，但协裕祥坐落的高密路30号也位于潍县路、高密路、博山路和胶州路围合区域的西半部。

本书《里院的管理》一辑中曾提到，在上世纪30年代初期，青岛存在住房短缺、住宅环境恶劣、房租高涨等一系列住宅问题。其中，青岛的房租收取情况尤其令人担忧。与此相应，青岛地方法院卷宗中的房租案数不胜数。这两起房租案，反映的就是当时的这种情况。

吴仲南与集义公记

1924 ～ 1926 年，前文提及的协裕祥业主为河南固始县人吴仲南。该人的购买力似乎很强，因为胶澳商埠时期（1922.12 ～ 1929.4），他曾经出售了很多房产，如 1924 徐更生曾购买吴仲南位于宁阳路 13 号的房产、1927 年张蒙泉购买吴仲南位于平阴路的官有地楼房、1928 年吴仲南将冠县路楼房 72 间卖与三义堂。最值得注意的是，1926 年 2 月，吴仲南将北至胶州路、西至潍县路、南至高密路，东至田姓的一处地产及地上的定着物卖与集义公记。这里东接的田姓指的就是田云生的三兴里。购买声请书显示，该处房产为 1914 年春吴仲南从梁云圃手中买得，其面积为 1431 平方米。这一面积，与田云生私有地的面积相同。集义公记购地的过户图显示，谢南章院就在这一区域。可见，1926 年的潍县路、高密路、博山路和胶州路围合区域被平分为两部分，东侧为田云生的三兴里，西侧为集义公记所购谢南章院。

集义公记曾在 1932 修理胶州路 54 号窗，并在 1940 年修改高密路 61 号窗门并筑雨篷。可见，吴仲南将房产卖出后的很长一段时间，集义公记并未再度卖出。

耐人寻味的是，吴仲南将该处房产卖出后，并未搬离集义公记。1928 年 10 月，54 岁吴仲南仍住在这里。吴仲南，顾名思义，排行老二，“南”为其名。而 1935 年里院杂院统计中，谢南章院房主为河南固始县人吴拱北。吴仲南，吴拱北，同姓，同乡。反复咂摸这两个名字，很难不让人联想到——在那个很多人既有名又有字号的民国时期，吴仲南很可能就是吴拱北，即吴拱北字或者号仲南。

若真如此，整件事的时间线应该是：1914 年吴仲南购得潍县路、高密路、

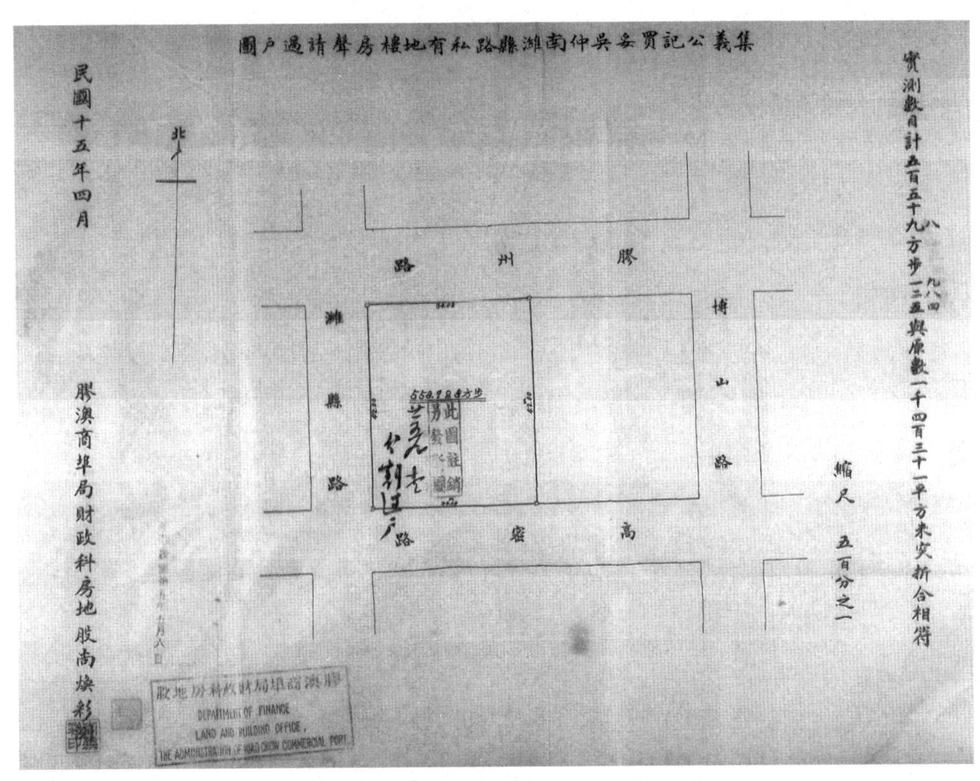

吴仲南卖与集义公记房产的过户图（1926）

博山路和胶州路围合区域的西半部，此后他成为协裕祥业主并由协裕祥来经营管理这一私有地。再之后他成为了集义公记业主，并将该私有地转至集义公记名下并由集义公记进行管理。所以，1935 年的时候，谢南章院业主登记为吴拱北（吴仲南）也算正常。

谢南章院被分割

1936 年 8 月，吴巩伯与吴云搏二人分割了谢南章院。该地上定着物为三层铺房 96 间，平房 24 间，虽均系旧置，但逐年修理，尚称完好，按照当时行情，值 2 万元。另，该处地价为 8 万元，合计为 10 万元。最终，二人二一添作五，各得价值 4 万元的地和价值 1 万元的地上定着物。

具体分割情形是：吴巩伯（时年 29 岁，河南人，职业商，住潍县路 65 号）分得南半部，即东至田姓、西至潍县路、南至高密路、北至吴云搏，门牌号为潍县路 59、61、63、65 号及高密路 59、61 号，其地基为 674.50 平方米，其上定着物为楼房 45 间、平房 12 间；吴云搏（时年 28 岁，河南人，住胶州路 172 号）分得北半部，即东至田姓、西至潍县路、北至胶州路、南至吴巩伯，门牌号为潍县路 67、69 号及胶州路 172、174、176、178、180 号，其地为基 756.50 平方米，其上定着物为楼房 51 间，平房 12 间。

档案显示，该处房产分割前原为吴巩伯与吴云搏共同财产。前文曾提及，1935 年谢南章院的业主为吴拱北。同为吴姓且籍贯相同的三个人，很难不让人将他们关联起来。1936 年，吴仲南已是 60 余岁，并已住在天津。从年龄看，如果不出意外，吴巩伯与吴云搏应为吴仲南二子。即吴仲南在去天津前，将谢南章院这处房产交与二子共同拥有，后二子对其予以分割。用老百姓的话说，就是“孩子大了闹分家”。

可见，到 1936 年，潍县路、高密路、博山路和胶州路围合的区域已一分为三。即东半部为三兴里，西半部谢南章院的南部为吴巩伯拥有、北部为吴云搏拥有。但不知何故，

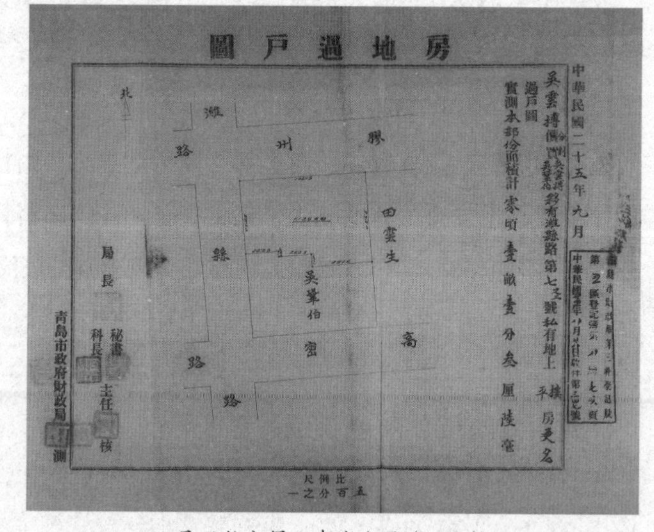

吴巩伯分得私有地略图（1936）

1937年青岛市市北区杂院调查表中，谢南章院的业主仍登记为吴拱北。不过，这样的"误记"无疑在一定程度上更加印证了吴拱北与吴巩伯、吴云搏的父子关系。

三兴里被合体

1988年的统计中，三兴里的名字仍在。但早在1965年的统计中，谢南章院的叫法已被云集里取而代之。1940年谢南章已是69岁，无从得知1965年进行统计时，其是否健在。如果其尚在，则会是94岁的超高龄。所以，笔者推测，很有可能在谢南章去世后，该院便不再以其名字命名。1965年和1988年的统计里，胶州路172号皆登记为云集里，住家41户。可见，1988年的潍县路、高密路、博山路和胶州路围合区域是由三兴里和云集里组成。

云集里如何得名，尚不得而知。不过，云集里的一楼皆为商用，最繁盛的时候，可谓商贾云集，也算是名副"云集"之实。这里曾经汇聚了多家钟表眼镜行，如大中华钟表眼镜行在潍县路67号，经营钟表眼镜唱机唱片；福盛祥在胶州路174号经营钟表；得利在胶州路174号经营表眼镜唱机唱片。此外，聚升楼在潍县路61号经营中餐、辛恕棠在胶州路180号开设药房、信丰绸庄在高密路61号经营棉布绸缎，神光药房在潍县路59号经营"新药"①。

如今，潍县路、高密路、博山路和胶州路围合区域已由天泰集团整体买下。其博山路一侧已基本打造成文创一条街，胶州路一侧五层高楼拟建为天泰·艺文中心。把这一曾经一分为三的区域整体命名为三兴里，无疑更益于该处的运营管理。如果说，三兴里最初的建成是其"一兴"，曾经的商贾云集是其"二兴"，希望我们可以很快迎来三兴里的"三兴"。

① 新药指西药和一些新奇特效药物。

故事多多同兴里

同兴里位于海泊路与济宁路交叉口东北角，包括海泊路15号和济宁路35～41号，与永泰里、积厚里等里院同位于海泊路、聊城路、胶州路与济宁路的围合区域。该里院初建于德租末期，砖木结构，地上二层。在新一轮历史城区改造过程中，该里院被打造成“青岛大鲍岛里院记忆博物馆”。同兴里是笔者研究的第三个里院，也是到目前为止挖掘出来的故事最多的一个里院。

一、业主之谜

同兴里的业主曾有哪些人？相关信息多有矛盾之处，若不仔细研究，极易搞错。

1. 包幼卿曾与陈葆余共有同兴里

关于同兴里的业主，流传最广的说法是：其最初产权归青岛名流包幼卿所有。他并不居住于此，而是将其出租。与当年很多业主一样，包幼卿将同兴里委托一家名为“怀远”的经租账房代为打理，经租人是张慕周，租户颇多。

包幼卿何许人也？根据史料来看，德租时，包幼卿在青岛商界已颇负威望。《胶澳志·人物志·乡贤》记载："……青岛开埠之始，市政权操诸外人，华商稍能自振，代表同业以参与市政者，仅傅炳昭、丁敬臣、包幼卿、周宝山、成兰圃与存约数

膠澳財政審查委員會及委員長包幼卿氏

膠澳財政審查委員會於民國十一年十二月二十八日成立由熊督辦委任紳商公推之包幼卿為委員長及隋石卿丁敬臣宋雨亭傅炳昭酆洗元張子安等十四人

為委員蓋為愼重膠澳財政出納之機關且以符熊氏財政公開之宣言也至民國十二年三月一日熊督辦藉口改組將該會撤消嗣後膠澳財政市民遂不得過問矣

1923年《接收青岛纪念写真》中有关包幼卿的介绍

人而已……”青岛于德租时开埠，包幼卿早在开埠初期即能参与市政，足证其在商界影响力之大。1922年12月10日，中国政府收回青岛并设立胶澳商埠督办公署。12月28日，胶澳财政审查委员会成立，包幼卿任委员长，隋石卿、丁敬臣、宋雨亭、傅炳昭、酆洗元、张子安等14人任委员。据《接收青岛纪念写真》，这些人皆为绅商们共同推举，并由时任胶澳商埠督办的熊炳琦委任。能担任该委员长，足证包幼卿在财政方面也颇有影响。该委员会的设立与熊炳琦宣称的财政公开精神相符，给世人一种胶澳商埠督办公署重视财政工作之感。遗憾的是，1923年3月1日，熊炳琦借口改组，将该委员会撤销。从此以后，胶澳商埠的财政事务，市民不得过问。

包幼卿是否同兴里的业主？1926年的“查验包幼卿济宁路房契通知书”提供了确切信息。根据该通知书，位于济宁路的三兴里为包幼卿与陈葆余共有。可见，至少胶澳商埠中期，该里院业主为包幼卿与陈葆余两人，而非包幼卿一人。

至于最初的业主是否只有或包括包幼卿，尚未确定。

关于陈葆余，他与龚仙洲、张痴记和包幼卿4人，曾于1923年联名致函青岛总商会，函中有“在青岛有房产数处”之语。可见，陈葆余当年是实打实的“地主”。同年，在“关于陈葆余等在肥城路胶州路等房产收租事项暂托张慕周接收的函”中，陈葆余列举了自己与包幼卿等4人在肥城路、胶州路、海泊路、高密路和芝罘路等处的房产。列举虽不全，已足见其房产之多。

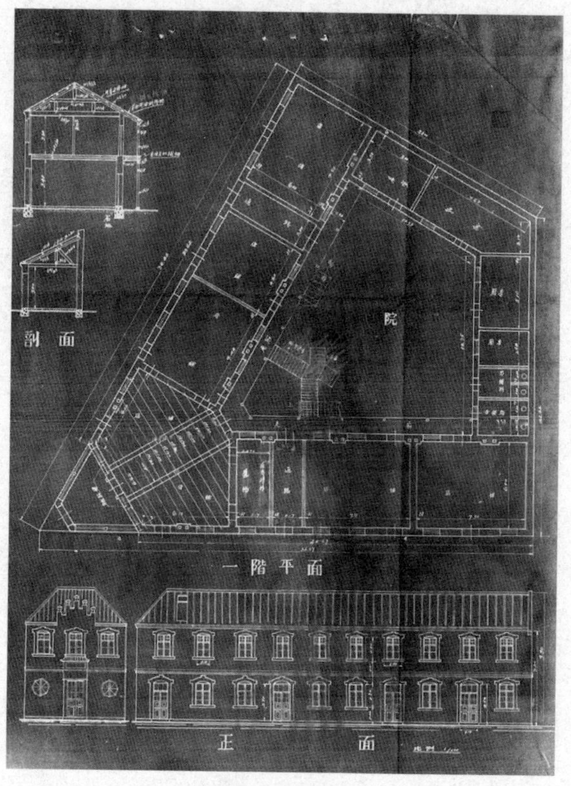

同兴里平面图及配置图（1931）

档案显示，1933年11月，陈葆余与包幼卿将坐落在济宁路12号地块的私有地及其上楼房，出让给刘寰球和刘田蓝玉。该房产四至为：东至王步青房产、南至海泊路、西至济宁路、北至秦风山房产。结合海泊路11号地块的房地过户图，可以确认陈包二人出让的就是同兴里。

2. 刘环球与刘田蓝玉曾共有同兴里

虽然档案中明确记载，陈葆余与包幼卿将同兴里出让给刘寰球和刘田蓝玉，但顺藤摸瓜查找同时期的其他档案，发现同兴里的业主也是刘环球与刘田蓝玉。

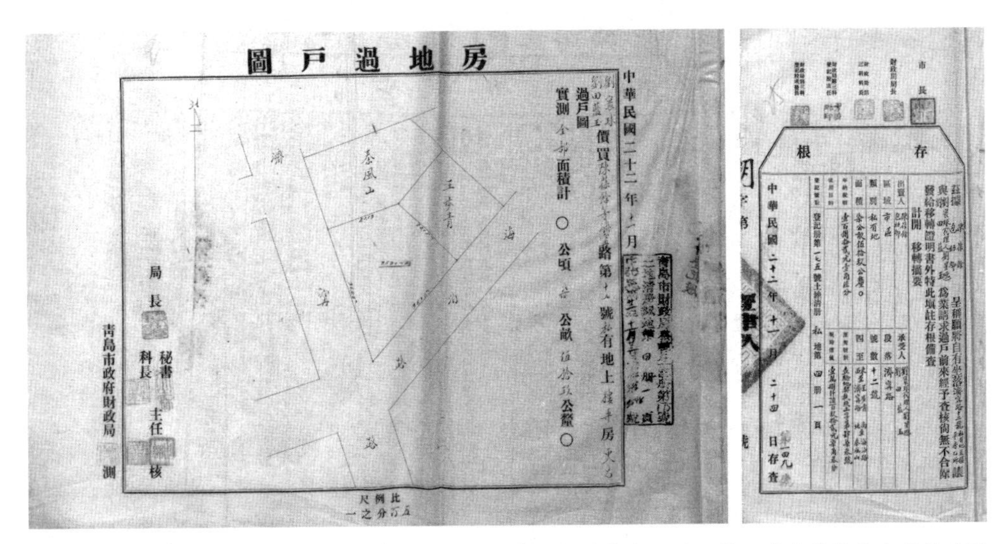

陈葆余、包幼卿将济宁路十二号私有地及其上楼房让与刘寰球、刘田蓝玉为业填注备查存根（附房地过户图）（1933）

由于民国时档案并无句读，笔者还曾一度将刘田蓝玉误认做刘田、蓝玉两个人。但可以确认的是，刘寰球与刘环球应是同一个人，只是不同档案中的写法不同。为叙述方便，下文再涉及该人，都只用刘环球这一说法。

关于刘环球和刘田蓝玉，档案显示他们住在天津路成文堂书局。成文堂是青岛地区历史较悠久的出版印刷发行单位，最初为招远县人刘寿楠于清道光年间在胶州创建。青岛成文堂成立于1913年，为胶州成文堂分号，是青岛较早的书局，初设天津路26号。至上世纪30年代，成文堂在青岛市内设有3个门店：成文堂书局（原天津路13号）、成文堂肇记（原高密路40号）、成文堂泉记（原高密路12号）。查找现有成文堂史料，并未发现与刘环球和刘田蓝玉直接有关的信息。

刘环球二人购得同兴里后，刘星海和刘星垣也都曾以业主身份在档案里出现过。1934年底，青岛地方法院“慈德堂诉金允湜房租迁让案”中，慈德堂声称拥有同兴里的房产。打官司时，慈德堂的代理人为刘星垣。据档案记载，刘星垣

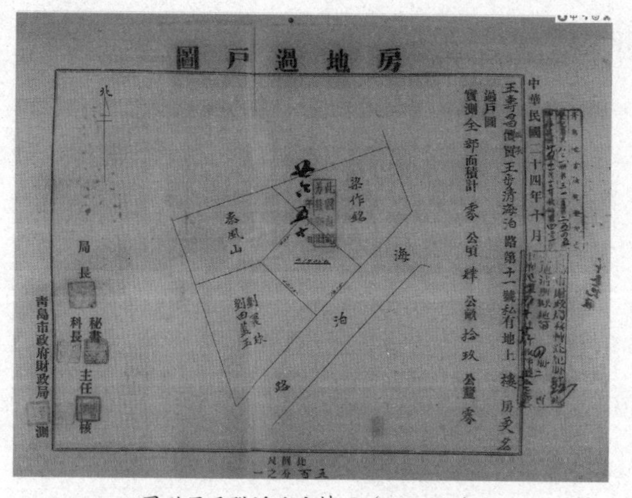

同兴里及附近业主情况（1935.10）

斯文注意

成文堂特別廣告

本號經售商務印書館出版圖書有年茲爲李村路設立分局開幕之始將商務印書館出版各書特別廉價凡滿實洋一元者一律照普通折扣外再打九折並上海各大書局出版書籍教育用品一應俱備價格從廉定於陰曆正月十六日正式開幕以誌紀念機會難得幸勿錯失特此佈聞籍頌　春安

天津路　電話二〇六八　成文堂書局

李村路　成文堂分局

《大青岛报》成文堂书局广告（1924.2.3）

时年 50 岁，招远人，身兼成文堂掌柜。1935 年里院调查中登记的同兴里业主为刘星海。根据 1927 年 4 月青岛总商会关于各商铺的调查，刘星海时年 42 岁，招远人，为成文堂号的股东兼经理人。

至此，刘环球、刘田蓝玉、慈德堂代理人刘星垣和成文堂经理刘星海，都有作为同兴里业主的档案佐证。4 人都姓刘，且皆与成文堂相关，可惜无直接证据表明 4 人间的关系。而且这 4 人的存在，使得同兴里的真正业主变得颇为扑朔迷离。

所幸，在 1943 年《青岛地方法院马汇川诉春盛和迁让案》中又出现了刘环球的名字。该卷档案显示，马汇川于 1942 年 9 月，购买刘环球等坐落在海泊路济宁路转角楼房一所。可见，至少在 1942 年 9 月之前，同兴里的业主一直是刘环球二人。那么慈德堂和刘星海又是怎么回事？

重新审视 1933 年 11 月陈葆余与包幼卿出让同兴里的档案，发现在刘环球名字后还跟着几个字——代理人刘星垣。至此，慈德堂的谜题解开了。民国时期，很多里院业主喜欢玩隐身，即不愿让外界知道自己的业主身份。他们会将很多事交由他人代理，甚至在各种里院调查登记时，也不愿公开自己的名字。事实上，刘环球二人作为业主时，法院卷宗里与同兴里有关的官司，当事人都是慈德堂或者刘星垣。更有甚者，在各种调解过程中，代理人刘星垣本人也没有露面，都是委托其账房先生李彦臣代理。

至于刘星海，作为成文堂书局的股东兼经理，很有可能与刘环球、刘田蓝玉本为近亲，甚至是父子或父女，即刘星海极有可能是刘环球二人购买同兴里时的出资人。而且，仅从名字来看，身为东家的刘星海与身为掌柜的刘星垣很有可能也是近亲。果真如此，刘星海将与同兴里有关的很多事务交与刘星垣代理就不足为奇了。当年的里院统计，由于时间紧，很多信息并未仔细审核，往往简单调查便匆匆记录，以至于现在看来，当年的很多统计数据并不十分准确。很有可能，当年进行里院统计时，只是将人们想当然的业主——刘星海，登记为同兴里业主。

综合以上信息，同兴里极有可能由成文堂的股东兼经理刘星海出资购买，但进行买卖手续时，房产被登记到刘环球和刘田蓝玉名下。刘环球和刘田蓝玉极有可能是刘星海的子女，他们并不亲自打理同兴里事宜，而是将其交由成文堂的掌柜刘星垣代理。

3. 马汇川与三合堂都曾是业主

1943 年 3 月，青岛地方法院审理马汇川起诉春盛和店铺与美丽工厂两桩迁让案，原告马汇川自称于 1942 年 9 月购买了刘环球等坐落在海泊路济宁路转角的一处楼房。马汇川时年 48 岁，济南人，永顺堂药房业主，住海泊路 18 号。按照马汇川的诉状，他购买该处楼房本为自用，但因购买时，院内住户均未迁出，故于接收房产时，即向住户们声明，限期 4 个月迁走，将所住房屋腾交业主使用。没想到 4 个月后，很多住户仍未迁出。马汇川无奈，只得委托律师代表自己出面，通知剩余住户再宽限一个月。但到期后，仍有住户没有搬迁。迫不得已，马汇川只得与这些人对簿公堂。春盛和店铺与美丽工厂就是没有迁走的商户。

档案显示，春盛和位于济宁路41号，为同兴里一部分。该商铺为一磨坊，生产杂粮粉，创立于1917年8月20日，经理人谭虎先。美丽工厂法定代理人徐全鱼，住济宁路39号同兴里楼上7户。可见，马汇川从刘环球手中购得的至少是同兴里的一部分。不过，由于看不到房产过户档案，无法确认当时过户的是否是整个同兴里。

1943年7月6日，《青岛大新民报》刊登了《同兴里全体房户关于与新房东马汇川为增涨房租发生纠纷的声明启事》。启事中，同兴里各住户声称皆已在此居住10多年，因为马汇川于1943年春天增涨房租发生纠纷。住户们已将房租如数存放于银号，这一情况已告知社会局。在社会局解决问题之前，所有住户每月会累存房租。从这则启事中可以看出，马汇川应是购买了整个同兴里，即至少1942年9月至1943年夏，马汇川是同兴里的唯一业主。

时光流转到抗战末期，同兴里的业主又发生了变化。抗战期间，青岛很多里院管理混乱，既有日本人和韩国人乱占的现象，也有租户私自出兑的情形，以至于搞不清真正的业主是谁。为此，同兴里的真正业主三合堂不得不来了一次广而告之。1945年1月20–21日，《大新民报》连续两天刊登了《律师郭存泰代三合堂为济宁路三十九号房声明产权》，在反复声明三合堂拥有济宁路39号产权的同时，明确告知各租户“只可自己租用，无有出兑之权。如私自出兑，依法根本无效，敬希各界注意……”可见，1945年初，三合堂是同兴里的业主。至于三合堂何时购得同兴里？是否从马汇川处购得同兴里？不得而知。

抗战胜利后，三合堂仍为同兴里业主，为“宣示主权”，1945年11月27日，《民言报》刊登了《济宁路同兴里房东紧要声明——房产已收归本房东》。根据该声明，抗战期间三合堂对同兴里的产权并未得到保障，该里院的多数房屋被鲜族人占用，有些房屋甚至被鲜族人私自出兑。日本人投降后，三合堂打算收回同

青島雙蚨麵粉股份有限公司股票

股東三合堂收執增丙字第捌柒號
創立註冊民國十七年二月
變更登記民國二十三年十月
股本原額國幣叁拾萬圓
增資國幣叁拾萬圓 民國二十九年一月
股款繳納全股悉數繳清
壹股 國幣壹百圓整
董事長
常務董事
常務董事 王祥五
常務董事
常務董事兼經理 陳祝三
中華民國二十九年 月 一日發給

三合堂持有的双蚨面粉股份有限公司股票（1940）

兴里产权，所以登报予以声明。

三合堂的资产很多，胶澳商埠时期曾在肥城路、中山路等处购买多处房产。1947 年三合堂《关于请迅予发还不动产文契的呈》表明，其在潍县路第六号私有地上也有房产。同年，三合堂代表人刘以桢又购得辽宁路公有地上的 72 间房。三合堂常务董事兼经理陈祝三 1926 年已担任青岛总商会会董。由于三合堂曾多次增持双蚨面粉股份有限公司股票，抗战胜利后，陈祝三已是该公司常务董事。

初步修缮后的海泊路 15 号外立面

二、同兴里中映医院小史

同兴里西南角的门牌号为海泊路 15 号，在同兴里修缮过程中，该处外墙一、二楼之间的屋檐下，渐渐露出一块嵌入墙体的牌匾，经工人师傅小心翼翼清理，可较为完整地识别出“中 × 医院”字样。据同兴里的老居民回忆，很久以前这里的确是医院，原为上下两层相通，类似现在的复式结构，下层简单接诊，上层进行包括手术在内的治疗。该医院曾有怎样的过往？那个模糊不清的字到底是什么？答案只能从尘封的档案中去找寻。

1. 海泊路 15 号曾是中映医院

由于历史原因，很多青岛老建筑的门牌号大多几经变化，尤其是民国时期的门牌号常常与 1949 年后的相去甚远。以至于每次考据某建筑，仅为确定其各时期的具体位置都会“旷日持久”。幸运的是，位于海泊路 15 号的这所医院，门牌号从上世纪三十年代至今一直未变。

青岛市 1935、1937 年关于各区医院的统计中，已有关于海泊路 15 号的信息。1935 年《青岛市公安局第一、二、三、四、五、六区调查辖境医院一览表》的第一区统计中，该区第二派出所管辖有两家医院，一家是位于胶州路 1 号的市立医院，另一家是位于海泊路 15 号的中央医院。中央医院还登记有如下信息：性质为盈利而非慈善或者免费；设有内外两科；院长金允湜时年 42 岁，籍贯莱阳；医士有两男两女；电话 5449；1931 年 5 月成立。两年后，相关统计中，除医院名称变更为中映医院，院长金允湜长了两岁，其他信息完全相同。

1937 年 3 月 8 日《青岛时报》刊登了一则中映医院业务广告，提供了如下信息：

诊断时间：上午 8 点至下午 6 点；

出　　诊：随请随到；

收　　费：门诊挂号免费、出诊费街里 1 元；

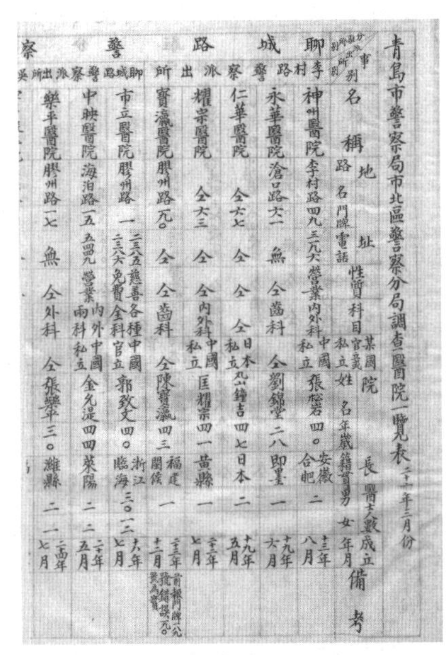

青島市警察局市北區警察分局調查醫院一覽表 二十六年三月份

分駐所派出所別	名稱	地址 路名門牌	電話	性質	科目	某國官立私立	院長 姓名	年歲	籍貫	醫士人數 男	女	成立年月	備考
李村路警察派出所	神州醫院	李村路四九	三九六	營業	內外科	中國私立	張啓若	四〇	安徽合肥	二		十三年八月	
	永華醫院	滄口路六一	無	仝	齒科	仝	劉錫堂	二八	即墨	一		十九年六月	
	仁華醫院	仝六七	仝	仝	仝	日本私立	丸山鐘吉	四七	日本	二		十九年五月	
	耀宗醫院	仝六三	仝	仝	內外科	中國私立	匡耀宗	四一	黃縣	一		二十二年七月	
	寶瀛醫院	膠州路九〇	仝	仝	齒科	仝	陳寶瀛	四三	福建閩侯	一		二十三年十二月	前報門牌一八〇號錯誤[illegible]
聊城路警察派出所	市立醫院	膠州路一	二三八五 二三六六	慈善免費	各種全科	中國官立	郭致文	四〇	浙江臨海	三〇	一三	十八年七月	
	中映醫院	海泊路一五	五四四九	營業	內外兩科	中國私立	金允湜	四四	萊陽	二	二	二十年五月	
	樂平醫院	膠州路一七	無	仝	外科	仝	張樂平	三〇	濰縣	二	一	二十四年七月	

1937 年青岛市警察局调查市北区医院一览表（左数第二列为中映医院）

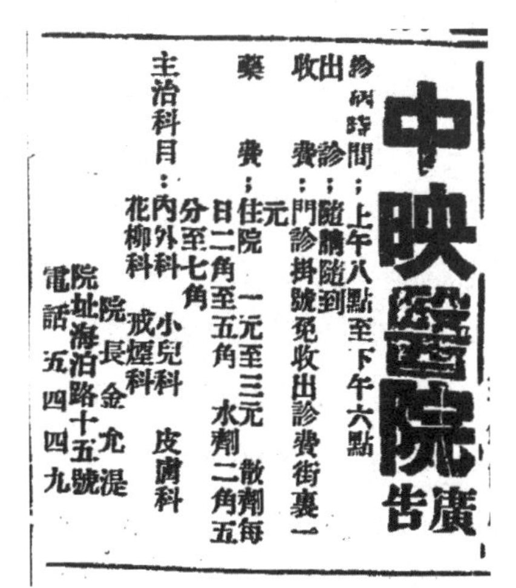

1937 年 3 月 8 日《青岛时报》刊登的中映医院广告

药　　费：住院1元至3元、散剂每日2角至5角、水剂2角5分至7角；

主治科目：内外科、小儿科、皮肤科、花柳科、戒烟科；

院　　长：金允湜；

院　　址：海泊路15号；

电　　话：5449。

可见，前文两次统计信息的内容基本都在广告中出现，且增加了医院如何行医的新内容。综合以上信息，早在上世纪30年代初，位于海泊路15号的这一医院已存在，且医院的牌匾残存至今。

至于医院名字，就目前已掌握史料看，中映医院叫法居多。中央医院的叫法只出现过4次，一次出现在中文档案中，三次出现在日文档案中。

出现在中文档案中的院名，只有1935年《青岛市公安局第一、二、三、四、五、六区调查辖境医院一览表》中是中央医院，其他皆称中映医院。而且，在所有相关中文档案中，凡以印章方式出现的院名皆为中映医院，而中央医院的叫法只出现在手写档案中。根据盖章可为定论，手写可能有误的原则，中映医院的叫法更可信。

另外，日文公文中出现的该医院名称只有中央医院，并无中映医院。这让人难免猜测，中央医院是当年日本人的叫法。1933年10月，“日领事馆函复中映医院院长鲜人金允湜碍难前往地方法院投审”这份档案，无疑佐证了上述猜测。该卷中同时出现了中映医院和中央医院。其中，中方的说法是中映医院，而日方来函中用的则是中央医院。日本第二次占领青岛时的几份相关档案进一步印证了这一猜测。市警察局1938年“关于恳请准予聘青岛中映医院医师金允湜为警察部嘱托医师的呈”中，用的是中映医院。1940年两份日文档案中，却只有中央医院的说法。可见，当年汉语的“中映医院”，在日语中被写为“中央医院”。

2. 牵扯命案　案案相套

与中映医院相关联的档案多指向一桩命案。该命案发生在1933年9月16日，死者姜子先，时年24岁，生前在济南路33号华美药房行医，发现死亡时，尸身停放于中映医院。该案虽不至于扑朔迷离，却也案案相套，持续近半年之久。欲理清整个命案，并非易事。

案发后，姜子先的死因众说纷纭。据姜子先父亲姜广顺的表述，其子1933年9月15日晚8点，离家外出一夜未归，姜广顺四处查找无果。16日午后，有人到华美药房传信，说姜子先在中映医院，但并未说明具体情况便匆匆离去。姜广顺赶到中映医院时，姜子先已气绝身亡。医院告知，医治前人已因中毒身死。对此，姜广顺无法接受。他认为姜子先若因中毒身亡，应周身发青，但死者全身并无中毒症状，只在背后有一小部分伤痕。此外，医院方面声称入院前姜子先已死亡。对此，姜广顺也提出质疑——只能医治活人的医院为何会收容死者？所以，姜广顺认为医院的说辞是狡辩，目的是逃脱罪责。为此，他当即报官，经青岛地方法院检察处验明，姜子先确系中毒身亡。

为查明具体案情，法警对相关人员进行了问询。中映医院院长金允湜自称原系韩国人，1924年归化中国，居住在市场二路25号，在海泊路开设中映医院。据其表述，9月16日一早，他由家中前往医院，行至胶州路时，遇见院内小伙计高坤。高坤对他说，医院来了一位病人，病情严重，所以特请他前往诊视。他赶到医院时，病人已死。后金允湜询问送病人来医院的鲜族人申思先，申的说法是，姜子先系因打吗啡中毒死亡。法警又询问了中映医院看护段素文，其说法是，16日早7点，先来了一个鲜族人，说想请金大夫看病，便告知8点金大夫才来医院，该鲜族人旋即离去。8点，该鲜族人雇洋车将病人从芝罘路安庆里拉到医院，因病情严重，便让高坤去请金大夫。但金允湜赶到医院时，病人已无气息。

至此，几个人的表述已然不同，考虑到人命关天且案情离奇，法院检察处决定先将金允湜带回法院继续问询。不料，行至临清路时，金允湜竟急向青岛馆（为一朝鲜料理店）跑去，法警追赶，却见从馆中跑出两个鲜族人，将金允湜拉入馆内，还将法警手背抓伤。此后，再交涉时，得知金允湜已被日本警察带往聊城路的日本警察派出所。日本领事馆警察署保安科科长长山田四郎证明金允湜仍是韩国人，并未归化中国，所以不能交还金允湜。这一说法，无疑与金允湜自称已归化的说法相互矛盾。

这里需要交代一些历史背景。1914年日德青岛之战，德国战败，日本占领青岛并开始了长达8年的殖民统治。1922年底，中国政府收回青岛，但日本却于交还青岛当天设立“日本帝国警察署”，并设立9处派出所。中国政府虽多次抗议，但直到1937年七七事变发生，日本在青机构和侨民撤离，日本驻青岛的这些警察派出所才撤掉。日本当年设立这些警察机构的主要借口就是保护本国侨民。1933年的韩国为日本殖民地，如金允湜是韩国人，就可以求得日本人庇护，青岛地方法院将无法对其审判。就这样，问题的焦点转变为金允湜是否归化。

案情至此，已然套了一案——金允湜是否归化案。这已超出青岛地方法院的能力范围，法院只能将案情上报市政府，请其设法弄清金允湜是否归化，并继续与日本领事馆依法交涉。交涉过程异常艰难，日方态度非常强硬，一直不予配合。南京国民政府治理青岛时期，与日侨有关事务，都须与日本驻青领事馆或警察署交涉。当年青岛市政府曾耗费很大精力与日本人周旋，这一点从中映医院牵涉的这起命案中可见一斑。

一波未平一波又起，就在青岛地方法院难以继续推进案情之际，金允湜于9月30日以诬告、侮辱、妨碍自由和妨碍名誉等理由起诉姜广顺。根据金允湜的说法，姜广顺及妻子在案发后，每日早六七点都会到中映医院“多方滋扰兼示威胁”，以致该院无法照常营业，损失甚巨。至此，该命案又套进一个案子——姜广顺滋扰金允湜案。

姜广顺时年67岁，平度人，姜子先为其独子，丧子之痛，老两口实难接受。姜广顺在前期诉讼时，曾请求法院判金允湜缴纳各种诉讼费用，并因害怕中映医院欠款，一度申请法院扣押该院药物及医疗设备。最终法院判定姜广顺承担各种费用，驳回扣押请求。投诉无门的姜广顺夫妇只能用到医院“闹事”，来发泄心中的愤懑。

就在法院准备促成双方和解之际，不堪其扰的金允湜于10月2日委托律师于世琦登报发布《律师于世琦代表中映医院院长金允湜特别声明启事》。该启事中说，1933年9月16日晨7点50分，由芝罘路安庆里抬来中映医院一无名男子，系吗啡中毒，最终医治无效而亡。后有人称死者为其亲子姜了先，认为死者被医院贻误医治，竟欲诈骗钱财。事实上，该人到院时已气绝身亡，本院并未施行抢救。启事将姜广顺的行为定性为滋扰，希望大家不要被误导。同时，金允湜在启事中承认自己早在1924年8月已归化中国。这一登报启事，让姜广顺如获至宝，因为如果金允湜已归化中国，此事就无须再与日方交涉。10月10日，考虑到姜广顺经历着丧子之痛，金允湜同意不再对其起诉。该案中案调解成功。

但姜广顺并未放弃，而是以金允湜的登报启事为证据，认定金允湜已归化中国，请求地方法院继续推进命案。法院检察处接到姜广顺诉状后，于10月16日再次致函市政府，希望查明金允湜国籍。10月18日，青岛市政府致函日本驻青岛领事馆，并附上有关金允湜归化的证明抄件和登报启事，言明金允湜归化中国一事可以确认。但10月20日，日领事馆在给青岛市政府回信中，仍强硬表示金允湜“碍难”前往地方法院接受审讯。10月25日，青岛市政府将金允湜已归化的证明函送地方法院。至此，中国方面态度已经十分明朗，即金允湜已归化，此命案不必再与日方打交道。

遗憾的是，青岛市档案馆馆藏中尚未发现接下来的法院卷宗，所以无从知晓后来案情的推进情况。所幸，在1934年2月“青岛地方法院于世琦诉金允湜公费案”

中，有“金允湜因治疗错误伤害人命一案”的说法。该说法来自金允湜的代理律师于世琦，所以是可信的。可见，该命案最终定性为“金允湜因治疗错误伤害人命”。由于史料缺失，无从得知金允湜究竟被如何处罚，但命案至此，无疑又套上一案——于世琦诉金允湜公费案，而这距命案发生已有5个多月。

代理律师于世琦为莱阳人，而1924年归化后的金允湜籍贯也是莱阳。所以从某种意义上，他们二人也算老乡。估计就是因这一层关系，金允湜才请于世绮做代理律师。虽是老乡，也不能无偿提供劳务。于世琦诉金允湜公费案，就是状告金允湜拖欠律师劳务费，因屡催不还，不得已将此事诉诸公堂。

从相关法院卷宗可以看出，丁世琦的代理律师做得可谓尽职尽责。其在诉状中列出的劳务费名目有车马费、出席费、撰刑状、登报启事等，合计310元。该案于1934年2月10日上午9时在青岛地方法院民事调解处进行调解。调解中，金允湜表示劳务费过高。于世琦则表示自己的费用都符合律师公会规定，并未多要，不过，考虑到大家是朋友，可以酌减。对此，金允湜显得有些可怜，明确表示无钱还账，希望法院能劝说于世琦多多减让。于世琦表示可减到50元，金允湜表示只能还40元。经过一番讨价还价，最终调解结果是，金允湜同意还40元，3月10号前付清。至此，这桩案中案的命案彻底宣告结束。

经历了一桩命案后，中映医院就像一个元气大伤的病人，此后很长时间都处于“很虚弱”的状态。由“于世琦诉金允湜公费案”可以看出，1934年初中映医院经济上已陷入窘境。事实上，这一境况到年底乃至第二年仍在持续，其明显表现为——深陷房租迁让案。

3. 中映医院房租迁让案（1934～1935）

上世纪30年代，很多青岛里院都对外出租，因欠缴租费引起的房租迁让官司层出不穷。这些官司多数几个月结案，而中映医院的房租迁让案却前前后后折

租房合同

立合同人中映醫院租到慈德堂在青島濟寧路　號門牌內
樓房弍間平房五間樓梯門窗玻璃鎖把鑰匙電燈[illegible]個板壁
水道便所俱全茲將雙方議定條約列下
第一條　租期自民國廿二年十二月一日起至廿三年十二月
日為止
第二條　租價每一個月現銀洋伍拾叁圓6角每月前五日交納房租
第三條　本房屋未得房主承認不得轉租於他人
第四條　租戶如欲改修無論何處均須預先商妥房主承認後方可動工退
租時仍由租戶備資照原形修復
第五條　房屋漏雨房主修理若是改造添設如電燈水道電鈴以及衛生等
事則所有費用統歸租戶担負
第六條　租戶如欲油漆門窗地板及粉飾內外房牆壁等項歸租戶自理其
費用亦由租戶擔負
第七條　所有本房內房主原有之物遇有損壞統由租戶照式賠修
第八條　電話電燈以及自來水打掃煙筒衛生等費統由租戶擔負
第九條　租戶至期不付租價及違反本約統由保證人負完全賠償之責
第十條　本合同屆滿房主租戶如有不願續租借者均須預先一個月用
函達知方為有效
本合同仝式製作兩紙雙方各執一紙為憑
房主　慈德堂
租戶　金允[illegible]
保證人
民國廿二年十二月一日

1933 年 12 月 1 日慈德堂与中映医院的租房合同

腾了近一年半。如果说中映医院牵扯的命案是“案中案”，那么其深陷的房租迁让案就是“案接案”。整个案子仿若一场马拉松，其间中映医院的各种拉扯推诿，让原告房东慈德堂苦不堪言。无怪乎官司打到最后，房东在诉状中直言已经“彼此感情有伤”，且不想再为此“讨气”。中映医院的房租迁让案一共打了 3 次官司，不妨一一道来。

（1）第一次官司

第一次官司于 1934 年 7 月 25 日立案，与中映医院打官司的是慈德堂，其代理人为刘星垣。不过，刘星垣全程没有出现，而是委托其在成文堂书局的账房先生李彦臣任代理人。

根据原告方说法，1933 年 12 月 1 日，金允湜承租了同兴里的 7 间房（楼房 2 间、平房 5 间），继续开设中映医院，每月租价 53 元。根据前文，1933 年 11 月，陈葆余与包幼卿将同兴里卖与刘环球和刘田蓝玉，双方办理过户时中映医院院长金允湜正焦头烂额应付姜子先的命案官司。即9月份命案发生时，中映医院仍在生效的租房合同，是此前金允湜与陈包二人的代理人签订。而命案即将结束时，中映医院原有租期已满，需要跟新房东的代理人刘星垣签订新的租房合同。

慈德堂之所以状告金允湜，缘于其在租房合同订立后，屡屡失信、百般拖延缴纳房租。自1933年12月至1934年7月底，慈德堂的代催租人张恒如去中映医院讨债不下百次，仅仅收到173元，尚欠251元。至1934年7月底，中映医院已拖欠近5个月房租。这让人不禁联想到，5个月前的1934年2月“于世琦诉金允湜公费案”中，原本310元的律师劳务费被金允湜讨价还价到40元。由此来看，命案官司结束后的几个月，中映医院的效益很可能一直不是太好。即金允湜之所以欠缴房租，更多是缘于无力支付。

8月20日，法院对该案进行第一次调解，李彦臣到场，金允湜未到。之后，根据慈德堂再次提供的诉状，金允湜竟重施1933年命案之故伎，即再次声称自己为韩国人，应由日本予以庇护。这一举动令慈德堂十分气愤，指出金允湜早已归化中国。

9月8日，法院对该案进行调解。这一次，不能再拿日本人当挡箭牌的金允湜没有缺席，并表示愿意偿还8月之前的欠租269元，且请求继续居住。为体谅中映医院的困难，李彦臣承诺减免35元租金。双方达成和解，第一次官司结束。

（2）第二次官司

第一次官司结束后，金允湜并未兑现承诺，在此后几个月仍一直拖欠房租。至1934年12月，原本的欠租，只缴纳了155元，尚欠114元，刘星垣不得不向执行庭请求强制执行这一部分欠租。此外，自1934年9月1日至12月1日，中映医院又新拖欠了3个月房租，共计159元。1934年12月，慈德堂不得不再次就偿还房租事起诉金允湜。鉴于中映医院的租约已于12月1日到期，慈德堂同时请求法院令该医院迁让房屋。房租迁让案进入第2次官司。

12月13日，法院对此案进行调解，因金允湜未到场，调解不成立，慈德堂代理人李彦臣请求法院强制执行。为此，法院决定于12月28日下午4时查封中映医院，并准备于1935年1月18日上午9时拍卖医院电话号码，拍卖所得用来偿还房租债务及执行费用。颇有戏剧性的是，就在拍卖即将开始之际，金允湜及时到法院缴纳了114元欠租，拍卖因此戛然而止。1935年1月28日，法院将114元欠租交与于李彦臣。2月，中映医院解封。

旧租已然解决，新租另当别论。1935年1月25日，法院对双方进行调解。金允湜提出积欠租金实因经济困难，一时难以凑齐，且医院设备较多，搬家多有不便，希望能得到体谅。对此，法院判决金允湜还款并迁让房屋。

出乎所有人意料的是，1935年2月13日，金允湜竟以不服判决为由，行使上诉权，但又迟迟不提交上诉理由。这一行径，被刘星垣视为故意拖延时日，以便在诉讼期间不缴纳租金。事实上，金允湜明知自己理亏，只是迫于经济困难，合理利用一下规则，以便自己有喘息之机。

既是合理利用规则，该做的样子还得做。几天后，金允湜提交了上诉理由，而且一副理由很多的样子。首先，他坚称自己不是抗拒缴租，而是因刘星垣不肯减租，所以才积欠房租。按金允湜的说法，青岛市商会决议，商家房租自1934年秋天起均应实行减租，以维持商业繁盛。但与刘星垣多次协商，刘一直不肯减租。其次，他提出医院属于慈善事业，且种种设备所费甚巨，如果迁让，所受损失很大。此外，金允湜还将自己的房租与租住同兴里二楼的其他住户相比，证明自己的房租过于昂贵。总之，金允湜希望房东能依照商会议决，自1934年9月起每月减8元房租，所欠房租限期4个月，平均按月连带支付。

对金允湜的起诉，刘星垣一一驳回。刘表示，民事案件原以契约规定为双方遵守之基础。房租本在双方合同中订明，并非单方强迫。金允湜既然承诺履行租约，就不能任意违反。且订立租约时本已声明，如果退租，由租户备资照原样修复，不得以设备为借口，不予搬迁。何况，中映医院为盈利性质，并非金允淏所言慈善事业。此外，金允淏以楼上租金与医院的门市房对比，由此得出租金过高结论，是不合理的。这几条反驳，可谓有理有据。

4月18日，法院继续对双方进行调解。这一次，金允淏态度很诚恳，表示医院搬家确有困难，愿意按时缴纳新增房租，并分期补缴欠租。具体方案为：自1934年9月1日起至1935年4月末日止，8个月旧租共424元，自1935年5月1日起，分4期还清。即每月1日，给付旧租106元，新租53元，至8月1日给清。如1期不清，即刻迁让房屋。诉讼费用各自负担。至此，房租迁让案的第2次官司，经历了断断续续几个月，终于达成和解。

（3）第三次官司

时隔仅3个多月，刘星垣再次起诉金允淏，原因是截至1935年7月底，金允淏仍未偿还前次和解方案中的二、三期租金，房租迁让案进入第3次官司。法院为此在8月对双方进行了调解，金允淏表示可以先还一部分欠租，双方暂时达成和解。但到9月底，金允淏不仅前案的旧租分文未缴，且又欠下新租金，刘星垣自认“情礼兼尽”，向法院请求依法强制执行——对中映医院执行查封拍卖，并勒令中映医院迁让房屋。经过如此漫长的一场官司，刘星垣明确表示不想再将房屋租与中映医院。

此次，刘星垣的代理人仍是李彦臣，而金允淏以赴莱阳医病为由请了郑化南为代理律师。穷得都没钱交房租，还能请得起律师？金允淏这次玩的什么花样？巧的是，郑化南与此前为金允淏代理过命案官司的于世琦一样，也是莱阳人，即二人与归化后的金允淏是同乡。另外，郑化南与于世琦，曾于1933年8月一起受任为青岛邮务工会常年法律顾问。有了于世绮的前车之鉴，郑化南还肯接金允淏的案子，而且还是房租类的案子，难道不怕金允淏也拖欠自己的律师劳务费吗？

难不成他事先了解到金允湜已经“不差钱”了？

事实证明，金允湜这次的确不差钱了。1935 年 10 月 12 日，法院再次调解。这一次，金允湜态度大变，不仅还清欠款，还找了保人。延宕了一年多的房租迁让案终告结束，中映医院也得以在海泊路 15 号继续经营。

行文到此处，可能有读者会问，当年的房租纠纷不是由各区的里院整理会负责调停吗？怎么同兴里的房租纠纷都闹到法院了？同兴里所处位置属第二区里院整理会管辖，查询 1934 年该整理会的委员名册，其中并无同兴里，即该里院当时并未入会。所以，该整理会对中映医院的房租纠纷并无调停权利和义务。由此亦可见，成立里院整理会还是非常有必要的，至少可以让法院减少很多工作量。

4. 院长金允湜

1938 年 1 月 10 日，青岛再次沦陷于日寇铁蹄之下，伪青岛治安维持会随之成立。此前，频频颠来倒去利用“是否归化中国”来为自己谋取利益的中映医院院长金允湜，这次不再掩饰其亲日立场。2 月 17 日，沦陷后仅仅一个多月，警察部部长戚运机致函伪青岛治安维持会，以“金允湜医学渊博、经验亦富”为由，希望能准许聘请金允湜为该部嘱托医师（意为特约医生）。2 月 21 日，伪青岛治安维持会向警察部下达指令，同意聘请金允湜为该部嘱托医师，月支车马费 100 元。“医学渊博、经验亦富”自是溢美之词。不过，一度官司缠身的金允湜院长，一下子成了香饽饽，摇身一变为官府红人，且似乎早已摆脱了囊中羞涩的窘境。

只是好景不长，1939 年 6 月 1 日，因经费紧缺等原因，金允湜被辞去嘱托医师一职。他只能重操旧业，专心做中映医院的院长。1940 年 8 月 7 日，金允湜向青岛特别市卫生局提交申请，请领中映医院开业执照。申请表中，中央医院诊疗所（即中映医院）仍位于海泊路 15 号，为独自经营，资本总额为 2000 元。相较于此前动辄欠律师劳务费或房租的情形，这一资本额真的让人刮目相看。不过申请中，中央医院的开设时间是1932年3月2日，这与1935年和1937年统计中的登记信息有所不同。

该申请书中，还较为详尽地附上了金允湜的履历及医师证，这使得人们可以对其有一个较为深入的了解。从金允湜提交的申请书看，1940年，他已是50岁。而按照1935年统计信息，金允湜1940年应为47岁。就算按照当年报虚岁的习惯，也没理由虚长3岁。因为没有更多史料印证，所以不清楚哪一个年龄是准确的。履历中，金允湜的籍贯为原朝鲜平南平原南川，毕业于朝鲜京城世富兰偲医专学校。1924年，金允湜归化中国，籍贯为山东省莱阳县，1924～1928年在莱阳县行医，并任莱阳县监狱医官。1932～1940年，金允湜在青岛市开设中央医院。1938年3月至1939年5月，担任青岛治安维持会警察局嘱托医师。该档案中还提供了金允湜的医师证书，证书号为医字第1741号，1930年12月3日由卫生部颁发。医师证书老号为南京卫生部74号、北京内务部677号。

醫院診所名稱 中央醫院診療所
地址 青島市海泊路門牌十五號
設立人姓名 金允湜 籍貫 山東萊陽縣 住址 青島市海泊路15
資本總額 弍仟元 是否合資 獨自經營
合資者 姓名 籍貫 年齡 住址 出資數額

金允湜请领中央医院临时开业执照的申请书（1940）

申请书中另有如下信息：

门　诊：免费；

出　诊：2元；夜间5元；

注　射：1.5元至15元；

内服药：每日4角至1元；

处　置：5 角至 10 元；

手　术：3 元至 20 元；

补　充：不接受住院养病。

档案显示，中映医院有社会局 1930 年 6 月颁发的开业执照。这与申请书中的 1932 年开业并不相同，与 1935 年和 1937 年统计中的 1931 年开业，也不一致。也许，中映医院拿到开业执照后，迟迟没有开业。但该院到底何时开业，尚无法定论。

市卫生局很快通过了金允湜的开业申请，并通知他于 1940 年 8 月 23 日领取开业执照。中映医院此后经营如何，无从得知。1943 年，市警察局档案中曾出现金允湜的名字，可见其后来又曾在伪政府供职很久。至于抗战胜利后，金允湜命运如何，因档案缺乏，尚不可考。

三、从同兴里的过户看民国时期青岛房产交易中的私人“猫腻”

1933 年 11 月，陈葆余与包幼卿将同兴里卖与刘环球和刘田蓝玉。此时，中映医院的命案已接近尾声。1934 年 2 月，中映医院开始陷入被慈德堂派人催租而无力交租的窘境。殊不知，慈德堂背后真正的原告成文堂此时也在打一场被介绍人催还介绍费的官司——宫贤魁起诉刘环球等拖欠介绍费案。

宫贤魁，用今天的话说，就是买卖房产中介。其起诉的介绍费，就是他帮助刘环球二人购买同兴里的中介费。正是通过该案，我们发现原来刘环球二人购买同兴里的交易过程中，居然还有一点“猫腻”，这一“猫腻”表明民国时期的青岛房产交易暗含内幕。

按照宫贤魁的说法，刘环球与刘田蓝玉通过他的介绍，以 2.1 万元购得同兴里。没想到买卖手续完结后，本应得的 1050 元介绍费，刘环球等竟称原本只答应给 400 多元，且凭空捏造出来十多个介绍人，让宫贤魁与这些子虚乌有的人一起平分，即每人只分得27元。对此，宫贤魁大为恼火。在多次交涉无果的情况下，他不仅拒收27元中介费，还一纸诉状将业主刘环球二人告到法院。

当年的房产中介费是房价的5%，其中卖方2%，买方3%。相比现在不到3%的中介费，如此数额的介绍费无疑"昂贵"了很多。从1050元到400多元，刘环球一下子节省了600多元中介费，数目相当可观。那么，"真相"到底如何？

据宫贤魁诉状所说，包、陈二人出售同兴里时，曾表示非2.15万元不卖。后来刘环球得知宫贤魁与包、陈二人有交情，便通过王姓朋友与宫贤魁取得联系，并托其从中说价。后来，在刘环球居住的天津路成文堂书局，宫贤魁见到了刘环球的父亲（可能就是刘星海）。刘父提出了一个方案：房契上少写500元，卖方的2%介绍费由买方支付。这一方案，经宫贤魁转达后，被包陈二人接受。之后，虽然在办理手续时，表面上有4个介绍人一起参与，实际上，所有手续皆由宫贤魁一人包办。尤其是契约盖章，也是由宫贤魁一人完成。考虑到其他3个介绍人都是刘环球方的，宫贤魁想当然认为自己至少应得半数介绍费，即525元，其他三人瓜分另外的525元。

1934年2月12日，法院对此事进行调解，远在潍县的刘环球二人委托刘子彰代理此案。按照刘子彰的说法，当时刘环球等的介绍费报价就是400多元，并已将这笔钱交给姓王的支配。宫贤魁就是姓王的找来的，所以应该向姓王的索要介绍费。鉴于签订合同时，有4个介绍人，刘子彰认为应该给宫贤魁1/4的介绍费，但得向姓王的追回余款后再交给宫贤魁。刘子彰承诺，1个月内会补给宫贤魁100元。至此，宫贤魁才知道很多事自己都被蒙在鼓里，只能自认倒霉，表示接受这一调解结果。

原以为一切到此为止，没想到一个月后，刘子彰并未支付宫贤魁100元介绍费。1934年3月19日，宫贤魁再次向法院起诉。3月27日，法院再次调解，但刘子彰并未到场。宫贤魁在调解中言明，刘子彰在一个月到期时，曾给他50元

民国时期的济宁路 35 ～ 41 号

介绍费，他没有接受。4 月 4 日，法院传宫贤魁再次到院，并将刘环球提前送到法院的 100 元介绍费转交给他，案件宣告结束。

案子已然了结，但其中“猫腻”却值得细细品味。就卖方而言，本来 21 500 元的房产费，减去介绍费 430 元，卖方应得 21 070 元。按照刘父方案，房价 2.1 万元，卖方不负担介绍费，即卖方实得 2.1 万元。相比之下，仅仅少赚了 70 元。而买方本来应付 21 500 元的房产费，加 645 元介绍费，实际应付 22 145 元。按照刘父的方案，房价 2.1 万元，买方负担双方介绍费 1050 元，即买方实出 22 050 元。相比之下，节省了 95 元。即刘父的方案是，让卖方让步 70 元，买方节省 95 元。就常理推断，仅为节省 95 元似乎没必要如此大费周章，所以“宫贤魁诉刘环球等介绍费案”也算让人们真正明白了刘父方案的用意。

事实上，刘环球的父亲在提出方案那一刻，就没想按规矩支付买卖双方介绍费。在刘家眼中，也没分什么卖方中间人和买方中间人。他们只是给了姓王的一笔钱，将整个介绍费一口价为 400 多元。由此看来，仅介绍费一项，刘家就节省了 600 多元，真是打了一手如意算盘。当然，整个交易过程中最不厚道的环节是——没人告知宫贤魁总共只有 400 多元介绍费。我们有理由怀疑，这是刘家有意隐瞒，否则刘父在提出方案时没必要强调卖家不用拿介绍费。同时，姓王的也太过贪心，居然一开始只给“劳苦功高”的宫贤魁 27 元。

通过该案不难看出，民国时期的房产交易就是用这样的“猫腻”达到节省资金的目的。同时，之所以会存在这样的“猫腻”也是人的贪心使然。这里面有刘家的贪心，有姓王的贪心，也有宫贤魁的贪心。试想，宫贤魁之所以如此卖力从中说价，无非以为可在事成后赚得 500 多元介绍费。为此，他不惜让陈包二人少赚 70 元。如果宫贤魁事先知道只能赚 100 多元介绍费，不知道他还愿不愿意当这个“中介”，还会不会让跟自己有交情的陈包二人损失那 70 元呢？

四、同兴里的住户故事

同兴里修缮过程中发现的疑为春盛和磨坊遗留磨盘

在同兴里修缮过程中，曾于院内发现了一个嵌入地面的磨盘。据同兴里原住民分析，此磨盘可能为春盛和磨坊的遗留物。春盛和磨坊，前文介绍同兴里业主马汇川时曾提及。与中映医院一样，同属同兴里、位于济宁路 41 号的春和盛磨房，门牌号码一直不变。但其存在时间较中映医院要久很多，档案显示该磨房至少存在了近半个世纪。

1948 年 7 月 12 日的青岛市工业会工厂调查表显示，春盛和磨坊创立于 1917 年 8 月 20 日，于 1942 年元月申请加入市磨房工业公会。其主要产品为杂粮粉，主要设备有三马力电机一台，石磨一部。经理人谭虎先，时年 66 岁，住同兴里，即墨人，念过三年私塾，有男工一人。1947 年，春盛和号曾在《军民日报》刊登业务广告，

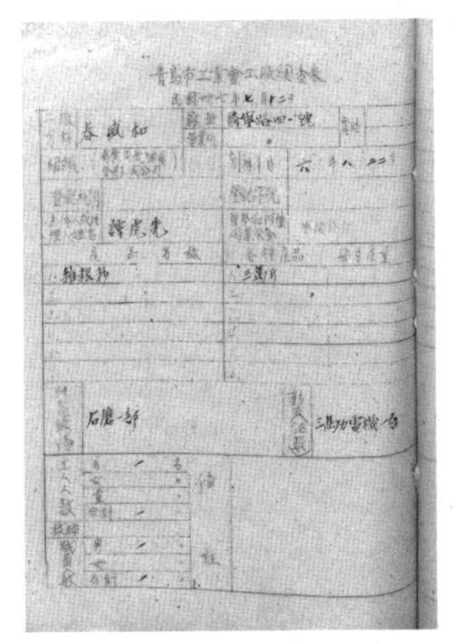

春盛和

譚虎先

石磨一部

青岛济宁路四十一号春盛和磨房调查表（1948）

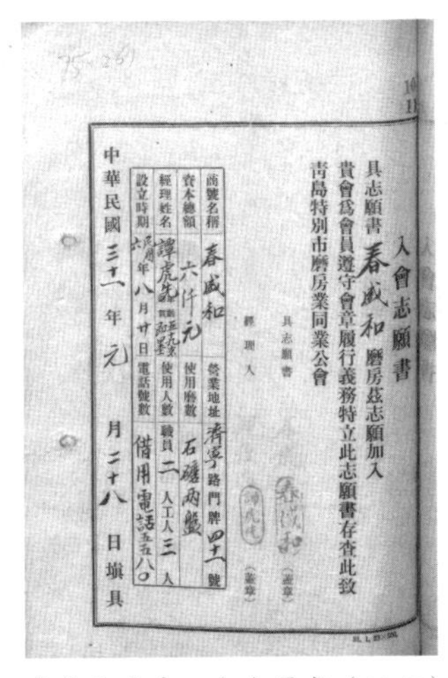

入會志願書

具志願書 春盛和 磨房茲志願加入

貴會爲會員遵守會章履行義務特立此志願書存查此致

青島特別市磨房業同業公會

具志願書

經理人

商號名稱	春盛和	營業地址	濟寧路門牌四十一號
資本總額	六仟元	使用機數	石磨兩盤
經理姓名	譚虎先	職員	二人 工人 三人
設立時期	六年八月廿日	電話號數	借用電話

中華民國 三十一 年 元 月 二十八 日填具

春盛和磨房入会志愿书（1942）

《军民日报》刊登的春盛和号业务广告（1947）

广告内容为：本号自设电力打米机，收费低廉，出货迅速，绝不有误。欢迎主顾，前来比较。

新中国成立初期春盛和仍在济宁路41号正常经营。因粮食加工业务较少，国药厂经常来春盛和加工药材。1958年11月，为充分利用该磨房的设备，春盛和的人员及设备被全部纳入国药厂。

笔者是在研究同兴里经租人俞宝三的鸦片案时看到谭虎先的名字，当时他是俞宝三的保人，法院卷宗显示其为春和盛号经理。由此顺藤摸瓜，发现了春和盛所在的济宁路41号正位于同兴里内，并了解了很多与春盛和有关的情况。谭虎先家族在同兴里居住很久，笔者有幸在2023年底做有关同兴里的讲座时遇到了其孙女。根据其叙述，谭虎先一家三代都曾在同兴里居住，从她提供的照片可以看出，谭家当年还是比较富裕的。也是通过她的讲述，笔者深感同兴里原住民对该里院感情之深。

此外，据同兴里的老住户说，青岛籍演员宋佳曾在该里居住。为了以示区别，人们更习惯称其为大宋佳。大宋佳生于1962年，1990年曾获得第13界大众电影百花奖最佳女主角。恰巧本书截稿之际，看到了“青岛城市档案论坛”公众号《吴正中镜头下的青岛——岁月沉淀的济宁路》一文中，有这样的描述：“在禹城路有一座罗马式圆柱的教堂，是基督教浸信会所在地……如今这里化身国际青年旅馆，以别样的风貌延续着建筑生命。像有些教会同时建有学校一样，浸信会建有培基小学，解放后改为济宁路小学。著名影视明星宋佳毕业于这所学校，当时她并不以艺术表演著称，而是优秀的运动员，曾荣膺山东省女子少年组跨栏冠军，后来她考入上海电影学院而逐渐走红。”济宁路小学距离同兴里只有几百米，按照就近入学原则，宋佳当年确应在此完成小学学业。青岛是影视之都，明星辈出，如黄晓明、夏雨、唐国强、倪萍等。在青岛人印象中，很多电影明星都曾有在里院这种普通民居生活过的经历。

广兴里，青岛现存最大里院

广兴里由易州路、高密路、博山路和海泊路合围而成，是近乎标准的长方形里院。如果用“最__里院”对青岛所有现存里院进行填空，广兴里一定是最大里院。广兴里有多大？据实际测算，其院内可同时站立 1300 人。由于占地面积较大，民国时期青岛有关大鲍岛的全景照，几乎都可以非常明显地看到广兴里。该里院是青岛历史城区较早对外开放的里院，也是近几年大鲍岛街区开展各种大型文娱活动最主要的场所。

业主变化

广兴里最早的业主为广东商人古成章。古成章为广东会馆发起人之一，该会馆建立于清光绪三十二年（1906），与三江会馆、齐燕会馆是青岛地区早期建立的三大同乡组织。1912 年孙中山访问青岛时，曾在广东会馆会见同乡，并发表演讲。古成章并未完成整个广兴里的合围修建，而只是建设了位于博山路一侧的建筑。德租末期的 1914 年，新业主周季芳完成了其他三面建筑，使之形成合围。事实上，青岛的很多里院都如广兴里这般并非一次性建成，且最初也不是合围状态。广兴里在院内看为三层，沿街面看为两层。由于青岛为丘陵地带，多数里院所处地域并不平坦，所以似广兴里这种内外看起来层数并不相同的情况，也是很多里院普遍存在的。如积厚里，也是沿街面看为两层，进院后看为三层。

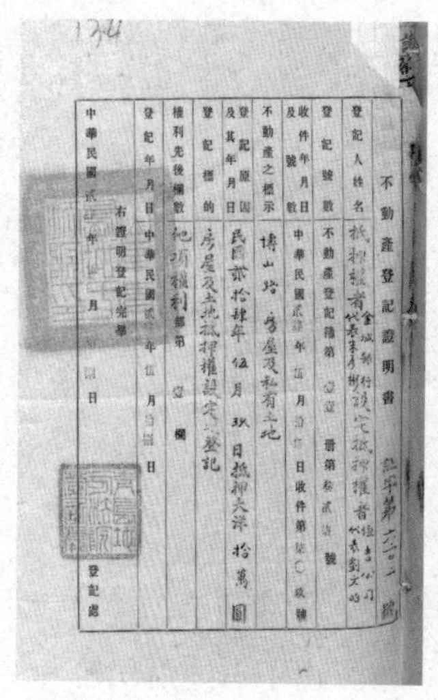

不動產登記證明書

登記人姓名	抵押權者
登記號數	不動產登記簿第 冊第 號
收件年月日及號數	中華民國 年 月 日收件第 號
不動產之標示	博山路 房屋及私有土地
登記原因及其年月日	民國貳拾肆年伍月玖日抵押大洋拾萬圓
登記標的	房屋及土地抵押權設定之登記
權利先後欄數	他項權利部第 欄
登記年月日	中華民國 年伍月 日

右證明登記完畢

中華民國 年 月 日

登記處

膠澳商埠財政局發行

不動產證明聲請書

本

每份定價收費伍分

督辦公署財政科

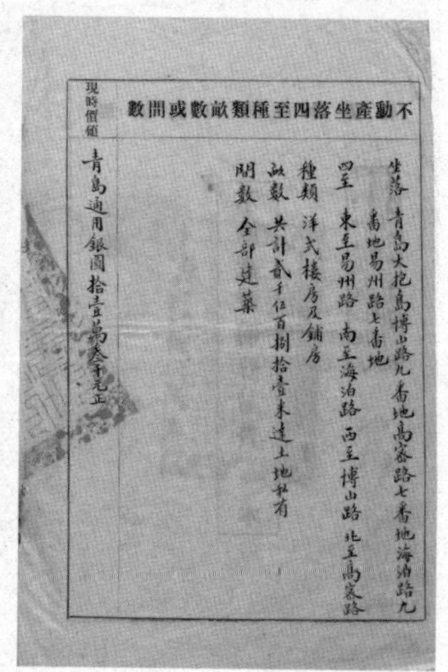

不動產坐落四至種類畝數或間數

坐落 青島大抱島博山路九番地高密路七番地海泊路九番地易州路七番地

四至 東至易州路 南至海泊路 西至博山路 北至高密路

種類 洋式樓房及鋪房

畝數 共計貳千伍百捌拾壹米達土地私有

間數 全部建築

現時價值 青島通用銀圓拾壹萬叁千元正

广兴里不动产登记证明申请书（1935.5）

周季芳，又名周宝山，为周锐记经理，是三江会馆发起人和第一任会长。加入该会馆的多为长江中下游的江苏、浙江、江西、安徽四省商人，故名三江[①]会馆。该会馆当年在青岛影响非常大，1907年5月落成典礼时，德国胶澳总督都沛禄和山东巡抚杨士骧均出席典礼仪式。1912年孙中山访问青岛时，青岛商界曾在三江会馆戏楼举行了盛大欢迎仪式。周宝山为浙江慈溪人，民国时期，青岛有很多浙江绅商，周宝山为其中较有影响者。除了广兴里，周宝山还是鼎新南里的业主和三江里[②]的准业主。

古成章与周宝山当时都是青岛商界响当当的人物。1910年8月18日，德租胶澳政府曾撤销中华商务公局，改为举派4人充任督署信任，以协助胶澳政府处理华人事务，在选中的4位信任中，齐燕会馆2人，三江、广东会馆各1人。其

① 三江指浙江省、江西省和江南省，其中江南省包括今江苏省、上海市和安徽省等地。

② 三江里位于三江会馆内，其登记业主为三江会馆。

中，齐燕会馆为胡存约、傅炳昭，广东会馆的人选是古成章，三江会馆的人选是周宝山。

1925年3月13日，周季芳将广兴里让渡于恒吉公司，作价11.3万元。档案显示，此时周季芳60岁，住芝罘路74号，身份为商人。买方代表为恒吉公司刘文昭，时年54岁，住潍县路谦和公司，为颜料商。根据双方的交易契约，广兴里坐落在“大抱岛博山路9番地、高密路7番地、海泊路9番地、易州路7番地”。交易内容为洋式楼房及铺房，交易面积为2581平方米。

1931青岛市社会局调查杂院登记中，广兴里位于海泊路34号，登记业主为刘文昭，经租人为张星耀。有房450间，住76户，房租每间每月4.8元，月租合记2160元。楼下系摊贩，楼上系商店店伙居住。1935年杂院调查登记中，广兴里位于海泊路63号；业主仍为刘文昭，其籍贯为浙江，当时住在浙江江厦；经租人张星耀，为掖县人，住广兴里本院。有房450间，住80户，所住皆为商户。

此后，恒吉公司曾将广兴里抵押给明华银行。1935年5月23日，明华银行因挤兑风潮被迫倒闭，其破产被称为近代青岛金融第一案。该破产风潮所引起的恶劣影响，尤其是债务清偿，一直延宕到新中国成立，才因政局变迁而无疾而终。1936年，正深陷倒闭风潮的广兴里准业主明华银行，为清偿债款曾急于将该里院卖与刘西山。但因该里院中有一部分居住在板房中住户拒不迁移，致使刘西山方面有所顾虑，最终这次买卖泡汤了。

1937年青岛市杂院调查登记中，广兴里仍位于海泊路63号；业主为北平人周伯英，其时居住河南路17号；经租人高翰卿，也是北平人，住河南路17号。房450间，住85户，所住皆为商户。周伯英何许人也？经查询此人为金城银行经理，并非广兴里业主，此处将其登记为业主有点让人一头雾水。所幸笔者在刘文昭的一份声明中看到，1937年明华银行曾将广兴里抵押给青岛金城银行。所以，在当时进行杂院调查时，金城银行算是准业主，登记时把业主登记到周伯英头上，

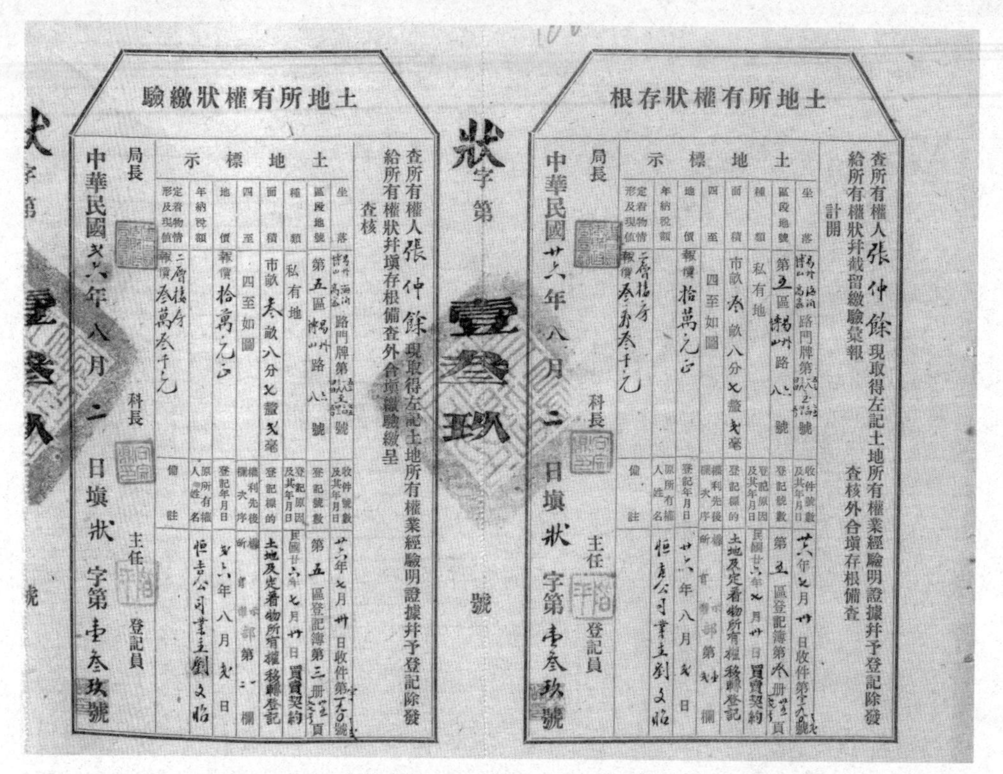

土地所有權狀存根

查所有權人張仲餘現取得左記土地所有權業經驗明證據并予登記除發給所有權狀并截留繳驗稟報查核外合塡存根備查

計開

土地標示	
坐落	易州路、博山路門牌第六、八號
區段地號	第五區易州路八號
種類	私有地
面積	市畝叁畝八分七釐七毫
四至	四至如圖
地價	報價拾萬元正
年納稅額	
定着物情形及現值	二層樓房 報價叁萬叁千元
收件號數及其年月日	廿六年七月卅日收件第　號
登記號數	第五區登記簿第三冊　頁
登記原因及其年月日	民國廿六年七月卅日 買賣契約
登記標的	土地及定着物所有權移轉登記
權利先後次序	部第　欄
登記年月日	廿六年八月　日
原所有權人姓名	恒泰公司業主劉文昭
備註	

局長　科長　主任　登記員

中華民國廿六年八月二日塡

狀字第壹叁玖號

土地所有權狀繳驗

查所有權人張仲餘現取得左記土地所有權業經驗明證據并予登記除發給所有權狀并塡存根備查外合塡繳驗繳呈

查核

土地標示	
坐落	易州路、博山路門牌第六、八號
區段地號	第五區易州路八號
種類	私有地
面積	市畝叁畝八分七釐七毫
四至	四至如圖
地價	報價拾萬元正
年納稅額	
定着物情形及現值	二層樓房 報價叁萬叁千元
收件號數及其年月日	廿六年七月卅日收件第　號
登記號數	第五區登記簿第三冊　頁
登記原因及其年月日	民國廿六年七月卅日 買賣契約
登記標的	土地及定着物所有權移轉登記
權利先後次序	部第　欄
登記年月日	廿六年八月　日
原所有權人姓名	恒泰公司業主劉文昭
備註	

局長　科長　主任　登記員

中華民國廿六年八月二日塡

狀字第壹叁玖號

張仲余的土地所有权状（1937）

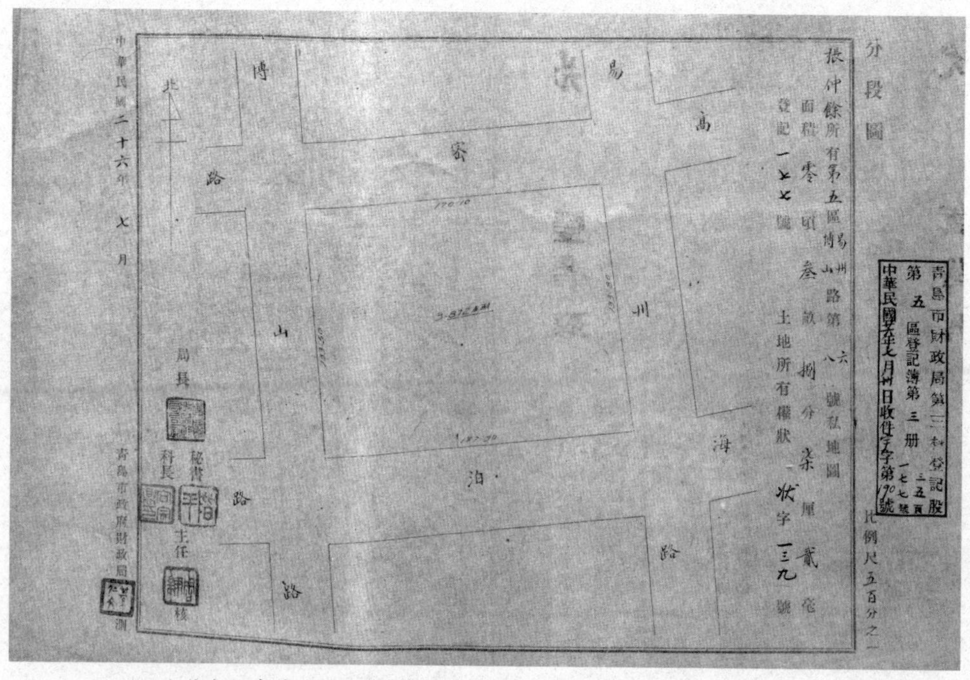

张仲余所有第五区易州路第六号、博山路第八号私地图（1937）

也算合理。

不过很快，广兴里全部房产就由明华银行标卖，并由恒吉公司刘文昭于1937年7月30日卖与张仲余。其中地价为10万元整，地上“定着物”价值3.3万元，合计13.3万元。其具体房屋坐标为海泊路53～65号、易州路18～24号、高密路44～50号及54–56号、博山路39～43号。仅从这些门牌号就不难想象当时“入驻”的商户之多。张仲余时年21岁，籍贯辽宁锦县，职业为商，当时住冠县路141号。

此后业主情况，尚无相关档案。1960年档案显示，1938年后广兴里经租人为朱紫贵，籍贯大连，为代其姐夫管理广兴里，同时也在广兴里开有广兴利百货摊。1960年时，朱紫贵57岁，即1938年时为35岁。根据1937年刘文昭与张仲余的买卖契约，1938年时张仲余22岁。从年龄看，似乎与朱紫贵姐夫的身份不甚相符。所以，无法断言1938年后广兴里业主是否仍为张仲余，或另有其人。

1956年以后，广兴里曾是青岛气割厂所在地，后改为该厂职工宿舍。

院内景象

与大多数里院一样，广兴里最初亦是商住两用建筑。但与其他里院多为一面或两面临街不同，广兴里四面临街，这意味着其曾经的商户数量非常大。如果把这些商户都梳理一遍，恐怕一本书也说不完。所以，讲述广兴里的故事不用担心无事可讲，而是要有所取舍。本文拟取院内而舍院外。因为在新中国成立前，四面临街的广兴里，其最与众不同之处不是其沿街商户众多，而是其院内商户众多。

如今的广兴里院内非常空旷，但修缮之前，这里是一种“满盈状”。事实上，很长一段时期以来，广兴里院内都是这种“满盈状”，即容纳了满满的房屋。在很多人的认识里，广兴里院内修建房屋是其建成很久以后的事，而且是新中国成立以后的事，然而事实并非如此。

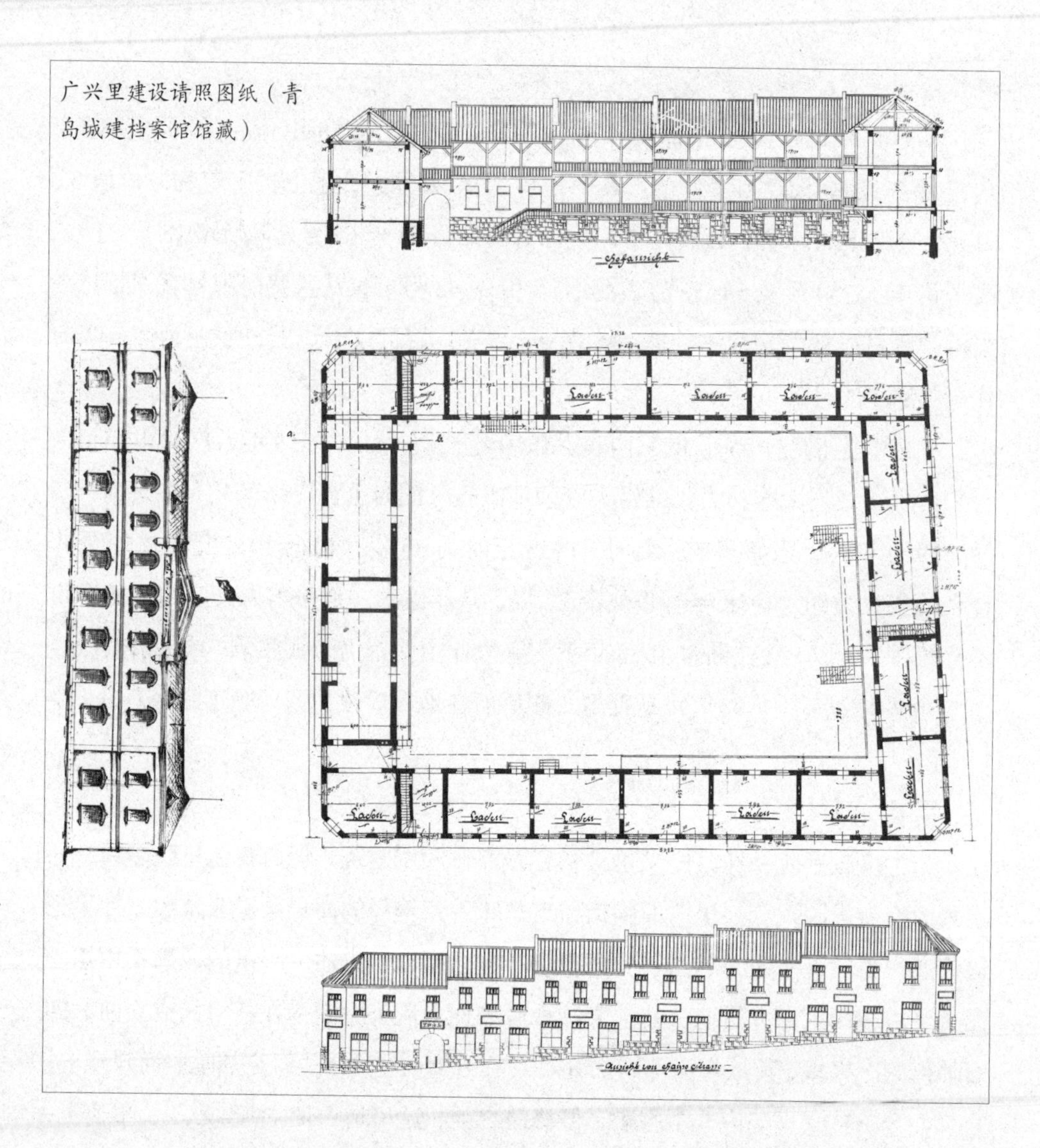
广兴里建设请照图纸（青岛城建档案馆馆藏）

广兴里于 1914 年形成合围，但到第一次日占时期末期（1920 年左右），院内已俨然一个小市场，尤其是有很多紧密依赖着兴隆茶园“戏园”的各种小生意。根据档案记载，1920 年代初期广兴里院内“大小商家不下 70 余户，全赖此戏园

待修缮的广兴里

以资活动”。由此不难想见，当时院内之热闹。这一热闹场面在 1922 年底北京政府接收青岛后继续“走高”了一年多。

1924 年 2 月，广兴里院内的演出忽然被胶澳商埠警察厅禁止。警厅给出的解释是：广兴里院内纯系商场，并非演戏之地。因为院内人员复杂，该茶园又房屋狭小，这样的多人聚集，很容易发生危险。且男女合演小戏，有碍风俗，所以必须禁演。可见，警厅禁止演出，一为安全起见，二为维持风化。有道是“一荣俱荣，一损俱损”，茶园演出被叫停，赖此生存的小商户们不免叫苦不迭。于是，众商户多次通过青岛总商会向警察厅递交呈请，恳求警厅能体恤商艰，尽快恢复演出，但皆被警厅严词拒绝。

时光流转到南京国民政府第一次治理青岛时期。1930 年 11 月，青岛市工务局曾对广兴里搭盖板房出租情形有过调查。调查中提到：广兴里院内本为一大空场，后有人搭盖多处小板屋出租，做小生意，开设各种小店，致使院中拥挤杂乱，俨然一小市场。可见，到此时，院内已经相当拥挤不堪。而且该调查还提到，有名曰李殿魁者，在院中开设戏园，后因经营不佳，演出停止。这个戏园就是前文提到的兴隆茶园。由此看来，胶澳商埠时期禁止的兴隆茶园演出，并没有一直被禁止，只是史料缺失，无法给出明确的恢复演出时间。

根据档案记载，1930 年底，该戏园原为三面看台一面戏台。鉴于戏台年久失修、看台柱子过细、楼梯过窄等原因，戏园存在很大安全隐患。在工务局干预下，戏园很快得到了整改，戏台被拆卸，看台也增加了多根支柱。不过，拆除的戏台被改建成了看台，戏园中间又搭起了新的戏台，即形成四面看台，中间戏台的格局。不仅如此，兴隆茶园也易名双顺茶楼，并将戏园改为说书场。档案显示，1931 年 2 月，该说书场应该已经开始对外营业。1933 年，青岛本地报纸上登有双顺茶楼广告，其中刊登了很多说书的节目单。由此看来，茶楼经营还算正常。1934 年，由于茶楼的房屋日渐破旧且楼内光线不足，社会局认定其在安全和卫生方面都未达标，所以再次勒令其停止演出，并言明在茶楼未根本翻造前不得开演。

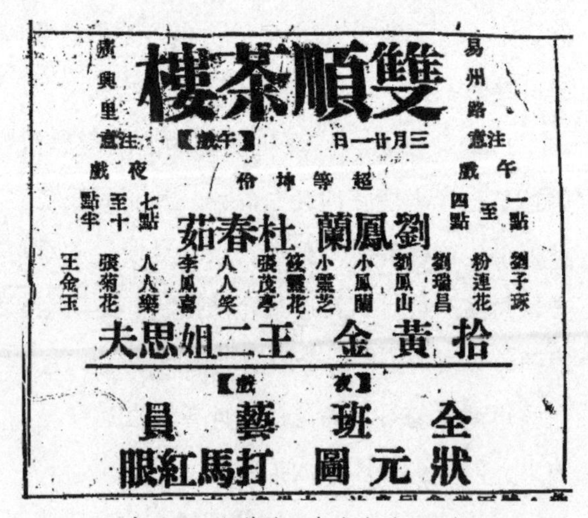

广兴里双顺茶楼业务广告（1933）

只是广兴里之大，岂是一个说书场就装得满的。1932 年 10 月，有名曰曾广友者，曾向社会局申请“在海泊路广兴里内门牌五十七号设说书场，讲说评词”。社会局派人调查后，认为此事并无不可，所以很痛快地批示同意。

另有 1937 年档案显示，李桐谟也曾在广兴里设说书馆，该说书馆同时也是李桐谟的居所。书馆中听众最多的时候，能有 30 人。虽然，我们无法给出当年广兴里院内一共有多少书场或戏园，但即便只有三个书场，加之赖以生存的其他小生意，也可以想见院内的热闹景象。

事实上，上世纪 30 年代的广兴里院内不仅热闹而且拥挤。因为院内有大量“板房”商户和“板房”住户，这些板房大多超过 20 年，即多建于第一次日占初期，大多破烂不堪，危险隐患极大。有一个细节是，1935 年夏天，院内某戏园曾因雷阵雨倒塌，所幸没有伤到人。不知道这个戏园是否位于前文的双顺茶楼内，但这件事让市政当局意识到广兴里板房拆除已经刻不容缓。为了拆除这些板房，有关部门可谓煞费苦心。1935 年 8 月，广兴里所有板房商户（共计 67 户）曾被召集开会谈话。谈话大意为：破旧板房的存在，不仅影响市容，且关系商家自身的生命财产安全，希望各商户能防患于未然。各商户态度还算不错，都当场表示愿意拆除并迁走，只是希望广兴里房东能贴补一些迁移费用。不过，此后的拆除搬迁工作并不顺利。

广兴里又名积庆里，与积庆里相关的档案多出现在 1938 年以后，所以很有可能是第二次日占后，广兴里改名积庆里。1938 年 1 月日本第二次占领青岛，为了治理浮摊占路、影响交通的现象，曾采取将众摊贩迁入积庆里等处营业的方式。为了妥善安置小商小贩，治安维持会曾要求青岛市总商会与广兴里业主协商，酌情减免租金。最终协商结果为“凡租用场内地址营业者须有相当保证，方许进内营业”。另，每日 1 平方米租金由原 5 分减为 4 分。且原定的各商贩进院营业两星期内暂不收费，延展为一个月。

1939 年的《大青岛报》曾登有“积庆里市场广告”，声称萃集各种商行，包括布疋、杂货、百物、玩具、日常所需用品、水果、烟草、铜铁锡匠制造各业、甚至医卜星象五行八作等。这俨然就是现在的大农贸市场乃至批发市场。

在很多老青岛市民的记忆里，广兴里院内曾有一家名为“小光陆”的电影院。该影院原名新民戏院，戏院内较狭窄，戏台及木楼有一定安全隐患。1939 年由吕光陆申请在其旧址改办光陆电影院，并对其内部进行了重新装修，原戏台及木楼梯被拆除，且室内粉刷一新。据青岛市社会局 1939 年 4 月的实地调查，该影院位于“院内东部，为一南北长方形的房屋。四面俱系砖墙，房顶用铅铁皮搭盖，室内用条石铺地。共计五间出入正门，在该房北端东西两边各有太平门一，放映室在正门内上部。四面均用红砖砌成，并备有防火器三具，以防意外”。可见，影院的防火安全做得还不错。1939 年 4 月中旬，该影院曾连续几天在《青岛新民报》刊登重新开业启事，声称“不惜巨资”与上海各大电影公司订立长年合同，所有来华北的无声电影皆由该电影院代理。4 月 15 日，该影院重新开业。开演影片有阮玲玉的《故都春梦》及《天伦》《恋爱与义务》《黑衣骑士》《峨眉山下》《双女侠》等。光陆电影院之所以后来被青岛市民唤做“小光陆”，是为了区别于光陆大戏园。

積慶里市塲廣告

本商塲開辦以來原爲市面繁榮商業建設發揚復興先聲爰萃集各種商行布疋雜貨百物玩具日常所需用品水菓煙草銅鐵錫匠製造各業甚至醫卜星相五行八作設備完全以應社會需要籍供各界紳商士媛遊覽參觀

海泊路

積慶里經租賬房啓

积庆里市场广告（1939）

总之，民国时期的广兴里绝对名副其实的既广又兴，广的是其面积，兴的是其热闹。只是，在表面的热闹之下，亦有小商小贩的勉以为继与贫苦百姓的寝食难安。

附　录

青岛市公安局管理私有各里院清洁简则

1931年4月公安局呈奉市政府第2636号指令核准

第一条　本简则依照部颁污物扫除条例施行细则第十四条之规定订定之。

第二条　凡各私有里院内之清洁事务应由业主或其他代理人负责办理。

第三条　业主或代理人应视私有里院之长短大小雇佣扫除夫役一名或数名。

第四条　凡业主或代理人雇定扫除里院夫役后，应于三日内将左列各项报明本局清洁队请求登记。

一姓名、二年龄、三籍贯、四住址、五受雇年月日、六每月工资若干、七扫除之私有里院坐落及门牌数、八业主或代理人姓名住址。

第五条　凡已经登记之扫除里院各夫役应受本局清洁队视查，及各该清洁区管理员之指导及监督并由清洁队给予符号，以资识别。如符号遗失时，仍应报明清洁队补给。

第六条　凡扫除里院各夫役因工作怠惰，不听告诫者，仍由各该清洁区管理员随时通知业主或代理人辞退之。同时撤销其符号，注销名册并责令克日雇夫接替以专责成。

第七条　业主或代理人应依据各私有里院之长短大小设置有盖之垃圾箱若干只。盛贮垃圾，每日由清洁队运除之，所有上项垃圾箱遇有损坏，应由业主或代理人随时自行修理重设。

第八条　凡私有各里院之阴沟淤塞及路面低洼者，应由业主或代理人随时雇工疏浚或修理之。

第九条　凡扫除里院之各夫役对于各该里院之垃圾污物均应勤加扫除并应将所有男女厕所冲洗清洁。

第十条　凡业主或代理人违背本局简则经本局员警查觉或主户报告查明属实，即援照污物扫除条例施行细则第九条之规定察其情节轻重分别处罚。

第十一条　凡私有里院内各住户如有违犯卫生规章情事，除由本局随时察查外，得由各该里院之业主或代理人随时报告各该公安分局核办。

第十二条　本简则如有未尽事宜，得随时呈请修正之。

第十三条　本简则自呈奉核准之日施行。

青島市公安局管理私有各里院清潔簡則

二十年四月奉市政府第二六三六號指令核准公布

第一條　本簡則依照部頒污物掃除條例施行細則第十四條之規定訂定之

第二條　凡各私有里院內之清潔事務應由業主或其他代理人負責辦理

第三條　業主或代理人應視私有里院之長短大小僱用掃除夫役一名或數名

第四條　凡業主或代理人僱定掃除里院夫役後應於三日內將左列各項報明本局清潔隊請求登記

一、姓名　二、年齡　三、籍貫　四、住址　五、受僱年月日　六、每月工資若干　七、掃除之私有里院坐落及門牌號數　八、業主或代理人姓名住址

第五條　凡已經登記之掃除里院各夫役應受本局清潔隊視查員及各清潔區管理員之指導及監督並由清潔隊給予符號以資識別如符號遺失時仍應報明清潔隊補給

第六條　凡掃除里院各夫役因工作怠惰不聽話誡者仍由各該清潔區管理員隨時通知業主或代理人辭退之同時撤銷其符號註銷名册並責令尅日雇夫接替以專責成

第七條　業主或代理人應依據各私有里院之長短大小設置有蓋之垃圾箱若干隻盛貯垃圾每日由清潔隊運除之所有上項垃圾箱遇有損壞應由業主或代理人隨時自行修理重設

第八條　凡私有各里院之陰溝淤塞及路面低窪者應由業主或代理人隨時僱工疏濬或修理之

第九條　凡掃除里院之各夫役對於各該里院之垃圾污物均應勤加掃除並應將所有男女廁所冲洗清潔

第十條　凡業主或代理人違背本簡則經本局員警查覺或住戶報告查明屬實者即援照污物掃除條例施行細則第九條之規定查其情節輕重分別處罰

第十一條　凡私有里院內各住戶如有違犯衛生規章情事除由本局隨時查察外得由各該里院之業主或代理人隨時報告各該公安分局罰辦

第十二條　本簡則如有未盡事宜得隨時呈請修正之

第十三條　本簡則自呈奉核准之日施行

青島市市政法規彙編　公安　二四五

青岛市公安局管理私有各里院清洁简则（1931）

青岛市市第×区里院整理会章程

1934年9月14日奉市政府内字第8155号指令核准

第一章　总则

第一条　本会由市区第　区各里院房主组织之，定名为青岛市第　区里院整理会。

第二条　本会以整理里院秩序，谋房主房客之共同利益，并改良社会习惯，养成地方民众自治之基础为宗旨。

第三条　本会事务所暂设于

第四条　本会之职务如左：

1. 关于里院之秩序安宁事项。

2. 关于里院之卫生清洁事项。

3. 关于筹办民众学校及有关里院社会经济文化之其他事项。

4. 关于受主管官署委托调停房租纠葛及房租评价事项。

5. 关于筹议里院之修理改良事项。

6. 关于里院户口调查登记事项。

7. 合于第二条所揭宗旨之其他事项。

8. 官署交办事项。

第五条　本会得就有关于里院一切之事项建议于地方行政官署。

第六条　本会得接收里院住户之建议筹办里院公益事项。

第二章　会员

第七条　凡在本区域内之里院房主均为本会为会员。如房主不在青岛时，以该里院经租人代表之。

第八条　会员均有表决权、选举权及被选举权，但有左列各款情事之一者无被选举权。

1. 褫夺公权尚未复权者。

2. 有反革命行为者。

3. 受破产之宣告尚未复权者。

4. 无行为能力者。

第九条　会员有遵守本会一切章则决议及缴纳会费之义务。

第十条　会员有不正当行为妨害本会之名誉信用或违反前条之义务，经理事会以书面告诫无效者，得以会员大会之议决停止其表决权、选举权及被选举权若干时期。但对于会章或决议案仍应一律遵守，如不遵守时，由理事会呈请主管官署核办。

第三章　职员

第十一条　本会置理事十一人至十五人，候补理事三人至五人，监事二人。均由会员大会用记名连选法选举之。

前项理事互选常务理事三人，并就常务理事中互推主席理事一人，监事互推常务监事一人。

第十二条　理事任期二年，监事任期一年，得连选连任。

第十三条　理事及监事均为名誉职，但常务理事得因办理会务支以 25 元以下之津贴，其数目由会员大会决定之。

第十四条　理监事有左列情形之一者，应即解职。

1. 因本身有不得已事故，经会员大会议决准其退职者。

2. 旷废职务经会员大会议决令其退职者。

3. 于职务上违背法令章程、营私舞弊或有其他重大之不正当行为，经会员大会议决令其退职或由主管官署令其退职者。

4. 发生第八条各款情事之一者。

第十五条　本会就事务之繁简酌设左列各人员：

1. 事务员一人或二人，担任会内文牍庶务会计等事项。

2. 调查员一人，每日分查各里院清洁秩序督促院丁工作并随时讲述公共卫生及安全事项。

3. 医师顾问一人办理里院公共卫生事项。

4. 院丁若干人，分配各里院专办院内清洁事宜。

前项各款之人员均为有给职，由理事会分别雇佣，其人数及薪工数目均由会员大会决定之。

第四章　会议

第十六条　会员大会分定期会及临时会两种，均由理事会召集之。

第十七条　定期会员大会每四个月举行一次。临时会员大会于理事会认为必要或经会员十分之一以上之请求或监事会函请召集时召集之。

第十八条　经监事会函请或会员请求召集之临时会员大会，理事会应于十日内召集之。逾期不召集时，得由监事会召集之。监事不于十日内召集是，会员得呈准主管官署自行集会。

第十九条　召集会员大会应于十五日前通知之，但有第二十条或二十一条之情形或因紧急事项召集临时会议，不在此限。

第二十条　会员大会之议决以回应过半数之出席，出席过半数之同意行之。出席会员不满过半数时，得行假决议，将其结果通知各会员，于一星期后二星期内重行召集会员大会，以出席过半数之同意对假决议行其决议。

第二十一条　左列各款事项之决议以会员三分之二以上之出席三分之二以上之同意行之。出席会员逾半数而不满三分之二时，得以出席会员三分之二以上之同意行假决议。将其结果通知各会员，于一星期后二星期内重行召集会员大会，以出席三分之二以上之同意对假决议行其决议。

1. 变更章程。

2. 经费之预算及决算。

3. 筹集临时费。

4. 会员表决权选举权被选举权之停止及其时间。

5. 理监事之退职。

6. 清算人之选任及关于清算事项之决议。

第二十二条　理事会每月至少开会二次由主席理事召集之，执行会员大会之决议，并于不抵触章程及大会决议之范围内处决本会一切事务。常务理事执行理事会之决议并处理日常事务。主席理事对外代表本会，对内为会议时之主席。

第二十三条　监事会每月至少开会一次，由常务监事召集之，审核预算决算及理事会一切收支账目，并检举理事会一切失职事宜。常务监事处理日常事务并为会议时之主席。

第二十四条　会员大会及理事会监事会之会议记录均应于会后四日内印送全体会员查阅。

第五章　经费及会计

第二十五条　本会经费分左列两种：

1. 经常费。按各里院之租金数目，由各会员比较分担之。其比率由会员大会决定但最低不得少于百分之一。

2. 临时费。由会员大会决议筹集之。

第二十六条　本会经费之预算决算及会务成绩，每年须编辑总报告刊布，并呈报主管联合办事处转呈社会局、市政府备案。

第二十七条　理事会收支概况，除按月送请监事会审核外，并应于每届会员大会开会时报告全体会员。

第二十八条 本会应以经费之大部用于办理各里院之卫生清洁安宁秩序及其他公益事宜，因雇佣第十五条第一二两款人员而支出之费用，及第十三条所定各常务理事所支之津贴，其总数至多不得超过总经费百分之三十。

第六章　解散及清算

第二十九条　本会之解散，须经全体会员三分之二以上之同意，方能决议。其决议非经市政府核准不生效力。

第三十条 本会解散时，得以决议选任清算人。如选任后有缺员时，得更行补选。如清算人不能选任时，得由主管官署指定之。

第三十一条　本会所有财产不足清偿债务时，其不足额应依第二十五条第一款所定，分担经常费之比率，由各会员分担之。

第七章　附则

第三十二条　本会办事细则另定之。

第三十三条　本章程如有未尽事宜，得依第二十一条加以修改，仍须呈请主

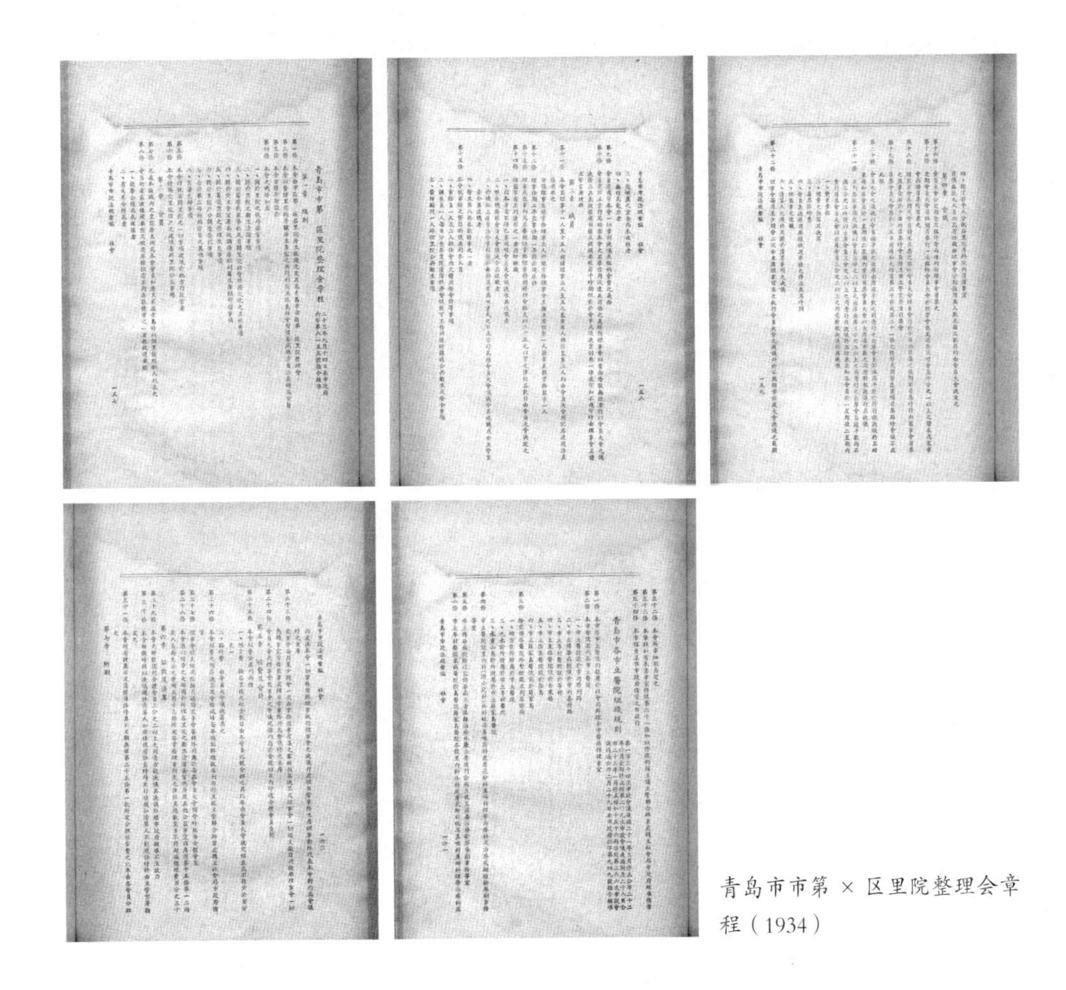

青岛市市第 × 区里院整理会章程（1934）

管联合办事处转呈社会局、市政府核准备案。

第三十四条　本章程自呈准市政府之日施行。

里院公共遵守条规

1935年5月18日由社会、公安、工务、财政各局会同呈奉市政府内字第4582号指令备案

1. 里院墙壁门洞每二年由房东油漆粉刷一次。必要时并应随时修理。

2. 户口有移动时，由房东房户随时报告本管警所。

3. 住户来历不明、行为不正者，由房东报告本管警所注意。

4. 门洞不得设置货摊、堆积杂物、架设床铺。

5. 楼梯走廊过道不准设置炉灶、堆存物品、间隔板、门板墙。

6. 院内不准私搭板棚、板壁，其经工务局许可之临时建筑物，如逾效期应即撤除。

7. 晾晒衣物由房东在相当地点设置晒衣杆或晒衣绳，以不妨碍院内光线交通为准。

8. 临街窗户及墙壁栏杆等处不准挂置盆筐刷帚、支挂木板与其他杂乱物品。

9. 楼房里院如非洋灰铁筋之楼梯走廊，须置备太平绳或太平梯。炉灶须置于安全地点。地板上应铺铁板。

10. 院内由房东雇院丁逐日洒扫洁净。

11. 厕所应分别男女，按日责令院丁冲刷洁净，并洒布石灰或杀菌药水。

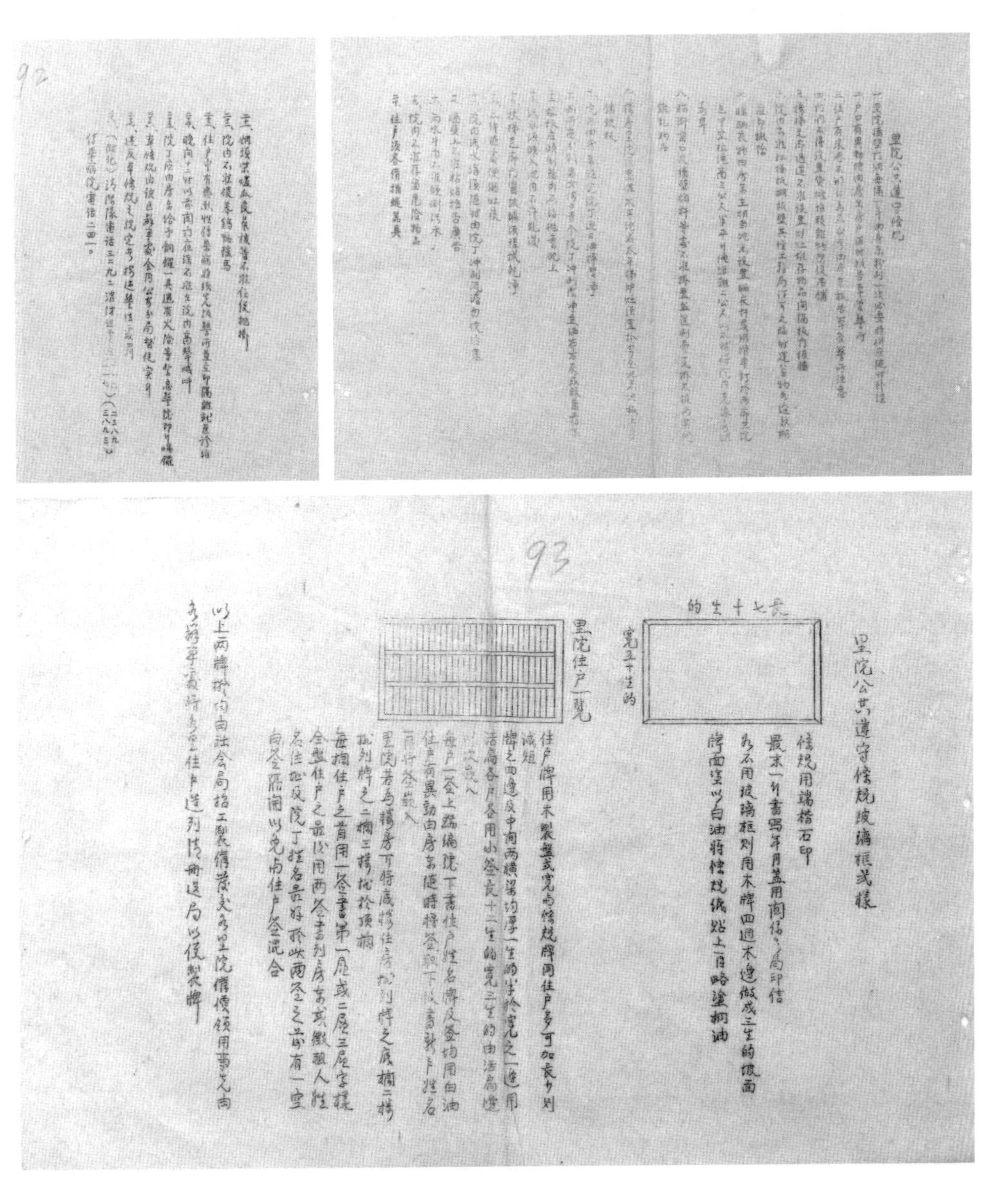

里院公共遵守條規玻璃框式樣

長七十生的

寬五十生的

條規用端楷石印

最末一行書寫年月蓋用[illegible]局印信

如不用玻璃框則用木牌四週木邊做成三生的凸面

牌面塗以白油將條規紙貼上再略塗桐油

里院住戶一覽

住戶牌用木製盤式寬與條規牌同住戶多可加長少則減短

牌之四邊及中間兩橫梁均厚一生的半於寬之一邊用活扁各戶各用小簽長十二生的寬三生的由活扁[illegible]以次插入

每戶一簽上端編號下書住戶姓名牌及簽均用白油

住戶有異動由房東隨時將簽取下改書新戶姓名再行簽嵌入

里院若為樓房可將底樓住房排列牌之底欄二樓排列牌之二欄三樓排於頂欄

每欄住戶之首用一簽書第一層或二層三層字樣

全盤住戶之最後用兩簽書列房東或徵租人姓名住址及院丁姓名最好於此兩簽之前有一空白簽隔開以免與住戶簽混合

以上兩牌均由社會局招工製備發交各里院備價領用事先由各[illegible]將各里住戶造列清冊送局以便製牌

里院公共遵守条规（1935）

12. 垃圾应倾倒箱内，不得抛弃地上。

13. 污水须倾入池内，不许乱泼。

14. 扶梯走廊门窗玻璃须擦拭干净。

15. 不许随处便溺吐痰。

16. 院内污水沟须随时由院丁冲刷疏浚，勿使堵塞。

17. 墙壁上不准粘贴广告。

18. 雨水斗内不准倾倒污水。

19. 院内不准存留危险物品。

20. 住户须各备捕蝇器。

21. 烟头柴炉瓜皮菜核等不准任使抛掷。

22. 院内不准喂养鸡鸭猪羊驴马。

23. 住户中有患烈性传染病时，须先报警所并立即隔离就医诊治。

24. 晚间十二时以前关门。如遇必要事故，不在此限。夜深不准在院内高声喊叫。

25. 房东应制备铜锣一具，悬挂适当地点，遇有火险等紧急警号，无论任何人即行鸣锣。无故鸣锣以违警论。

26. 本条规由该区办事处会同公安分局督促实行。

27. 违反本条规之规定者，按违警法分别处罚。

28.（附记）清洁队电话 3292；消防组电话 116、117、2389、3893；传染病院电话 2410。

参考文献

[1] 谋乐 . 青岛全书 [M]. 青岛：青岛印书局，1914.

[2] 叶春墀 . 青岛概要 [M]. 上海：商务印书馆，1922.

[3] 班鹏志 . 接收青岛纪念写真 [M]. 上海：商务印书馆，1924.

[4] 赵琪，袁荣叟 . 胶澳志 [M]. 青岛：青岛华昌印刷局，1928.

[5] 魏镜 . 青岛指南 [M]. 青岛：胶东书社，1933.

[6] 青岛市政府行政纪要，1933.

[7] 青岛市政府行政纪要，1934.

[8] 青岛市政公报第五十期，1934.

[9] 青岛市政公报第五十七期，1934.

[10] 青岛市政公报第七十期，1935.

[11] 青岛市施行都市计划方案初稿 [R]. 青岛市工务局，1935.

[12] 倪锡英 . 青岛（都市地理小丛书）[M]. 上海：中华书局 ,1936.

[13] 青岛市政法规汇编（二），1936.

[14] 青岛市政府招待处 . 青岛概览，1937.

[15] 李森堡 . 青岛指南，1947. 中国市政协会青岛分会，

[16] 芮麟 . 青岛游记 [M]. 青岛：乾坤出版社，1947.

[17] 徐飞鹏 . 青岛历史建筑 (1891 ～ 1949) [M]. 青岛：青岛出版社，2006.

[18] 鲁勇 . 逊清遗老的青岛时光 [M]. 青岛：青岛出版社，2006.

[19] 任银睦 . 青岛早期城市现代化研究 [M]. 北京：生活・读书・新知三联书店，2007.

[20] 青岛市档案馆 . 青岛开埠十七年《胶澳发展备忘录》全译 [M]. 北京：中国档案出版社，2007.

[21] 青岛市市南区政协 . 里院——青岛平民生态样本 [M]. 青岛：青岛出版社，2008.

[22] 陈雳 . 楔入与涵化——德租时期青岛城市建筑 [M]. 南京：东南大学出版社，2010.

[23] 青岛市市南区政协 . 台西镇——种日常化的青岛平民生活 [M]. 青岛：青岛出版社，2010.

[24] 马维立 . 单维廉与青岛土地法 [M]. 金山，译 . 青岛：青岛出版社，2010.

[25] 刘增人 . 王统照传 [M]. 北京：东方出版社，2010.

[26] 华纳 . 近代青岛的城市规划与建设 [M]. 青岛市档案馆 . 南京：东南大学出版社，2011.

[27] 李东泉 . 青岛城市规划与城市发展 (1897 ～ 1937)：兼论现代城市规划在中国 [M]. 北京：中国建筑工业出版社，2012.

[28] 青岛市城市建设档案馆 . 大鲍岛：一个青岛本土社区的成长记录 [M]. 济南：山东画报出版社，2013.

[29] 蒋正良 . 青岛城市形态演变 [M]. 南京：东南大学出版社，2015.

[30] 北京建筑大学建筑设计艺术研究中心，世界聚落文化研究所 . 青岛里院建筑 [M]. 北京：中国建筑工业出版社，2015.

[31] 金山 . 青岛近代城市建筑 1922 ～ 1937[M]. 上海：同济大学出版社，2016.

[32] 青岛城市建设文化交流协会，青岛城市建设集团 . 阿尔弗莱德・希姆森回忆录 [M]. 青岛：青岛出版社，2016.

[33] 中共青岛市委宣传部 . 青岛老字号 [M]. 青岛：青岛出版社，2017.

[34] 慕启鹏 . 里院的楼・大鲍岛历史建筑调查与活化 [M]. 北京：中国建材工业出版社，2018.

[35] 赵琳，成帅，徐飞鹏，等 . 图解青岛里院建筑 [M]. 北京：中国建筑工业出版社，2019.

[36] 马树华 . 20 世纪青岛日常生活史 [M]. 北京：商务印书馆，2019.

[37] 陈雳 . 城建溯踪：青岛近代城市遗产发展探究 [M]. 南京：东南大学出版社，2020.

[38] [德] 弗里德里希・贝麦 . 青岛及周边导游手册 (1904) [M]. 朱轶杰，译 . 上海：同济大学出版社，2020.

[39] 柳敏 . 近代乡村移民的城市融入——以天津和青岛为例（1928 ～ 1937）[M]. 北京：中国社会科学出版社，2021.

[40] 王广振，徐嘉琳，陈洁 . 城市更新：青岛里院民居文化空间复兴 [M]. 济南：山东大学出版社，2022.

[41] 徐斯年 . 王度庐传 [M]. 西安：北岳文艺出版社，2022.

[42] 邓夏 . 青岛小鲍岛街区与建筑研究 [M]. 北京：世图音像电子出版社，2023.

[43] 青岛市档案馆 . 青岛历史城区档案文史专报汇刊 [R].2023.

[44] 青岛市市南区历史城区保护发展局 . 大鲍岛历史研究通览 [R].2023.

[45] （德）克里斯托夫・林德 . 青岛开埠初期的建筑（1897 ～ 1914）[M]. 上海：同济大学出版社，2024.

后 记

当被告知《青岛里院：一种城市基因的发现》即将付梓的时候，我并没有一种如释重负的感觉。因为，与此同时，已列入国家重点档案保护与开发项目的《里院档案整理与研究》正式启动，且时间非常紧张。

从2022年起，我开始系统研究里院档案。最初完全找不到头绪，常常不知从何入手，很多档案甚至过了半年多才意识到可归类为里院档案。直到2024年秋天，随着研究的深入，我才基本摸清了青岛市档案馆馆藏里院档案的大致分布与数量。但近30余个全宗、约4万卷/件/册的数量，无疑会令任何一个档案工作者都深感任务之巨。以至于我多次跟朋友和同事戏言，里院档案够我研究到退休的那一天了。

在写这样一本书之前，也曾经很美好地想象着，能根据自己最初的策划查到所需要的史料。但在撰稿过程中，却一次次被档案牵着走，最后彻底向档案投降。索性改为看到什么写什么，最后就写成了大家现在所看到的样子。好在，样子还不是很难看。

里院研究，之所以困难重重，首先缘于青岛历史上的里院数量太多。据1935年统计，青岛就有600多个里院，每个里院至少一个业主和一个经租人，至于租户数量根本就搞不清。这600多个里院，每个都有大量买卖契约、租借合同、租房官司、房屋修缮等档案。这些档案的题名中大多看不见里院的名字，而只有门牌号、人名、商户名等相关信息。这就意味着查找任何一里院，都不会一帆风顺。到目前为止，我看过的里院档案已经过万件，但对很多具体里院，还是很陌生。

写这样一本书，是一个非常难忘的经历。期间，印象最深的就是对各种矛盾的里院信息进行辨认。经常要为了一个人名、一个时间、一个地点或一个商户名，查找数十件档案。当然，也有很多无功而返的情况。相信这些无功而返的过程，在日后的其他研究成果中都会派上用场。

在本书的编写及出版过程中，得到了很多人的支持和帮助。感谢陈智海馆长的信任与鼓励，坚定了我写作此书的信心。感谢乔军副馆长创造的宽松氛围和大力支持。感谢刘维书副馆长最早提议编写这样一本书。感谢周兆利处长全程给予的专业指导和妥洽修改，以及协调提供的大量照片。感谢青岛历史城区保护更新指挥部文史档案部的各位同仁以及我的同事刘坤、史晓芸、李建龙提供的各种协助。尤其要感谢本书的责任编辑陈立群先生，没有他的专业及敬业，本书的出版不会这么顺利。本书的创作阶段，恰逢犬子放暑假，所以他是本书多篇文章的第一读者和第一校稿人，在此也非常感谢他对本书的辛勤付出。

里院档案的整理与开发是一项大工程，现在只是刚刚处于起步阶段。接下来，青岛市档案馆将有计划有步骤地开展档案排查、整理和研究等工作，争取推出包括里院业态、里院人物在内的更多研究成果。相信，随着越来越多的里院档案被挖掘、被开发，关于青岛里院的历史将越来越清晰地呈现在世人面前。

聂惠哲
2024 年 11 月

以下图书已经出版，敬请关注

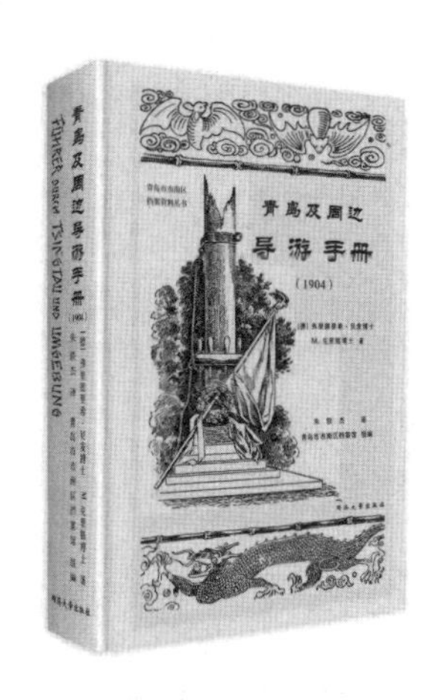

《青岛及周边导游手册（1904）》（中德双语）

青岛最早的一部导游手册，1904 年出版，记录了开埠初期青岛城市发展的宝贵材料，对近代城市史研究具有一定参考价值。

《陈迹：金石声与中国现代摄影》

（第二届中国年度摄影图书）

这是一位跨越 70 年创作历程的摄影大师的“陈迹”，收录金石声（本名金经昌，中国现代城市规划教育奠基人、中国现代城市规划事业开拓者）从 1920 年代末至 1990 年代末内容广泛的千余幅摄影作品和 7 位一流专家学者的文章，内容繁复而编排得当，照片充满历史气息，文章角度不一而发掘深入。所收照片无论大小都印刷精准，层次把握微妙，精益求精，对专业摄影研究者和普通的文化和图像爱好者来说，都是值得关注的一部大作。尤为难得的是，书中还收录了部分上世纪 30 年代其大学时代赴青岛实习时拍摄的珍贵影像。

详情垂询，请 e-mail：clq8384@126.com